U0305164

普通高等教育机电类规划教材

数控系统及仿真技术

主　编　毕俊喜

副主编　王　飞　祈　欣

参　编　王　栋　何玉安　王丽琴

　　　　邓幼英　聂志光　孙　慧

　　　　张国斌　张　楠　王　慧

　　　　席东民　贺向新　孙俊兰

主　审　侯守全

机械工业出版社

本书是按照普通高等学校机电类专业教学的基本要求，以"工程教育"为背景而编写的。编写过程中突出了内容的先进性、知识的综合性，注重理论和实践的有机结合。全书重点介绍了数控系统的基本原理、典型数控系统软硬件结构与系统连接、数控仿真系统基本理论、数控工艺设计与编程、数控仿真软件的应用、后处理开发与刀轨仿真等内容。本书取材新颖，内容介绍由浅入深，循序渐进。本书各章均有习题，供读者进行思考和练习。

本书可作为高等院校机械设计制造及其自动化、机械电子工程等相关专业的高年级本科生和研究生的教材和参考书，也可作为研究单位、企业有关从事数控加工、数控机床操作与维护、数控系统选型、开发和应用、多轴后处理开发的技术人员的参考书或培训教材。本书配有相应的多媒体课件，欢迎选用本书作教材的授课教师或相关技术人员通过邮箱 junxibi163@163.com 进行索取，或登陆 www.cmpedu.com 免费索取。

图书在版编目（CIP）数据

数控系统及仿真技术/毕俊喜主编. —北京：机械工业出版社，2013.6
（2018.1重印）
普通高等教育机电类规划教材
ISBN 978-7-111-42149-8

Ⅰ.①数⋯　Ⅱ.①毕⋯　Ⅲ.①数控机床－数字控制系统－高等学校－教材②数控机床－计算机仿真－高等学校－教材　Ⅳ.①TG659

中国版本图书馆 CIP 数据核字（2013）第 074916 号

机械工业出版社（北京市百万庄大街22号　邮政编码100037）
策划编辑：吉　玲　责任编辑：吉　玲　章承林　刘丽敏
版式设计：霍永明　责任校对：张　媛
封面设计：张　静　责任印制：李　飞
北京机工印刷厂印刷
2018 年 1 月第 1 版第 2 次印刷
184mm×260mm·18.5 印张·499 千字
标准书号：ISBN 978-7-111-42149-8
定价：39.00 元

前　言

随着高端装备制造的飞速发展，我国正由制造大国向制造强国迈进。"十二五"期间，高端装备制造产业被国家列为战略性新兴产业，明确指出发展高档数控机床的目标和技术指标。"十二五"国家数控重大专项深入推进，对数控人才培养提出了更高要求。同时，基于虚拟现实技术的数控仿真系统的快速发展，数控技术的学习也越来越便捷。数控仿真系统具有强大的虚拟数控系统编程、加工环境建立以及虚拟测量等功能，通过数控仿真系统可以达到快速培养学生对数控机床的操作编程能力。为了培养国内急需的数控技术人才，适应高等教育当前发展要求，特编写本书。

本书通过介绍数控系统的基本概念、组成原理、典型数控系统软硬件结构及系统连接、仿真应用软件和实例分析以及后处理开发等相关内容，使读者深入了解数控系统及其仿真相关技术知识。本书分为7章内容，第1章介绍数控系统概念及原理，第2章介绍 SIEMENS 840D、FANUC 0i-D、HEIDENHAIN iTNC 530 典型数控系统的结构及系统连接，第3章介绍数控仿真系统基本理论，第4章介绍数控加工工艺，第5章介绍宇龙数控加工仿真系统，第6章介绍基于 VERICUT 的数控仿真系统，第7章介绍 NX 后处理开发及刀具路径仿真方法。其中，实例内容都是具体机床加工实例，实例中涉及的数控系统主要以目前市场上主流数控系统（FANUC 0i 系统、SIEMENS 802、840D 系统、HEIDENHAIN iTNC 530 系统）为主，数控机床主要以数控车和数控铣为主，实例操作步骤详尽。

本书介绍的主要数控仿真软件有上海宇龙软件工程有限公司的数控加工仿真系统、美国 CGTECH 公司开发的 VERICUT 数控加工仿真软件。精选有代表性的零件图样，分别采用 FANUC 系统、SIEMENS 系统来介绍其仿真加工过程，便于读者对不同数控系统的功能和特点进行比较学习。

本书编写时参阅了许多院校、公司的教材和资料，在此致以衷心的感谢。参加本书的编写人员有内蒙古工业大学毕俊喜、王丽琴、张楠、贺向新、席东民，郑州大学机械工程学院王栋，上海应用技术学院何玉安，内蒙古包头职业技术学院王飞、孙慧，鄂尔多斯生态环境职业学院祈欣、聂志光，鄂尔多斯职业技术学院王慧，包头钢铁职业技术学院孙俊兰，哈特贝尔精密锻造有限公司邓幼英，呼和浩特众环集团有限公司张国斌。

本书由毕俊喜任主编并统稿，王飞、祈欣任副主编，侯守全担任主审。第1、2章由毕俊喜、王丽琴、贺向新编写，第3、5、6章由毕俊喜编写，第4章由毕俊喜、王飞编写，第7章由毕俊喜、祈欣、聂志光编写，附录、习题由王丽琴编辑整理。部分实例由邓幼英、王栋、何玉安、孙慧、孙俊兰、张楠、王慧、席东民、张国斌等提供。硕士研究生张宇、张义民、张洋、高庆、宣默涵等也参与了部分文字录入、图片编辑工作，在此表示感谢。同时感谢内蒙古工业大学机械学院雷秀教授、武建新教授对本书提出的宝贵意见。

由于编者水平有限，经验不足，书中难免出现疏漏和不足之处，恳请广大读者批评指正并提出宝贵意见。

编　者

目　录

第1章 数控系统概述

1.1 数控系统的基本概念及特点

1.1.1 数控系统的基本概念

数字控制（Numerical Control，NC）技术，是一种借助数字或数字代码对某一工作过程（如加工、测量、装配等）进行可编程控制的自动控制技术。其控制对象一般是位移、角度、速度等机械量，也可以是压力、流量、温度等物理量。

采用数控技术的系统称为数控系统（NC System），它是一种程序控制系统，它能逻辑地处理输入到系统中的数控加工程序，控制数控机床运动并加工出零件。根据控制对象的不同，数控系统也有各种类型。随着数控技术的发展，其在各行业的应用越来越广，如宇航、造船、军工、汽车等。目前应用最广泛的是机械加工制造行业中的各种机床数控系统。装备了数控系统的机床称为数控机床，其种类和自动化程度也越来越高，如数控车床、数控铣床、数控加工中心、数控线切割机床、数控雕铣机、数控火焰切割机、数控弯管机、数控压力机、数控冲剪机、数控测量机、数控绘图机、计算机绣花机、衣料开片机、工业机器人等。本书主要以机床数控系统为对象，讨论数控系统及仿真方面的内容。

最初的数控系统是由固定的数字逻辑电路组成的专用硬件数控系统，简称 NC 系统。随着计算机的发展，出现了由硬件和软件共同完成数控任务的计算机数控系统（Computer Numerical Control System，CNC）。集成微电子技术、计算机技术、自动控制技术、精密测量技术和机械传动技术等的现代数控机床，使传统制造业发生了质的变化。

1.1.2 数控系统的特点

数控系统具有以下特点：

1. 灵活性和通用性

CNC 装置的功能大多由软件实现，且软硬件采用模块化的结构，使系统功能的修改、扩充变得较为灵活。CNC 装置的基本配置部分是通用的，不同的数控机床仅配置相应的特定的功能模块，以实现特定的控制功能。

2. 数控功能丰富

利用计算机的高速数据处理能力，CNC 装置能实现复杂的数控功能。如：二次曲线、样条、空间曲面等插补功能；运动精度补偿、随机误差补偿、非线性误差补偿等补偿功能；加工的动、静态跟踪显示，高级人机对话窗口等人机对话功能；G 代码、部分自动编程功能。

3. 可靠性高

CNC 装置采用集成度高的电子元件、芯片。许多功能由软件实现，使硬件数量减少。丰富的故障诊断及保护功能（大多由软件实现），从而可使系统故障发生的频率和发生故障后的修复时间降低。

4. 使用维护方便

用户只需根据菜单的提示，便可进行正确操作，操作使用方便。具有多种编程的功能、程序自动校验和模拟仿真功能，编程方便。部分日常维护工作自动进行（润滑，关键部件的定期检查等）。数控机床的自诊断功能，可迅速实现故障准确定位，维护维修方便。

5. 易于实现机电一体化

数控系统控制柜体积小，使其与机床在物理上的结合成为可能，减少了占地面积，方便操作。

1.2　数控系统的组成

数控系统一般由输入/输出装置、数控装置、驱动控制装置、机床逻辑控制装置四部分组成，机床本体为控制对象，如图 1-1 所示。

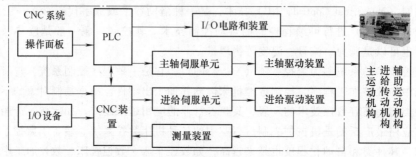

图 1-1　数控系统的组成

操作面板是操作人员与数控装置进行信息交流的工具。它由按钮站、状态灯、按键阵列（功能与计算机键盘一样）和显示器组成，是数控机床特有部件。图 1-2 所示为 SINUMERIK 808D 操作面板视图。图 1-3 所示为图 1-2 所示视图中操作导航区的放大视图。

I/O 设备是 CNC 系统与外部设备进行交互的装置，交互的信息通常是零件加工程序。输入设备将记录在控制介质上的零件加工程序输入 CNC 系统。输出设备将调试好了的零件加工程序存放或记录在相应的控制介质上。

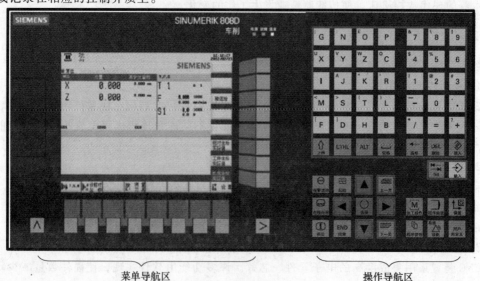

图 1-2　操作面板

现代数控系统除采用输入/输出设备进行信息交换外，一般都具有用通信方式进行信息交换的能力，通信是实现 CAD/CAM 集成、FMS 和 CIMS 的基本技术，通信方式有串行通信（RS-232等串口）、自动控制专用接口和规范（DNC、MAP 协议等）、网络技术（internet、LAN 等）。

图 1-3　操作导航区的放大视图

　　CNC 装置是 CNC 系统的核心，它由计算机系统、位置控制板、PLC 接口板，通信接口板、特殊功能模块以及相应的控制软件组成，如图 1-4 所示。

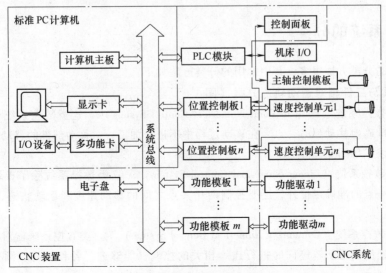

图 1-4　CNC 装置的组成

CNC 装置的主要作用是根据输入的零件程序进行相应的处理（如运动轨迹处理、机床输入/输出处理等），输出控制命令到相应执行部件（伺服单元、驱动装置和 PLC 等），CNC 装置的硬件和软件要协调配合，能够有条不紊地执行多任务。

1.3　数控系统的工作过程

数控系统的工作过程如图 1-5 所示。

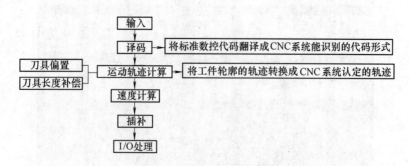

图 1-5　数控系统的工作过程

译码（解释）程序的主要功能是将用文本格式（通常用 ASCII 码）表达的零件加工程序，以程序段为单位转换成计算刀具中心轨迹处理程序所要求的数据结构。此数据结构描述一个程序段解释后的数据信息，主要包括 X、Y、Z 等坐标值、进给速度、主轴转速、G 代码、M 代码、刀具号以及子程序处理和循环调用处理等数据或标志的存放顺序和格式。

用户零件加工程序通常是按零件轮廓编制的，而数控机床在加工过程中控制的是刀具中心轨迹（刀补处理），因此在加工前必须将零件轮廓变换成刀具中心的轨迹。刀补处理就是完成这种转换的程序。

插补是将由各种线形（直线、圆弧等）组成的零件轮廓，按程序给定的进给速度 F，实时计算出各个进给轴在一个插补周期 Δt 内的位移指令（ΔX_1、ΔY_1、$\cdots$），并经位置控制处理送给进给伺服系统，实现成形运动。

1.4　数控系统的分类

数控系统的分类方法很多，其中常用的分类方法如下：

1. 按刀具与工件相对运动轨迹分类（图 1-6）

（1）点位数控系统（Point to Point Numerical Control System）　这类数控系统仅控制机床运动部件从一点准确地移动到另一点，在移动过程中不进行加工，对移动部件的移动速度和运动轨迹没有严格要求，如图 1-6a 所示。

（2）直线数控系统（Linear Numerical Control System）　这类数控系统除了控制机床运动部件从一点到另一点的准确定位外，还要控制两相关点之间的移动速度和运动轨迹，如图 1-6b 所示。

（3）轮廓数控系统（Contouring Numerical Control System）　这类数控系统能对两个以上机床坐标轴的移动速度和运动轨迹同时进行连续相关的控制，能够进行各种斜线、圆弧、曲线的加工，如图 1-6c 所示。

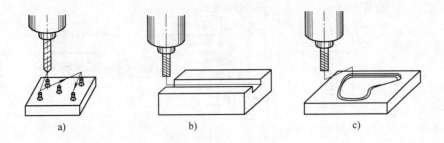

图 1-6　按运动轨迹分类

a) 点位数控系统　b) 直线数控系统　c) 轮廓数控系统

2. 按伺服系统的控制方式分类

（1）开环数控系统（Open Loop Numerical Control System）　这类数控系统没有检测反馈，信号流程单向，结构简单，成本较低，调试简单，精度、速度受到限制，执行元件通常采用步进电动机，如图 1-7 所示。

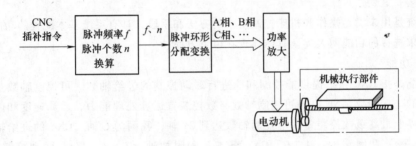

图 1-7　开环数控系统

（2）半闭环数控系统（Semi-closed Loop Numerical Control System）　这类数控系统有检测反馈，但不包含机械传动元件的误差，精度较高，稳定性高，调试方便，执行元件通常采用伺服电动机，如图 1-8 所示。

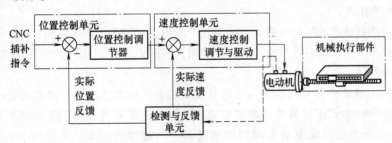

图 1-8　半闭环数控系统

（3）闭环数控系统（Closed Loop Numerical Control System）　这类数控系统有检测反馈，包含机械传动元件误差，精度高，稳定性不易保证，调试复杂，执行元件通常采用伺服电动机，如图 1-9 所示。

3. 按功能水平分类

（1）经济型数控系统　这类数控系统通常采用 8 位 CPU 或单片机控制，分辨率一般为 0.01mm，进给速度达 6~8m/min，联动轴数在 3 轴以下，具有简单的 CRT 字符显示或数码管显示功能。

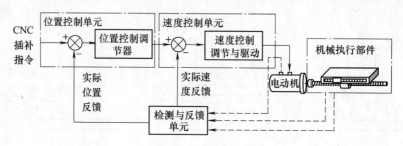

图 1-9　闭环数控系统

（2）普及型数控系统　这类数控系统通常采用 16 位的 CPU，分辨率可达 0.001mm，进给速度达 10 ~ 24m/min，联动轴数在 4 轴以下，具有平面线性图形显示功能。

（3）高级型数控系统　这类数控系统通常采用 32 位的 CPU，分辨率高达 0.0001mm，进给速度可达 100m/min 或更高，联动轴数在 5 轴以上，具有 3 维动态图形显示功能。

1.5　数控系统的功能

数控系统是用来满足操作和机床控制要求的方法和手段，具有系统基本配置的功能和用户可根据实际要求选择的功能两大类。具体体现在以下方面：

1. 控制功能

控制功能是指 CNC 系统提供能控制和能进行联动控制的进给轴数。可控制轴数是机床数控装置能控制的坐标轴数，NC 机床可控制轴数与数控装置运算处理能力、运算速度和内存容量有关。目前世界上最高级数控装置的可控制轴数达到 21 轴，我国为 6 轴。CNC 的进给轴可分为移动轴（X、Y、Z）和回转轴（A、B、C）、基本轴和附加轴（U、V、W）。联动控制轴数越多，CNC 系统越复杂，编程越困难。

2. 准备功能（G 功能）

G 功能是使数控机床执行某种操作的指令，包括基本移动、平面选择、坐标设定、刀具补偿、固定循环等指令。G 功能用地址符 G 和两位数字表示，有 G00 ~ G99 共 100 种。

3. 固定循环功能

固定循环功能是数控系统厂商将典型的钻孔、攻螺纹、镗孔、深孔钻削和切螺纹等加工步骤复合编制成宏程序，经加密后提供给用户直接调用，利用循环功能大大简化了 NC 程序的编制。

4. 进给功能

进给功能是由地址码 F 和后面表示进给速度值的若干位数字构成。用它规定直线插补 G01 和圆弧插补 G02/G03 方式下刀具中心的进给速度。进给速度是控制刀具相对工件的运动速度，单位为 mm/min。同步进给速度是实现切削速度和进给速度的同步，单位为 mm/r。进给倍率（进给修调率）是人工实时修调预先给定的进给速度。

5. 主轴功能

主轴功能是数控系统主轴的控制功能，用来规定主轴转速，单位为 r/min。实际应用中有恒线速度控制（刀具切削速度为恒速的控制功能）、主轴定向控制（主轴周向定位于特定位置控制的功能）、C 轴控制（主轴周向任意位置控制的功能）以及主轴修调率（人工实时修调预先设定的主轴转速）等内容。

6. 辅助功能（M 功能）

辅助功能也称 M 功能，它是用来指令机床辅助动作及状态的功能。M 功能代码常因机床生产厂家以及机床的结构差异和规格不同而有所差别。

7. 刀具管理功能

刀具功能也称 T 功能，它是用来选择刀具的功能。T 功能用 T 及后面的数字表示。刀具管理功能是指实现对刀具几何尺寸和寿命的管理功能。

8. 补偿功能

补偿功能主要实现刀具尺寸的补偿、丝杠螺距的补偿、反向间隙误差补偿和热变形补偿等。刀具半径补偿和长度补偿由 G 功能指令完成。对诸如静态弹性变形、空间误差以及由刀具磨损所引起的加工误差等非线性误差补偿，采用人工智能、专家系统等新技术进行建模，利用模型实施在线补偿。反向间隙和丝杠螺距补偿等传动链误差的补偿通过机床参数来设定。

9. 插补功能

插补功能是数控系统实现零件轮廓加工轨迹运算的功能，同时在插补模块中对各坐标轴的速度和加速度进行控制。不同数控系统采用的插补算法也不尽相同，由此产生的插补精度也各不相同。

10. 人机对话功能

在 CNC 装置中，人机对话功能有：菜单结构操作界面、零件加工程序的编辑环境、系统和机床参数、状态、故障信息的显示、查询或修改界面等。

11. 监测和自诊断功能

为保证加工的顺利进行，避免机床、工件和刀具的碰撞损坏，CNC 系统能自动实现故障监测预报和故障定位的功能，包括开机自诊断、在线自诊断、离线自诊断和远程通信诊断等。如海德汉 iTNC 530 系统就具备动态碰撞监测功能。

12. 动力刀具和 C 轴功能

数控车削中心通常具备该功能。动力刀具是指在刀架上某些刀位可使用回转刀具，如铣刀或钻头，通过刀架内部机构使铣刀或钻头回转。对于车削中心，C 轴功能要具有很高的角度分辨率，能够以任意低速进行回转运动，并且能与 X、Z 轴进行插补运动。

13. 通信功能

通信功能是 CNC 与外界进行信息和数据交换的功能，其通信接口有可传送零件加工程序的 RS232C 接口、可实现直接数控的 DNC 接口、MAP（制造自动化协议）模块以及适应 FMS、CIMS、IMS 等制造系统集成要求的网卡等。

1.6　数控系统的发展方向

数控系统是随着数控机床的发展而发展起来的。21 世纪，随着计算机技术突飞猛进地发展，数控系统不断采用计算机、控制理论等领域的最新技术成果，使其在以下方面有了更多的发展空间。

1. 加工高精化

经过几十年的发展，通过采取高速插补技术、误差补偿技术、高分辨率位置检测技术、伺服驱动技术等措施，数控系统的控制精度越来越高，控制单位更加精细化，特别是滚珠丝杠工艺的成熟和"零传动"机床的出现，减少了中间环节的误差。

目前，配备数控系统的普通级机床的加工精度已达 $\pm 5\mu m$；精密级加工中心的加工精度达 $\pm (1 \sim 1.5)\mu m$，甚至更高；超精密加工精度进入纳米级（$0.001\mu m$），主轴回转精度要求达到 $0.01 \sim 0.05\mu m$，加工圆度为 $0.1\mu m$，加工表面粗糙度 $Ra = 0.003\mu m$ 等。这些机床一般都采用矢量控制的变频驱动电主轴（电动机与主轴一体化），主轴径向圆跳动小于 $2\mu m$，轴向窜动小于 $1\mu m$，轴系不平衡度达到 G0.4 级。

为了实现加工高精化，必须解决高精度的 CNC 控制策略以及高精度的动态误差补偿，前者包括纳米插补、样条插补问题，高分辨率位置检测问题。后者包括机床的几何误差、空间误差、刀具磨损等误差补偿，以及机床立柱主轴等的热变形。

2. 运行高速化

提高机床的进给率、主轴转速、刀具交换速度、托盘交换速度，不但可以提高加工效率、降低加工成本，而且还可提高工件的表面质量和加工精度。在超高速加工中，车削和铣削的切削速度已达到 5000 ~ 8000m/min 以上；主轴转速高达 30000m/min；直线电动机超高速滑台速度达到 720m/min，且可获得复杂型面的精确加工；自动换刀速度普遍已在 1s 以内，高的已达 0.5s。

为了实现运行高速化，必须处理好适合高速运动控制的数控系统体系结构以及适合于高速运动控制的控制方法。在选择适合高速运动控制的数控系统体系结构时，需要考虑硬/软件平台和数字化接口问题，前者涉及像单 CPU/多 CPU/X86/ARM/RISC 处理器选择，Profibus、Sercos、Can、Macro、CClink、Firewire、Interbus、工业以太网等总线结构选择，Windows NT、Linux、Windows CE、嵌入式系统等软件平台选择，实时多任务和软/硬件插补方法的实现。后者要考虑模拟、脉冲、全数字接口问题，基于总线的强实时、高同步、可靠问题，系统、驱动、编码器接口全数字问题。在选择适合于高速运动控制的控制方法时，需要考虑高速插补问题，预读、前瞻、平滑问题；加速度控制策略问题；高动态响应问题；高响应矢量控制（HRV）问题；动力学建模及加工稳定性控制问题等。

3. 功能复合化

复合化是指在一台设备上能实现多种工艺手段加工的方法。如镗铣钻复合-加工中心（ATC）、五面加工中心（ATC，主轴立卧转换）；车铣复合-车削中心（ATC，动力刀头）；铣镗钻车复合-复合加工中心（ATC，可自动装卸车刀架）；铣镗钻磨复合-复合加工中心（ATC，动力磨头）；可更换主轴箱的数控机床-组合加工中心等。

复合化需解决的难题包含多轴、多通道复合加工控制策略以及复合技术。前者涉及多轴、多通道联动控制，多轴、多通道复合加工编程，五轴加工中心旋转刀具中心（Rotation Tool Centre Point，RTCP）等；后者涉及加工工艺复合、与测量复合、与机器人复合以及并联机床等。

4. 控制智能化

随着人工智能技术的不断发展，并为满足制造业生产柔性化、制造自动化发展需求，数控系统在加工过程自律控制、加工参数的智能优化与选择、智能故障诊断与自修复、智能化交流伺服驱动等方面的智能化程度不断提高。

控制智能化涉及加工过程的智能感知与控制以及作业的智能规划等策略。前者包含切削力自适应、振动抑制、伺服参数自适应调整、机床动态误差诊断等。后者包含碰撞干涉检查、数控系统与 CAD/CAM/CAPP 技术的集成、数控系统与网络技术的集成、智能化操作、傻瓜式编程以及 STEP-NC 标准等。

5. 交互网络化

支持网络通信协议，除有 RS232C 串行接口、RS422 等接口外，还带有 DNC 接口、LAN 通信以及 MAP 接口等，既满足单机需要，又可以实现几台数控机床之间的数据通信和直接对几台数控机床进行控制。满足 FMC、FMS、CIMS 对基层设备集成要求的数控系统，是形成"全球制造"的基础单元。数控系统交互网络化促进系统集成化和信息综合化，使远程操作和监控、遥控及远程故障诊断成为可能。

6. 体系开放化

IEEE（国际电气电子工程师协会）是这样定义开放式数控系统的："符合系统规范的应用系统可以运行在多个销售商的不同平台上，可以与其他系统的应用进行互操作，并且具有一致风格的用户交互界面。"通俗地说，就是数控系统提供给用户（机床或机械制造商）一个平台，使它们能够在这个平台上，根据设备所需的特定功能，开发与之相应的软件和硬件，并与系统软件集成为一个新的应用系统，使该设备具有较高的性价比，并大大缩短开发周期。目前，世界上各控制系统制造商已推出或正在研究的具有开放特点的数控系统产品大致可以分为如下 3 个层次：

第一层次是人机界面的开放。它只开放了非实时的人机界面部分，允许用户自己设计控制系统的界面和编程语言。

第二层次的开放是控制系统在明确固定的拓扑结构下允许替换内核中的特定模块以满足用户的特殊需要。例如，用户可以替换控制系统核心的插补算法等。

第三层次的开放是拓扑结构完全可变的"完全开放"的控制系统。OSACA（自动化系统内部监督用开放结构系统）追求的就是这种理想的控制器产品。在 OSACA 计划中，各种功能模块的地位是平等的，它们之间的拓扑关系是由系统内部的配置系统确定的。功能模块之间的信息传递是由系统内部的通信机制保证的。

1.7　开放式数控系统

1. CNC 系统的开放性

1）对使用者的开放性。可采用先进的图形交互方式支持下的简易编程方法，使数控机床操作更容易。

2）对机床制造商的开放性。允许制造商在 CNC 系统软件的基础上开发专用的功能模块及用户操作界面。

3）对硬件选择的开放性。CNC 系统应能在不同的硬件平台上运行。

4）对主轴及进给驱动系统的开放性。能控制不同厂商提供的主轴及进给驱动系统。

5）对数据传输及交换等的开放性。

2. 开放式数控系统的特点

现在国际上公认的开放式体系结构应具有 4 个特点：相互操作性、可移植性、可缩放性和可互换性。

（1）相互操作性（Interoperability）　相互操作性指不同应用程序模块通过标准化的应用程序接口运行于系统平台上，相互之间保持平等的相互操作能力，并能协调工作。这一特性要求提供标准化的接口、通信和交互模型。

随着制造技术的不断发展，CNC 也正朝着信息集成的方向发展。CNC 系统不但应能和不同系统彼此互连，实施正确有效的信息互通，同时应在信息互通的基础上，能信息互用，完成应用处理的协同工作，因此要求不同的应用模块能相互操作和协调工作。

（2）可移植性（Portability）　可移植性指不同的应用程序模块可以运行于不同供应商提供的不同的系统平台之上。可移植性应用于 CNC 系统，其目的是为了解决软件公用问题。要使系统提供可移植特性，基本要求是设备无关性，即通过统一的应用程序接口，完成对设备的控制；要求各部件具有统一的数据格式、行为模型、通信方式和交互机制。具备可移植特性的系统，可使用户具有更大的软件选择余地，通过选购适应多种系统的软件，费用可以显著降低。同时在应用软件的开发过程中，重复投入费用也可降低。可移植性也包括对用户的适应性，要求 CNC 系统具有统一风格的交互界面，使用户适应一种控制器的操作，即可适应一类控制器的操作，而无需对该控制器的使用重新进行费时费力的培训。

（3）可缩放性（Scalability）　可缩放性指增添和减少系统的功能仅仅表现为特定模块单元的装载与卸载。不是所有的场合都需要 CNC 系统具备复杂且完善的数控功能，在这种情况下，厂家没有必要购买不适于加工产品的复杂数控系统。因为可缩放性使得 CNC 系统的功能和规模变得极其灵活，既可以增加配件或软件以构成功能更加强大的系统，也可以裁减其功能来适应简单加工场合。同时，同一软件既可以在该系统的低档硬件配置上运行，也可以在该系统的高档硬件配置上应用。可缩放性使得用户可以灵活改变 CNC 系统的应用场合，一台控制器可以使用于多种类型加工设备的控制上。

（4）可互换性（Interchangeability）　可互换性指不同性能和不同功能的单元可以互换，而不影响系统的协调运行。有了可互换性，构成开放体系结构的数控系统就不受唯一供应商所控制，也无需为此付出昂贵的版权使用费。相反，只需支付合理的或较少的费用，即可获得系统的各组成部件，并且可以有多个来源。

3. 开放式数控系统的模式

开放式数控系统有 PC 嵌入 NC、NC 嵌入 PC、全软件化 NC 这 3 种模式，如图 1-10 所示。

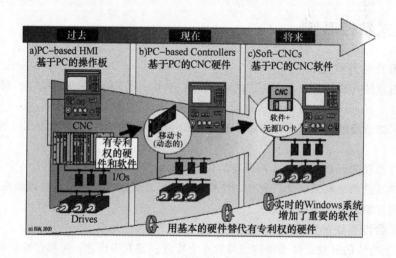

图 1-10　开放式数控系统的模式

（1）PC 嵌入 NC 中

一些传统 CNC 系统的制造商，由于面临控制系统"开放化"浪潮和 PC 技术迅猛发展的形势，把专用结构的 CNC 部分和 PC 结合在一起，将非实时控制部分改由 PC 来承担，实时控制部分仍使用多年积累的专用技术。从而改善了数控系统的人机界面、图形显示、切削仿真、网络通信、生产管理、编程和诊断等功能，并使系统具有较好的开放性。如 FANUC 150/160/180/210 系列就是一种典型的 PC 嵌入 NC 模式的 CNC 系统。SIEMENS 840D 数控系统具有模块化结构和较好的开放性。

（2）NC 嵌入 PC 中（运动控制卡加 PC）

一些以 PC 为基础的 CNC 制造商，主要生产、销售各种高性能运动控制卡和运动控制软件。由于这些产品的开放性很好，用户可以自行开发，把它用来构成自己的数控产品或使用在生产线上。其中有的制造商自己再进行应用开发，把运动控制卡和 PC 加上机床数控软件，构成数控系统产品，如美国 DELTA TAU 公司的 PMAC 就是一种高性能运动控制卡，它以 Motorola 56000 系列 DSP 为 CPU，卡上有存储器、I/O 接口和伺服接口。此卡本身就是一个 NC 系统，具有优秀的伺服控制、插补计算和实时控制能力，可以单独使用，也可以插入 PC 中，构成开放式控制系统。

（3）全软件化 NC

计算机 CPU 速度的提高和基于 Windows NT/Linux 等的实时操作系统为高性能开放式全软件化数控系统的发展创造了条件。这种形式的数控系统以 PC 为基础，以实时操作系统（Windows NT 的实时扩展 VenturCom RTX、RT-Linux、Windows CE 等）为数控系统的实时内核，在计算机操作系统（Windows NT、Linux 等）环境下运行具有开放结构的控制软件。软件化 NC 所用的I/O 接口和伺服接口卡通常不带 CPU，它可以是数字、模拟或现场总线接口。由于它实现了控制器的 PC 化和控制方案的软件化，具有结构简单、成本较低、开放性好、可靠性高等优点，因而是当今开放式数控系统的发展趋势。

如德国 POWER AUTOMATION 公司的 PA8000 NT 系列数控系统是在 PC 中插入 PA-CNC EN-GINE 伺服接口卡，具有开放式结构的控制软件运行在标准的 Windows NT 操作系统和 PA NT 实时内核下，系统具有很好的开放性和优良的性能。

又如我国台湾宝元科技公司 LNC8000 是基于 Linux 和 RT-Linux 操作系统下的一种嵌入式开放式车/铣数控系统。

美国 SoftServo 公司最新推出基于 IEEE1394（FIREWIRE）总线技术的开放式运动控制系统 ServoWorks，实现了不依赖其他任何硬件的基于 PC 平台的全软件运动控制。

由于开放体系结构数控系统本身具有很强的控制功能，再加上很好的开放性，因此可以构成各类控制系统，少则 1、2 根轴，多则几十根轴。用户可以按标准随意加入自己的技术和特定的功能，制作友好的人机界面。因此，它具有广阔的应用面，可用于数控机床、机器人、包装、印刷机械、纺织机械、轻工机械、电子产品加工设备、自动生产线等领域。

习　　题

1. 数控技术和数控系统的基本概念是什么？
2. 简述数控系统的工作原理。
3. 计算机数控系统由哪几部分组成？各部分的作用是什么？
4. 什么是开放式数控系统？开放式数控系统的主要结构特点是什么？
5. 开环、半闭环和闭环控制系统各有何特点？
6. 试用框图说明 CNC 装置的组成原理，并解释各部分的作用。

第2章 典型数控系统

数控系统是数控机床的大脑，数控机床根据功能和性能的不同，其配置的数控系统也不同。在机床行业占主导地位的数控系统有德国 SIEMENS（西门子）、日本 FANUC（发那科）、德国 HEIDENHAIN（海德汉）、日本 MITSUBISHI（三菱）、西班牙 FAGOR（发格）等国外知名品牌，也有华中数控、广州数控、凯恩帝数控、航天数控、南京四开数控等国内品牌。本章重点介绍 SIEMENS、FANUC 和 HEIDENHAIN 数控系统。

2.1 SIEMENS 数控系统

2.1.1 SIEMENS 数控系统产品系列

SIEMENS 公司是开发数控产品的主要生产厂家之一，产品功能强大，性能优异，可靠性高。其数控产品形成了低档数控到高档数控各个系列。SIEMENS 数控系统的组成如图2-1所示。

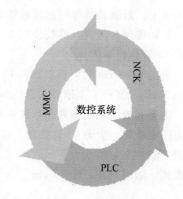

图 2-1 中，数控核（Numerical Control Kernel，NCK）主要完成轴的运动控制；可编程序控制器（Program Logic Control，PLC）主要完成开关量的逻辑控制和时序控制；人机界面（Man Machine Communication，MMC），通过键盘和显示器等完成人机信息的交换。

图 2-1　SIEMENS 数控系统的组成

SIEMENS 数控系统的产品结构如图 2-2 所示，经济型数控系统有 801、802S baseline、802C baseline；普及型数控系统有 802D、802SD baseline、802D solution line 等；中、高档型数控系统有 810D、840D 等。

1）802 系列用于控制车床、铣床等，其具有性价比高的特点。其中，802S 控制 3 个步进电动机的进给轴、1 个主轴，进给轴采用 STEPDRIVE C 步进驱动器。802C 控制 3 个伺服电动机的进给轴、1 个主轴，主轴采用交流伺服电动机或变频电动机，与 802S 面板相同，伺服电动机采用模拟接口。802C 数控系统适合对数控机床的改造，原有驱动系统可不用替换。SINUMERIK 802D 全数字式数控系统是一款经济型

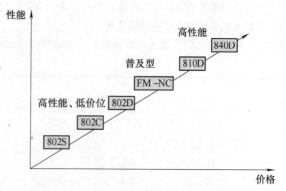

图 2-2　SIEMENS 数控系统的产品结构

数控系统，包括面板控制单元（Panel Control Unit，PCU）、键盘、机床控制面板（MCP）、SIMODRIVE 驱动系统、带编码器的 1FK7 伺服电动机、I/O 模块 PP72/48、电子手轮等。802D 最多可控制 4 个数字进给轴、1 个主轴，其中主轴既有数字接口，也可模拟接口控制。PCU、I/O

模块及驱动采用 Profibus 工业总线互相连接。

2）810D 系列是一种紧凑型中档数控系统，最多控制 6 轴，其驱动控制、PLC、NCK 被集成在一个机箱中。810D 系统支持 NURBS 曲线插补。此外 810D Powerline 主要用于高速运动控制，适用于制造模具的高速铣床。

3）840D 系列属于高档数控系统。它有多型号控制单元。840Di 是基于 Windows NT 的一种开放式数控系统。

2.1.2　SIEMENS 驱动系统产品系列

SIEMENS SIMODRIVE 611 系列驱动产品为数控机床实现高速、高精度提供了先进的驱动技术。

（1）611A 驱动　早期数控机床采用直流伺服系统，其伺服系统由运放器组成调节控制回路，作为速度给定的外部接口，采用 ±10V 的模拟电压。现在伺服放大器虽已数字化，但这种接口标准仍然保留。611A 驱动配 1FT5 系列伺服电动机。

（2）611D 驱动　接口采用数字接口形式，SIEMENS 内部串行通信协议，611D 驱动配 1FK6/1FT6 系列交流伺服电动机和 1FN4 系列直线电动机，用于 810D/840D 数控系统。

（3）611U 驱动　包括模拟接口和数字接口，配 1FK6/7 系列交流伺服电动机。插入 Profibus 接口转换卡可用于支持 Profibus 总线的 802D/840Di 数控系统。

2.1.3　SIEMENS 840D 数控系统的基本组成

SIEMENS 840D 是 20 世纪 90 年代 SIEMENS 公司推出的最新高性能开放式数控平台，其保持 880 和 840C 的三 CPU 结构。它由数控单元（NCU）及驱动单元（SIMODRIVE 611D）、MMC、PLC 模块三部分组成，如图 2-3 所示。

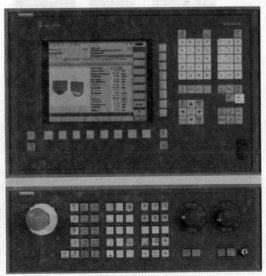

图 2-3　SIEMENS 840D 数控系统组成部分外观图

SIEMENS 840D 具有人机通信 CPU（MMC-CPU）、数字控制 CPU（NC-CPU）和可编程序逻辑控制器 CPU（PLC-CPU）。三个 CPU 在功能上既相互分工，又互为支持。在物理结构上，NC-

CPU 和 PLC-CPU 合为一体，合成在 NCU（Numerical Control Unit）中，但在逻辑功能上相互独立。其中包括相应的数控软件和相应的控制软件，并且带有 MPI 或 Profibus 接口、RS232 接口、手轮及测量接口、PCMCIA 卡插槽等。

1. 人机界面

人机交换界面负责 NC 数据的输入和显示，它由 MMC 和 OP 组成。MMC（Man Machine Communication）包括 OP（Operation Panel）单元、MMC、MCP（Machine Control Panel）三部分。MMC 实际上就是一台计算机，有自己独立的 CPU，还可以带硬盘和软驱；OP 单元正是这台计算机的显示器，而 SIEMENS MMC 的控制软件也在这台计算机中。

（1）OP 单元 OP 单元一般包括一个 10.4in（1in = 0.0254m）TFT 显示器和一个 NC 键盘。根据用户不同的要求，SIEMENS 为用户选配不同的 OP 单元，如 OP030、OP031、OP032、OP032S 等，其中 OP031 最为常用。人机交互界面各种面板如图 2-4 所示。

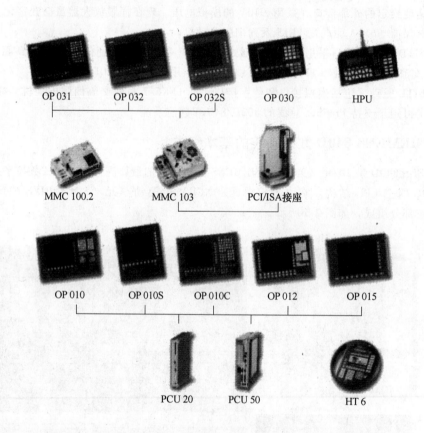

图 2-4　人机交互界面各种面板

（2）MMC 最常用的 MMC 有两种：MMC 100.2 和 MMC103，其中 MMC100.2 的 CPU 为 486，不带硬盘；而 MMC103 的 CPU 为奔腾，可以带硬盘，一般情况下，用户为 SINUMERIK 810D 配 MMC100.2，而为 SINUMERIK 840D 配 MMC103。

PCU 是专门为配合 SIEMENS 最新的操作面板 OP10、OP10S、OP10C、OP12、OP15 等而开发的 MMC 模块，目前有 3 种 PCU 模块——PCU20、PCU50 和 PCU70，PCU20 对应于 MMC100.2，不带硬盘，但可以带软驱；PCU50、PCU70 对应于 MMC103，可以带硬盘，与 MMC 不同的是：PCU50 的软件是基于 Windows NT 的。PCU 的软件被称作 HMI，HMI 又分为两种：嵌入式 HMI 和

高级 HMI。一般标准供货时，PCU20 装载的是嵌入式 HMI，而 PCU50 和 PCU70 则装载高级 HMI。

（3）MCP　MCP 是专门为数控机床而配置的，它也是 OPI 上的一个节点，根据应用场合不同，其布局也不同，目前，有车床版 MCP 和铣床版 MCP 两种。对 810D 和 840D，MCP 的 MPI 地址分别为 14 和 6，用 MCP 后面的 S3 开关设定。

对于 SINUMERIK 840D 应用了 MPI（Multiple Point Interface）总线技术，传输速率为 187.5KB/s，OP 单元为这个总线构成的网络中的一个节点。为提高人机交互的效率，又有 OPI（Operator PanelInterface）总线，它的传输速率为 1.5MB/s。

2. 数控单元和数字驱动

（1）NCU（数控单元）　　SINUMERIK 840D 的数控单元被称为 NCU，它是中央控制单元，负责 NC 所有的功能，包括机床的逻辑控制，还有和 MMC 的通信。它由一个 COM CPU 板、一个 PLC CPU 板和一个 DRIVE 板组成。

根据选用硬件（如 CPU 芯片等）和功能配置的不同，NCU 分为 NCU561.2、NCU571.2、NCU572.2、NCU573.2（12 轴）、NCU573.2（31 轴）等若干种，同样，NCU 中也集成 SINUMERIK 840D 数控 CPU 和 SIMATIC PLC CPU 芯片，包括相应的数控软件和 PLC 控制软件，并且带有 MPI 或 Profibus 接口、RS232 接口、手轮及测量接口、PCMCIA 卡插槽等，所不同的是 NCU 很薄，所有的驱动模块均排列在其右侧。

（2）数字驱动　数字伺服是运动控制的执行部分，由 611D 伺服驱动和 1FT6（1FK6）电动机组成。SINUMERIK 840D 配置的驱动一般都采用 SIMODRIVE 611D。它包括电源模块和驱动模块（功率模块）两部分。

电源模块主要为数控单元和驱动装置提供控制和动力电源，产生母线电压，同时监测电源和模块状态。根据容量不同，凡小于 15kW 均不带馈入装置，记为 U/E 电源模块；凡大于 15kW 均需带馈入装置，记为 I/RF 电源模块，通过模块上的订货号或标记可识别。

611D 数字驱动是新一代数字控制总线驱动的交流驱动，它分为双轴模块和单轴模块两种，相应的进给伺服电动机可采用 1FT6 或者 1FK6 系列，编码器信号为 1Vpp 正弦波，可实现全闭环控制。主轴伺服电动机为 1PH7 系列。

3. PLC 模块

SINUMERIK 810D/840D 系统的 PLC 部分使用的是 SIEMENS SIMATIC S7-300 的软件及模块，在同一条导轨上从左到右依次为电源模块（Power Supply，PS）、接口模块（Interface Module，IM）和信号模块（Signal Module，SM），如图 2-5 所示。PLC 的 CPU 与 NC 的 CPU 是集成在 CCU 或 NCU 中的。

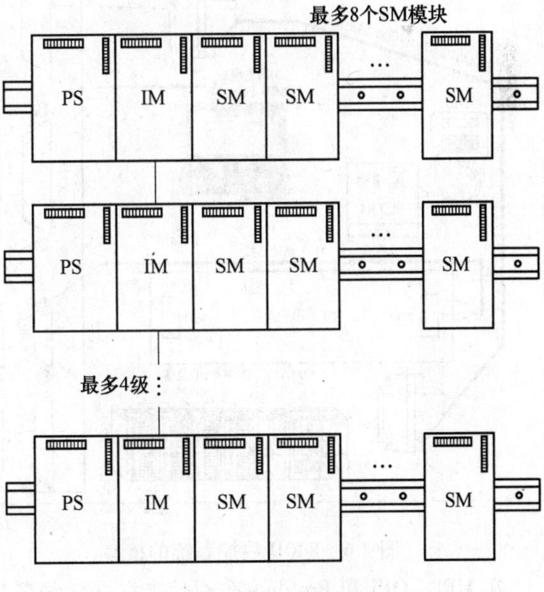

电源模块（PS）是为 PLC 和 NC 提供电源的。接口模块（IM）是用于级之间互连的。信号模块（SM）使用与机床 PLC 输入/输出的模块，有输入型和输出型两种。

图 2-5　PLC 模块

2.1.4　SIEMENS 840D 数控系统的硬件接口

1. 840D 数控系统的接口（图 2-6）

840D 数控系统的 MMC、HHU 和 MCP 都通过一根 MPI 电缆挂在 NCU 上面，MPI 是 SIEMENS PLC 的一个多点通信协议，因而该协议具有开放性，而 OPI 是 840D 数控系统针对 NC 部分的部件的一个特殊的通信协议，是 MPI 的一个特例，不具有开放性，它比传统的 MPI 通信速度要快，MPI 的通信速度是 187.5KB/s，而 OPI 是 1.5MB/s。

NCU 上面除了一个 OPI 端口外，还有一个 MPI 和一个 Profibus 接口，Profibus 接口可以连接各种具有 Profibus 通信能力的设备。Profibus 的通信电缆和 MPI 的电缆一样，都是一根双芯的屏蔽电缆。NCU 接口如图 2-7 所示。

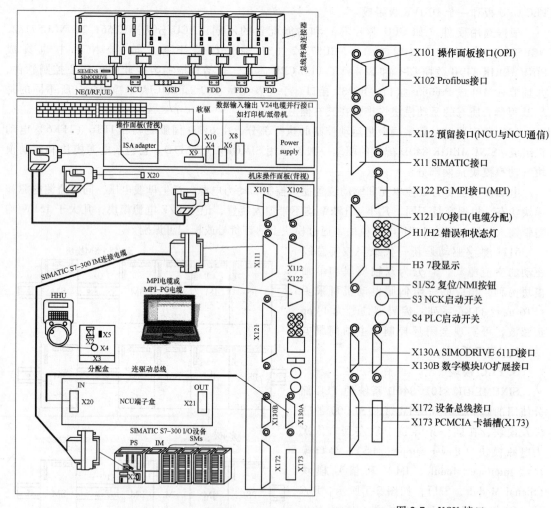

图 2-6　840D 数控系统的接口　　　　　　　　图 2-7　NCU 接口

在 MPI、OPI 和 Profibus 的通信电缆两端都要接终端电阻，阻值是 220Ω，如果要检测电缆的好坏情况，可以在 NCU 端打开插座的封盖，测量两电缆间的电阻，正常情况下应该为 110Ω。

2. 611D 数字驱动的接口

611D 数字驱动接口及定义如图 2-8 所示。

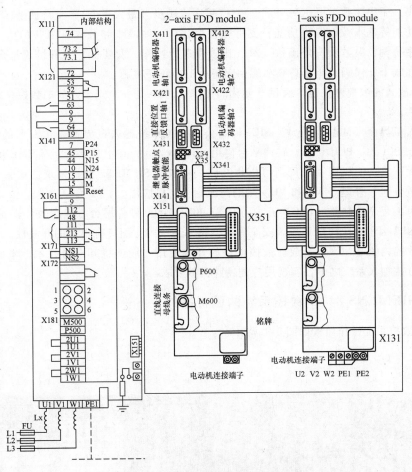

图 2-8　611D 数字驱动接口及定义

2.1.5　SIEMENS 840D 数控系统的功能特点

开放式 840D 数控系统具有以下几个功能特点：

1）多轴驱动和多插补轴技术。伺服轴/主轴或定位轴/扩展主轴数为 5 个，最大可配置主轴数 31 个，最大可配置伺服轴数 31 个，最大可配置伺服轴 + 主轴数 31 个，在每个通道中可控制轴数（含主轴）为 12 个，其中主轴数最多 12 个。标准线性插补轴数为 4 个，最大插补轴数为 12 个。

2）通道结构的控制技术，可以实时加工零件程序。标准处理通道数为 1 个，最大通道数可达 10 个。

3）多种高级类型插补技术。如 NURBS 比例非均匀 B 样条通用插补，螺旋线插补，A、B、C 型样条插补，多项式插补，控制值互联和曲线表插补等。

4）综合运动控制技术。如路径提前预处理的动态控制、程序预处理控制。

5）灵活的 FRAME 坐标变换。包含比例、镜像、旋转，支持在斜面上使用 FRAME 功能。

6）丰富的误差补偿技术。如间隙补偿（Backlash Compensation）、螺距误差补偿（Leadscrew Error Compensation）、测量系统误差补偿（Measuring System Error Compensation）、电子式配重补偿（Electronic Weight Compensation）、手动象限误差补偿（Manual Quadrant Error Compensation）等。

7）高级灵活的数控编程语言空间。编程语言符合 DIN66025 及高级扩充语法，支持主程序调用子程序，子程序数量可达9999个；支持程序段跳步（最大8个）；支持极坐标、时间倒数进给、辅助功能等基本数控编程功能；支持间接编程、程序跳步和分支、用 WAIT、START、INIT 做同步程序协调、算数及三角函数运算、比较和逻辑操作、宏功能、条件组织指令、到 HMI 的指令以及在线 ISO 代码解释等高级功能；支持加工循环等功能。

8）开放式的数控开发包，满足专业化的需求。840D 是一个完全开放的数控系统，具有以下三大开放性。

① 人机界面（MMC）开放。SIEMENS 公司数控系统的人机界面采用专用的工业 PC 为硬件平台，如 PCU50、PCU70 等，软件平台使用 Windows XP，在上述平台上 SIEMENS 公司还提供了各种开发工具，使机床制造厂商可以将其应用集成于 SIEMENS 数控系统之中，"SINUMERIK HMI 编程软件包"使基于 VB 和 VC＋＋的高级语言得以应用。

② 可编程序控制器（PLC）开放。在 S7-300/S7-400 硬件平台、标准的工业现场总线接口、标准的 STEP7 编程系统离散系统、安全集成、网络系统等方面具有很大的开放性。

③ 数控内核（NCK）开放。数控内核的开放使用户能够将其专有技术、坐标转换等以编译循环的方式加入系统之中，实现用户的特殊内核要求。

2.1.6　SIEMENS 840D 数控系统的面板操作

840D 数控系统操作面板如图 2-9 所示。

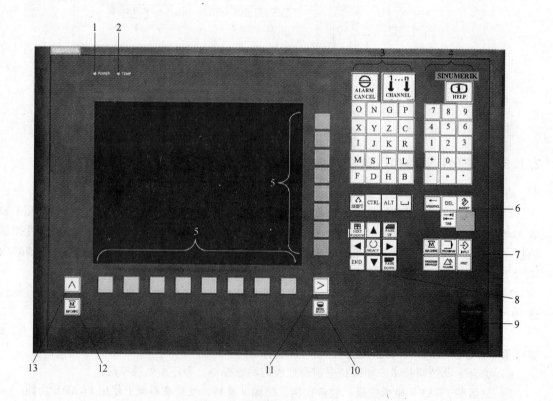

图 2-9　840D 数控系统操作面板

1—状态 LED：POWER　2—状态 LED：TEMP　3—字母区　4—数字区　5—软键　6—控制键区　7—热键区
8—光标区　9—USB 接口　10—菜单选择键　11—菜单扩展键　12—加工区域键　13—菜单返回键

1. 操作面板上的按键与快捷键

1）ALARM CANCEL：删除带此符号的报警和显示信息。

2）CHANNEL：通道切换键。

3）HELP：上下文在线帮助调用键。

4）NEXT WINDOW：窗口切换键；一个通道列中存在多个通道视图或多个通道功能时，用该键切换上下窗口。

5）NEXT WINDOW + SHIFT：选中下拉列表和下拉菜单中的第一个选项，将光标移动到文本开头，选中当前位置到目标位置之间的所有内容。

6）NEXT WINDOW + ALT：将光标移到第一个对象；将光标移到当前行的第一列；将光标移到程序开头。

7）NEXT WINDOW + CTRL：将光标移到程序开头；将光标移到当前列的第一行。

8）NEXT WINDOW + CTRL + SHIFT：将光标移到程序开头；将光标移到当前列的第一行；选中当前光标位置到目标位置之间的所有内容；选中当前光标位置到程序开头之间的所有内容。

9）PAGE UP：在窗口中向上翻页键。

10）PAGE UP + SHIFT：在程序管理器和程序编辑器中，选中目录或程序段中光标所在位置至窗口开头之间的所有内容。

11）PAGE UP + CTRL：将光标移到窗口最上面一行。

12）PAGE DOWN：在窗口中向下翻页键。

13）MENU SELECT：返回主菜单，选择操作区域。

14）PAGE DOWN + SHIFT：在程序管理器和程序编辑器中，选中目录或程序段中光标所在位置至窗口末尾之间的所有内容。

15）PAGE DOWN + CTRL：将光标移到窗口最下面一行。

16）SELECT：在下拉列表和下拉菜单中切换多个选项；勾选复选框；在程序编辑器和程序管理器中选择一个程序段或一个程序。

17）END：将光标移到窗口中的最后一个输入栏、表格末尾或程序块末尾。

18）BACKSPACE：删除左侧选中的字符。

19）TAB：在程序编辑器中将光标缩进一个字符；在程序管理器中将光标移到右侧下一条目。

20）DEL：编辑时删除光标右侧第一个字符；浏览时删除所有字符。

21）INSERT：在插入模式下打开编辑栏。再次按下此键，退出输入栏，撤销输入；在工步程序中插入一行空行，用于 G 代码。

22）INPUT：完成输入栏中值的输入；打开目录和程序；在 G 代码中的程序段之后插入新的一行；在 G 代码工步程序中插入新的一行。

23）ALARM：用于诊断操作区域。

24）PROGRAM：调用程序管理器操作区域。

25）OFFSET：调用参数操作区域。

26）PROGRAM MANAGER：调用程序管理器操作区域。

27）MACHINE：调用加工操作区域。

2. 机床操作面板

以机床控制面板 MCP 483C IE 为例，介绍 SIEMENS 机床操作面板典型操作和显示单元，如

图 2-10 所示。

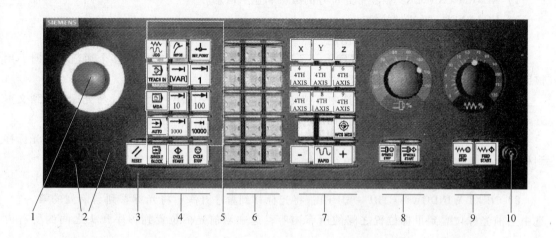

图 2-10　机床控制面板 MCP 483C IE 前视图（铣削版）

1—急停键　2—指令设备安装位置　3—RESET 键　4—程序控制区　5—运行方式
6—用户自定义键　7—运行轴　8—主轴控制　9—进给轴控制　10—钥匙开关

1）复位键（RESET）：中断当前程序的处理，系统恢复初始设置；删除报警。

2）单段程序执行键（SINGLE BLOCK）：程序控制，打开/关闭单程序段模式。

3）NC 启动键（CYCLE START）：NC 启动键，开始执行程序。

4）NC 停止键（CYCLE STOP）：NC 停止键，停止执行程序。

5）手动方式键（JOG）：运行"JOG"方式。

6）示教方式键（TEACH IN）：运行"示教"方式。

7）MDI 方式键：运行"MDI"方式。

8）自动方式键（AUTO）：运行"AUTO"方式。

9）重新定位逼近键（REPOS）：再定位、重新逼近轮廓。

10）回参考点键（REF. POINT）：返回参考点。

11）可变增量进给键（VAR）：可变增量进给。

12）轴运行选择键（X、Y、Z）：选择运行坐标轴。

13）轴运行方向选择键（+、-）：选择运行坐标轴方向。

14）轴快速运行键（RAPID）：快速移动进给轴。

15）坐标系转换键（WCS/MCS）：在工件坐标系（WCS）和机床坐标系（MCS）之间转换。

16）主轴停止键（SPINDLE STOP）：主轴停止。

17）主轴启动键（SPINDLE START）：主轴启动。

18）进给停止键（FEED STOP）：停止正在执行的程序，停止进给轴运动。

19）进给启动键（FEED START）：启动当前程序段的运行，进给轴加速到程序指定的进给率。

3. 操作界面

840D 数控系统操作界面如图 2-11 所示。

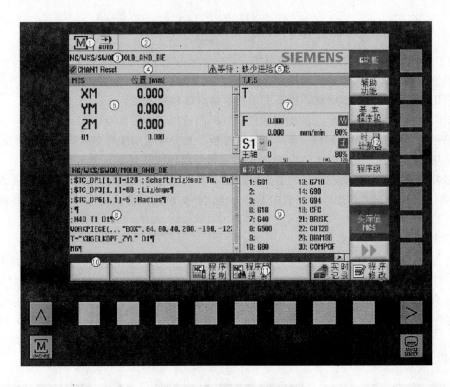

图 2-11　840D 数控系统操作界面

①—有效操作区域和运行方式　②—报警/信息行　③—程序名　④—通道状态和程序控制　⑤—通道运行信息
⑥—实际值窗口中的轴位置显示　⑦—显示有效刀具 T、当前进给率 F、当前状态的生效主轴 S 以及用百
分比表示的主轴负载　⑧—加工窗口，带程序段显示　⑨—显示有效 G 功能，所有 G 功能、辅助功能，
以及用于不同功能的输入窗口　⑩—用于传输其他用户说明的对话行　⑪—水平软键栏　⑫—垂直软键栏

2.2　FANUC 数控系统

　　日本 FANUC 公司 1956 年创建，1959 年推出电、液步进电动机，之后逐步发展并完善了以硬件为主的开环数控系统。20 世纪 70 年代，随着微电子技术、功率电子技术，尤其是计算技术的飞速发展，FANUC 公司摆脱了电、液步进电动机的数控产品，转向 GETTES 公司的直流伺服电动机制造技术。1976 年 FANUC 公司成功研制了数控系统 5，之后又与 SIEMENS 公司联合研制了具有先进水平的数控系统 7。从此，FANUC 公司发展成为世界上最大的专业数控系统生产厂家之一，其产品日新月异。自 20 世纪 60 年代生产数控系统以来，已经开发出 40 多种系列产品。

　　FANUC 数控系统（FANUC System，FS）的命名格式如下：

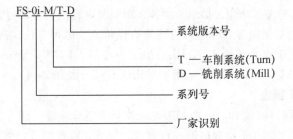

2.2.1 FANUC 数控系统产品的特点

FANUC 公司数控系统的产品具有如下特点：

1）系统结构由大板结构过渡为模块化结构。

2）采用专用大规模集成电路，提高了系统的集成度和可靠性。

3）CNC 装置上可配多种类型的控制软件，其产品适用于多种数控机床。

4）采用了表面安装技术 SMT、多层印制电路板、光导纤维电缆等多种新工艺和新技术。

5）采用小体积的面板装配式、内装式 PMC（可编程机床控制器）的 CNC 装置。

6）多种插补功能和补偿功能，如假想轴插补、极坐标插补、圆锥面插补、指数函数插补和样条插补等。除螺距误差补偿、丝杠反向间隙补偿之外的坡度补偿、线性度补偿以及各种刀具补偿功能。

7）面向用户开放的 CNC 装置。

8）支持多种 I/O 设备，如 FANUC PPR、FANUC 、FA、Card、FANUC FLOPY CASSETE、FANUC 、PROGRAM 、FILE、Mate 等。

9）具有 MAP（制造自动化协议）接口通信功能。

10）产品系列丰富。FANUC 系统有早期的 3 系列、6 系列，到现在的 F0、F10/F11/F12、F15、F16、F18 系列、Power Motion i -A 系列、30i/31i/32i/35i-B 系列、0i-D 系列等，而应用最广的是 FANUC 0 系列系统。图 2-12 所示为部分数控系统产品系列。

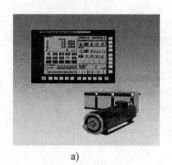 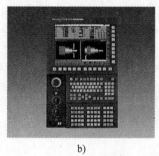 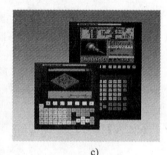

a)   b)   c)

图 2-12 FANUC 部分数控系统产品系列

a) Power Motion 系列   b) 30i/31i/32i/35i-B 系列   c) 0i-D 系列

2.2.2 FANUC 典型数控系统组成

FANUC Series 0i-TD/MD 系统是目前在我国市场上销量较大的一种数控系统，该系统源自于 FANUC 公司目前在国际市场上销售的高端 CNC30i/31i/32i 系列，性能上比 0i-C 系列提高了许多：硬件上采用了更高速的 CPU，提高了 CNC 的处理速度；标配了以太网；控制软件根据用户的需要增加了一些控制与操作功能，如纳米插补、用伺服电动机做主轴控制、电子齿轮箱、存储卡上程序编辑、PMC 的功能块等。因此该系统是高性价比、高可靠性、高集成度的小型化 CNC 系统。该系列产品应用于车床、铣床、冲床、加工中心等。FANUC Series 0i-MD 适用于铣床的 CNC（见图 2-13），FANUC Series 0i-TD 适用于车床的 CNC（见图 2-14）。

1. 显示器与 MDI 键盘

系统的显示器可用 8.4in 或 10.4in 的 LCD（液晶）彩色显示器，还可选用触摸屏显示器。在显示器的右面或下面有 MDI（手动数据输入）键盘，横置、竖置均可，用于操作 CNC 系统。

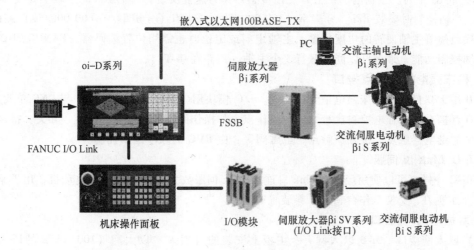

图 2-13　FANUC Series 0i-MD 系统基本配置

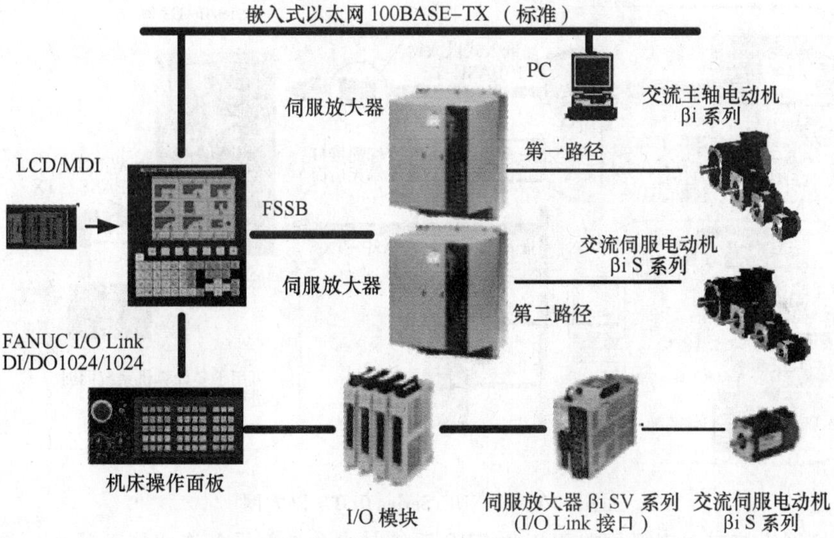

图 2-14　FANUC Series 0i-TD 系统基本配置

2. 进给伺服

经系统串行伺服总线 FSSB，用光缆与多个进给伺服放大器（βi/αi 系列）相连。进给伺服电动机使用 βi S/αi S 系列电动机。βi 系列的放大器是伺服电动机和主轴电动机一体化的驱动器，结构紧凑，价格实惠。用户根据需要可选用 αi 伺服和 αi 系列的伺服电动机。伺服电动机上装有脉冲编码器，βi S 电动机为 130 000 脉冲/转；αi S 电动机标配为 1 000 000 脉冲/转（当 CNC 有纳米插补功能时，需配 16 000 000 脉冲/转的）。编码器既用作速度反馈，又用作位置反馈。用圆编码器作位置反馈的系统称为半闭环控制。系统还支持使用直线尺的全闭环控制，位置检测器可用增量式或绝对式。

3. 主轴电动机控制

主轴电动机控制有串行口（主轴电动机的指令用二进制数据串行传送）和模拟接口（CNC 输出 0 ～ 10V 模拟电压指令电动机的转速）两种。串行口只能用 FANUC 的驱动器和主轴电动机，

用 βi 系列或 αi 系列。主轴电动机上有磁性传感器作为速度反馈。加工螺纹时主轴上要装 αi 位置编码器，C 轴控制时要装 BZi（分辨率：360 000/转）或 CZi（分辨率：3 600 000/转）编码器，以便精确地检测主轴回转的角度位置。主轴定向或定位时也需用位置编码器。FANUC 0i-D 系统有多主轴控制功能，最多可以同时运行 3 个主轴（双路径 0i-T）。

4. 机床强电的 I/O 点接口

0i-D 用 I/O 模块做机床强电信号的驱动。I/O 模块用串行数据口 I/O Link 与 CNC 单元连接。每个 I/O 点接在机床强电控制执行元件的工作点，如操作面板上的按键、按钮、开关、指示灯或强电柜中的继电器触点、接触器触点、电磁阀等，由 PMC 的顺序逻辑控制。

5. I/O Link βi 伺服

与 0i-C 一样，可以使用经 I/O Link 口连接的 βi 伺服放大器驱动的 βi S 电动机，用于驱动外部机械（如换刀、交换工作台、上下料装置等）。

6. 数据输入/输出口

（1）以太网接口　0i-D 以太网有：主板上安装的（嵌入）以太网（100 BASE 的以太网电路）；可选的以太网插板；Data Server（数据服务器）板和 PCMCIA 网卡，可根据使用情况选择，如图 2-15 所示。

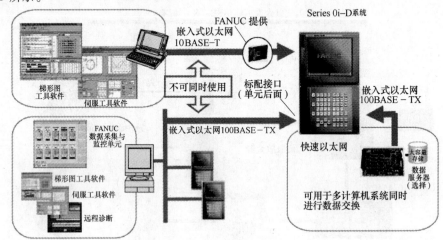

图 2-15　FANUC Series 0i-TD 以太网

（2）现场网络接口　现场网路用于将 CNC 系统与多台外部设备连成加工单元，常用于 FMS，如图 2-16 所示。现场网路处理的信息多是 I/O 信号，信号点数多，要求传输速度快，传送距离长，必须可靠。0i-D 可配的现场网络有：FL-net（日本常用）、Profibus-DP（欧洲常用）和 Device-Net（美国常用）。

（3）RS232C 接口　可配两个 RS232C 口，经 RS232C 可与计算机或 Handy File（3in 磁盘驱动器）等设备连接，用于在 CNC 与外设间传送数据。

（4）PCMCIA 接口　在 PCMCIA 接口中插入 ATA 卡，有两种：一种是以太网卡，另一种是存储卡。使用这些卡可以在 CNC 系统和计算机之间传送各种数据和进行 DNC 加工。

（5）数据服务器（Data Server）　数据服务器是一块板，其上有以太网电路和大容量闪存卡接口（见图 2-17），用于安装闪存卡，其容量可达 2GB。常用于大容量程序的 DNC 加工，比如复杂模具的加工；其每个程序段编程的移动距离非常短，程序相当长，且要求的加工速度快。用数据服务器上的以太网可以高速地、批量地从主计算机中不时地获得加工程序存于闪存卡中，再连续地执行。

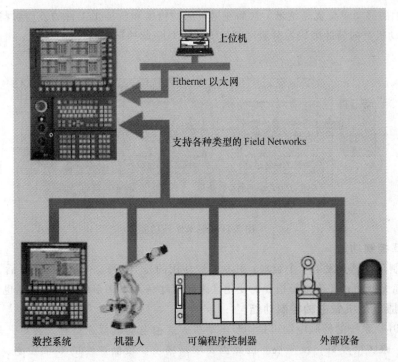

图 2-16　现场总线

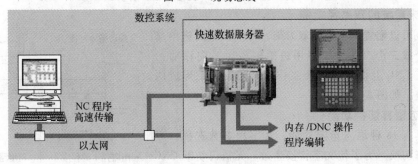

图 2-17　数据服务器

2.2.3　FANUC Series 0i-D 系统的功能特点

1. 高速、高精度加工功能

FANUC Series 0i-D 具有的高速、高精加工功能有：先行控制（G08 P1）和 AI 先行控制/AI 轮廓控制（G05.1 Q1）。系统具有高级 CNC 和伺服的功能，并使用了伺服的 HRV（High Response Vector）控制。FANUC Series 0i-TD 系统是 2 个通道、CNC 轴数为 8 轴、2 主轴，联动轴数为 4 轴；FANUC Series 0i-MD 系统是 1 个通道、CNC 轴数为 5 轴、2 主轴，联动轴数为 4 轴。

2. 加工条件选择功能

高速、高精加工功能需要在程序中编入指令 G08 或是 G05.1，也可以在 LCD 显示界面上操作，来选择加工精度（1~10）。

3. 纳米插补功能

纳米插补功能的意义是：CNC 读入的编程指令是以微米（μm）为单位，但是经过 CNC 的插补计算，细化了 1000 倍变成纳米（nm），作为位置伺服的控制指令输出给数字伺服控制器。因此，各伺服轴的移动单位就是纳米。从而使得机床的精度和已加工工件的表面粗糙度得以提高。图 2-18 中电动机上内装的编码器分辨率高达 16 000 000 脉冲/转。

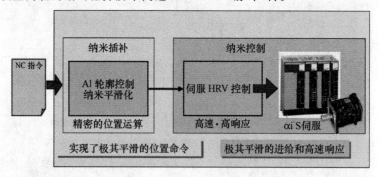

图 2-18　纳米插补功能

4. HRV3 控制功能

HRV 控制现在已开发了 4 个版本，0i-D 系统使用的是 HRV3。使用了 HRV3 后，伺服驱动性能平滑、平稳无振动；高速跟随指令的变化且跟随精度高。0i-D 系统的主轴控制也使用了 HRV。

5. 用伺服电动机做主轴控制功能

FANUC 0i-D 系统的伺服电动机是同步电动机，这种电动机低速具有大转矩，并且有非常好的控制特性，跟随精度好，反应快。因此当要求高精度、较低速度的 C 轴控制、刚性攻螺纹、螺纹加工、恒定表面切削速度控制、主轴定位时可以用伺服电动机做主轴电动机。

6. 车床系统的双路径功能

车床上可以配置双主轴和双刀架，每个刀架的进给移动轴有两个或三个（主轴也可用进给轴驱动 Z 向移动），这样可以在 CNC 上设定为两个工作组，切削加工形成两个刀具轨迹，如图 2-19 所示。

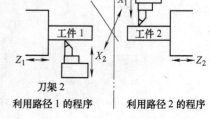

图 2-19　车床的双路径加工

7. 动态语言切换功能

系统具有 18 种语言指定功能，文字用参数选择，可以瞬间动态切换。为了使文字切换生效，无需再切断 CNC 的电源，便于使用和维护。

8. 存储卡/数据服务器编辑、操作功能

9. 误操作预防功能

系统误操作功能包含加工程序的误操作、刀偏误操作、坐标偏移误操作及坐标系设定误操作功能的设定和确认，该功能使机床的操作更加安全和可靠。

10. 系统保护级别设定功能

系统保护级别为 8 个级别，其中 4 ~ 7 级是通过口令进行设定，使系统某些功能参数安全等级更高，如系统 CNC 参数、系统 PMC 参数等。

11. 数据/信息的自动备份功能

12. 操作向导 0i（Manual Guide 0i）

用来帮助（一步步引导）操作者在线编制加工程序。

13. 个性化的开发功能

可通过 C 语言执行器开发个性化和图形化的操作与显示界面，可通过以 VB 为背景的 FANUC PICTURE 工具软件来开发 CNC 图形化的操作与显示界面，也可使用 Macro Executer（宏

执行器）开发个性化机床操作界面。

2.2.4　FANUC Series 0i-D 系统的数控单元结构

FANUC Series 0i-D 系统在硬件安装时，其基本电缆连接如图 2-20 所示。

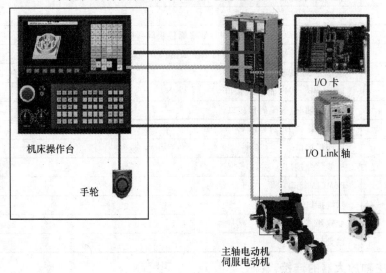

图 2-20　FANUC Series 0i-D 系统的基本电缆连接

1. 系统主板结构

FANUC 0i 系统与 FANUC 16/18/21 等系统的结构相似，均为模块化结构。主 CPU 板上除了主 CPU、存储卡板及外围电路之外，还集成了 FROM&SRAM 模块、PMC 控制模块、存储器 & 主轴模块、伺服模块等，其集成度比 FANUC 0 系统（0 系统为大板结构）的集成度更高，其控制单元的体积更小，如图 2-21 所示。

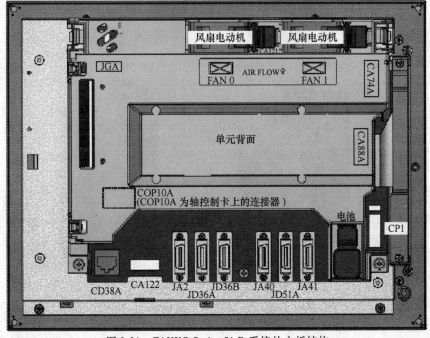

图 2-21　FANUC Series 0i-D 系统的主板结构

图 2-21 中各端口的含义见表 2-1。

表 2-1 系统主板各端口的含义

名　称	含　义
COP10A	伺服放大器（FSSB）
JA2	系统 MDI 键盘信号接口
JD36A	RS232C 串行端口 1，异步串行数字通信接口（I/O 通道为 0、1）
JD36B	RS232C 串行端口 2，异步串行数字通信接口（I/O 通道为 2）
JA40	模拟主轴/高速跳转连接口
JD51A	I/O Link，PMC 的总线接口
JA41	串行主轴/位置编码器接口
CP1	电源连接口 DC24V-IN
JGA	后面板接口
CA79A	视频信号接口
CA88A	PCMCIA 接口
CA122	软键接口
CA121	变频器
CD38A	以太网

2. 伺服/主轴放大器的连接

几种伺服放大器外观如图 2-22 所示，带主轴的放大器是以 SPSVM 一体型放大器为例的。

图 2-22 伺服放大器外观

a) αi（PSM-SPM-SVM3） b) βi-SVPM（一体型）

c) βi-SVM；SVM-4/20 型（βi 2/4/8 电动机用） d) SVM-40/80（βi12/22 电动机用）

3. 系统连接总图

系统连接总图如图 2-23 所示。

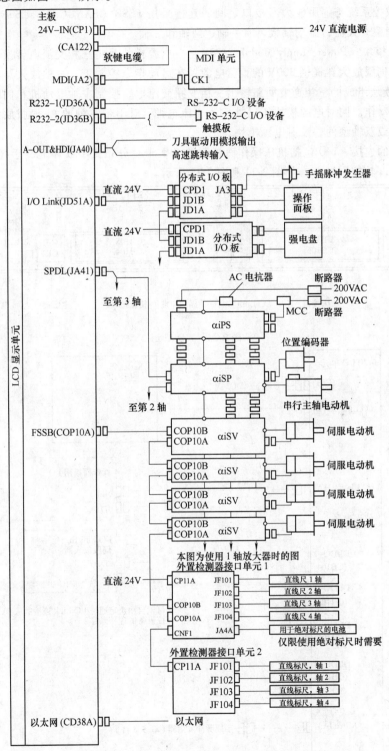

图 2-23　系统连接总图

（1）伺服放大器接口 COP10A　伺服放大器（SVM）通过 COP10A-COP10B 接口接收 CNC 发出的进给速度和位移指令信号，驱动各伺服电动机运动实现刀具和工件之间的相对运动。

FANUC 数控系统与伺服放大器接口之间的连接采用 FSSB（FANUC Serial Servo Bus），对于 FANUC 单台伺服放大器，驱动轴数可有一轴、两轴和三轴。

（2）电源模块（Power Supply Module, PSM）　电源模块是将三相交流电转换为直流电，为主轴放大器和伺服放大器提供 300V 的直流电源。在运动指令控制下，主轴放大器和伺服放大器经过由 IGBT 模块组成的三相逆变回路输出三相变频交流电，控制主轴电动机和伺服电动机按照指令要求进行动作。同时电源模块还提供 24V 直流电源。对不带主轴的 βi 伺服放大器系列，放大器是单轴型或双轴型的，没有电源模块。

（3）I/O 的连接　I/O 包括机床操作面板用的 I/O 卡、分布式 I/O 单元、手摇脉冲发生器、PMM（I/O Link 轴控制）等，如图 2-24 和图 2-25 所示。

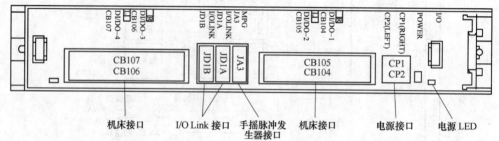

图 2-24　I/O 单元

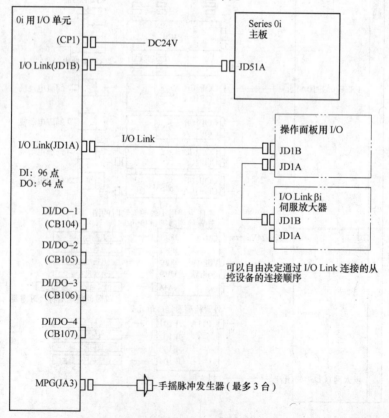

图 2-25　I/O 接口连接示意图

（4）JA41 串行主轴接口　该接口连接的放大器一定是串行主轴放大器；当数控系统使用模拟主轴时应使 CNC 模拟主轴接口与放大器连接，JA41 接口此时连接模拟主轴位置编码器；当数控系统控制多个串行主轴时，连接方式如图 2-26 所示。

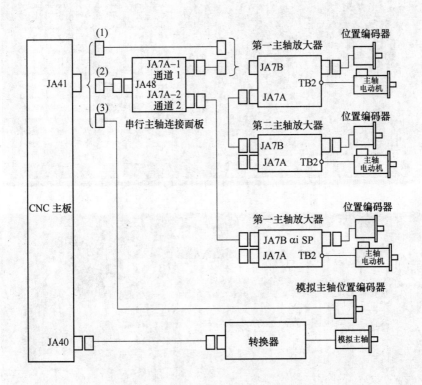

图 2-26　串行主轴连接方式

2.2.5　FANUC Series 0i-D 系统的面板操作

数控系统操作面板主要用于控制程序的输入与编辑，同时，显示机床的各种参数设置和工作状态，如图 2-27 所示，它主要由 CRT 显示器、MDI 键盘、数控系统控制电源及程序运行开关等多个部分组成，每一部分的详细说明如下：

1. 软键分布

MDI 软键如图 2-28 所示。

1）MDI 键盘区分为数字和字符部分，操作时，用于字符的输入；其中"EOB"为分号"；"输入键；其他为功能或编辑键。

2）POS 键：按下此键在 CRT 显示器上显示机床当前的坐标位置。

3）PROG 键：按下此键显示程序界面。

4）OFS/SET 键：按下此键显示刀偏/设定界面。

5）SYSTEM 键：显示系统界面（包括参数、PMC、诊断和系统等）。

6）MSSAGE 键：显示系统报警信息界面。

7）SHIFT 键：切换键，用来输入对应字符右下角的字符。

8）CAN 键：退格/取消键，可删除已经输入到缓冲器的最后一个字符。

9）INPUT 键：输入键，当面板上按下一个字母或数字键以后，必须按下此键才能输入到

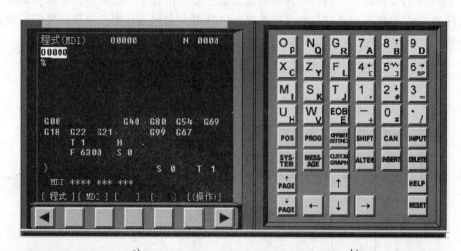

a)　　　　　　　　　　　　　　　　　b)

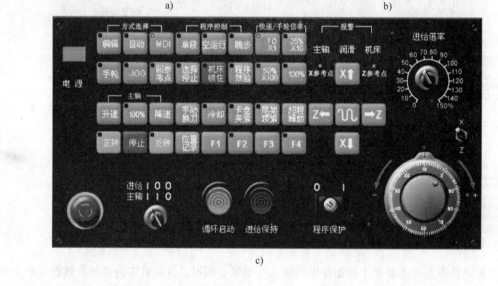

c)

图 2-27　数控系统操作面板示意图

a）液晶显示器和软键盘　b）MDI 键盘　c）机床操作面板

CNC 内。

10）ALTER 键：替换键。

11）INSERT 键：插入键。

12）DELETE 键：删除键。

13）PAGE 键：翻页键。包括上下两个键，分别表示屏幕上页键和屏幕下页键。

14）HELP 键：帮助键，用来显示如何操作机床。

15）RESET 键：复位键，使 CNC 系统复位，用以清除报警等。

16）方向键：分别表示光标的上、下、左、右移动。

17）功能键：这些软键对应各种功能的各种操作功能，根据操作界面相应变化。

18）翻页键：用以扩展软键菜单。

2. 操作面板分布

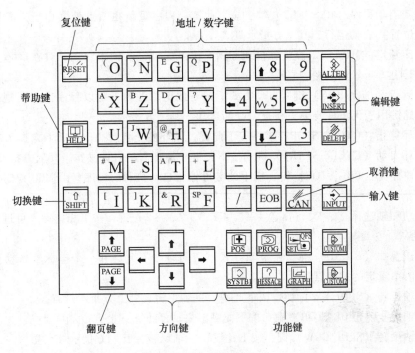

图 2-28　MDI 软键

操作面板如图 2-29 所示。

1）自动方式（AUTO）键：按下此键，切换到自动加工方式，其上方指示灯点亮。

2）编辑方式（EDIT）键：按下此键，设定程序编辑方式，其上方指示灯点亮。

3）MDI 方式键：按下此键，切换到 MDI 方式运行，其上方指示灯点亮。

4）REMOTE 方式键：按下此键，设定 DNC 操作模式，其上方指示灯点亮。

5）参考点方式（REF）键：按下此键，回参考点操作，其上方指示灯点亮。

6）手动方式（JOG）键：按下此键，切换到手动方式运行，其上方指示灯点亮。

7）进给步长设定（INC）键：按下此键，设定进给步长，其上方指示灯点亮。

8）手轮方式（HANDLE）键：按下此键，执行手轮相关动作，其上方指示灯点亮。

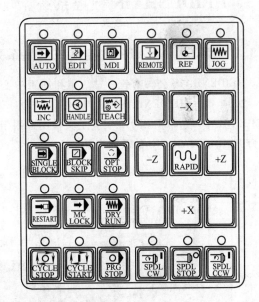

图 2-29　操作面板

9）单步执行（SINGLE BLOCK）键：按下此键，单步执行程序段，用以检查 NC 程序，其上方指示灯点亮。

10）跳步执行（BLOCK SKIP）键：按下此键，可选程序段跳过，自动操作方式下按下此键，跳到用";"结束的程序段，其上方指示灯点亮。

11）选择停（OPT STOP）键：按下此键，执行程序中的 M01 指令，自动停止自动操作方式下运行的程序，其上方指示灯点亮。

12）重新启动程序（RESTART）键：按下此键，程序重新在断点处（由于刀具断裂后造成程序停止的位置）启动运行，其上方指示灯点亮。

13）机床锁定（MC LOCK）键：自动方式下按下此键，各轴不移动，只在屏幕上显示坐标值的变化，其上方指示灯点亮。

14）空运行（DRY RUN）键：自动方式下按下此键，各轴不是以程序速度而是以手动进给速度移动，此键用于无工件装夹只检查刀具的运动，其上方指示灯点亮。

15）循环停止（CYCLE STOP）键：按下此键，循环停止自动操作，其上方指示灯点亮。

16）循环启动（CYCLE START）键：按下此键，循环启动自动操作，其上方指示灯点亮。

17）程序停止（PRG STOP）键：按下此键可停止自动执行的程序，由 M00 指定，其上方指示灯点亮。

18）点动和轴选择（＋X、－X、＋Y、－Y、＋Z、－Z）键：按下相应键，可进行点动和手动进给轴选择。

19）快速叠加（RAPID）键：在手动方式下，同时按下此键和一个坐标轴点动键，坐标轴按快速进给倍率设定的速度点动。

20）主轴正转（SPDL CW）键：按下此键，主轴正转，其上方指示灯点亮。

21）主轴停止（SPDL STOP）键：按下此键，主轴停止，其上方指示灯点亮。

22）主轴反转（SPDL CCW）键：按下此键，主轴反转，其上方指示灯点亮。

2.3　HEIDENHAIN 数控系统

2.3.1　HEIDENHAIN 数控系统产品系列

HEIDENHAIN 公司有铣、钻、镗和加工中心用轮廓加工数控系统，其数控系统功能不断增加。2004 年，HEIDENHAIN 成功推出应用广泛的多功能 iTNC 530 数控系统。2012 年，HEIDENHAIN 在 CIMES2012 展会上又推出适用于车铣复合加工的 iTNC 640 数控系统。图 2-30 所示为 HEIDENHAIN NC 的系列产品。

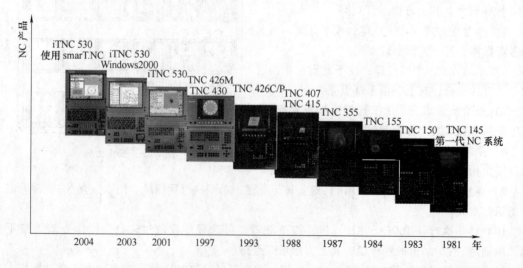

图 2-30　HEIDENHAIN NC 产品系列

2.3.2 HEIDENHAIN iTNC 530 数控系统的功能

HEIDENHAIN iTNC 530 数控系统具有以下功能:

1)用户界面友好且向上兼容。

2)支持多种程序输入,如 SMART. NC、HEIDENHAIN 对话格式、ISO 格式。

3)支持远程编程,可以用 CAD/CAM 系统编程或用 HEIDENHAIN 编程工作站编程。

4)先进的测头探测循环,实现刀具和工件的自动测量。

5)先进的 3D 加工。具有表面法向矢量 3D 刀具补偿、轮廓提前计算、刀具中心点管理(TCPM)和最小加加速(Jerk)控制算法以及样条插补功能,保证零件加工表面的平滑和高精度。

6)优化刀具导向性能,避免轮廓损伤。

7)先进的前馈伺服技术,使 iTNC530 具有理想的程序段处理速度性能。

8)不同寻常的轮廓编程方法,如 FK 自由轮廓编程。

9)并行运行功能,在运行其他程序的同时,还可在图形支持下编程。

10)全方位的图形支持,如程序图形校验、编程图形支持、程序运行图形等。

11)支持多种坐标变化,如平移、旋转、镜像、缩放、倾斜加工面以及 PLANE 功能等。

12)支持多种用于重复工序的固定循环,如钻孔、啄钻、铰孔、镗孔、刚性攻螺纹循环,内外螺纹铣削循环,矩形和圆形型腔的多工序加工,清平面和斜面循环,直槽和圆弧槽多工序加工,圆弧和直线阵列点循环以及轮廓型腔循环等。

13)支持 Q 参数、变量编程。

14)快速数据传输功能。iTNC 530 支持快速以太网接口、RS232C 接口和 RS422 数据接口。能够通过 TCP/IP 与 NFS 服务器和 Windows 网络通信,数据传输速度可达 100Mbit/s。

2.3.3 HEIDENHAIN iTNC 530 数控系统的基本配置

HEIDENHAIN iTNC 530 数控系统由以下部分组成:

1. 计算机、硬盘、SIK

iTNC 530 主计算机为 MC 42×(C),控制机采用 CC 42×(B)。MC 42×(C)主计算机可以有两个版本,分别是标准版 MC 422(C)和基本版 MC 420。主计算机由 MC 42×(C)、HDR 硬盘和 SIK(System Identification Key)3 个组件组成,其外观分别如图 2-31、图 2-32 和图 2-33 所示。SIK 组件含数控软件许可证,用于使控制环和软件选装可用。它使主机具有唯一标识码——SIK 号。SIK 组件需要单独订购,使用时必须将它插在 HDR 专用插槽中。

图2-31 MC422 主机

图 2-32 HDR 硬盘

图 2-33 SIK

2. CC 422 控制单元

CC 422 控制单元有 6 个控制回路和 10 个控制回路之分，其中 6 个控制回路的 CC 422 控制单元带有 6 个 PWM 输出和 6 个速度输入接口，其外观如图 2-34 所示。10 个控制回路的 CC 422 控制单元带有 10 个 PWM 输出和 10 个速度输入接口，其外观如图 2-35 所示。CC 422 控制单元可用于直线电动机、转矩电动机的直接驱动。

图 2-34　CC422-6 控制单元　　　　　　　　图 2-35　CC422-10 控制单元

3. 显示单元和键盘

有 BF150 显示单元、TE 520B、TE 530B、TE 535 Q、MB420 机床操作面板等。图 2-36 所示为 BF150 显示单元。图 2-37 所示为 TE530 键盘。

4. 手轮

手轮有 HR410、HR420、HR130 共 3 种类型，如图 2-38 所示。

5. PLC 模块

采用 PL510 PLC 输入/输出模块（PLB510 基本模块 + PLD 16-8I/O 模块）。基本模块用于 HEIDENHAIN PLC 接口（PL 510）或 PROFIBUS-DP（PL550）。如果 MC

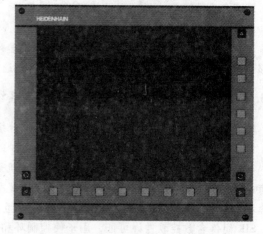

图 2-36　BF150 显示单元

的 PLC 输入/输出点数不够，可外接 PL 510 或 PL 550 的 PLC 输入/输出扩展单元。这些外部模块型 I/O 系统包括一个基本模块和一个或多个输入/输出模块。图 2-39 所示为 PL510 PLC 输入/输出模块；图 2-40 所示为 PLB510 基本模块；图 2-41 所示为 PLD 16-8 模块。

6. UV106 B 电源模块

UV106 B 电源模块用于 iTNC 的模拟输出版本，如果 iTNC530 输出模拟量的速度指令（±10V），此时不需要 CC，使用 UV106 B 给 MC 提供电源，其外观如图 2-42 所示。

7. 驱动模块

采用紧凑式驱动模块（见图 2-43），电源、伺服轴和主轴驱动全部集成在一个单元。系统功率模块中功率最大的模块必须在最左端、功率最小的在右端。

图 2-37　TE530 键盘

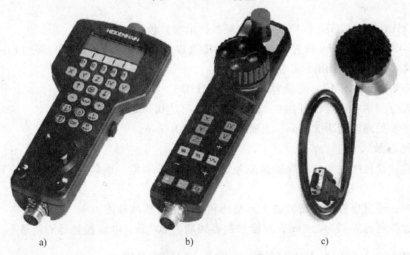

图 2-38　手轮类型
a) HR420　b) HR410　c) HR130

图2-39　PL510 PLC 输入/输出模块

图 2-40　PLB510 基本模块

图 2-41　PLD 16-8 模块

图 2-42　UV106 B 电源模块

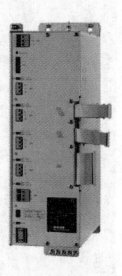

图 2-43　紧凑式驱动模块

HEIDENHAIN iTNC 530 数控系统标准配置技术参数包括：

1）MC 422B 主机、MC 数控单元、TE530 键盘以及带软键和 15. 1in 的彩色 LED 纯平显示器。

2）操作系统使用 HEROS 实时操作系统。

3）内存容量为 128MB，硬盘容量至少可达 13GB。

4）输入分辨率：线性轴可达 0.1μm，角度轴可达 0.0001°。

5）程序段处理时间为 3.6ms，主轴转速达 40000r/min。

6）行程范围 100m。

7）误差补偿：线性和非线性轴误差补偿、反向间隙补偿、圆周运动反向尖角补偿、热膨胀补偿等。

8）诊断：通过自带的诊断辅助工具快速和简单进行故障排除。

9）位置控制器周期为 1.8ms，速度控制器周期为 600μs，电流控制器周期最小为 100μs。

2.3.4　HEIDENHAIN iTNC 530 数控系统的面板操作

1. 屏幕界面

屏幕界面如图 2-44 所示，划分为 8 个区：1 为页眉区，其展示机床操作类型（左）和编程操作类型（右）；2 为软键区；3 为选择软键区；4 为软键功能转换键区；5 为屏幕划分按键区；6 为机床和编程类型屏幕切换区；7 为机床生产商功能键选择软键区；8 为机床生产商功能键切换键区。

2. 机床面板

机床面板如图 2-45 所示，划分为 9 个键区：1 为自由文本、文件名和 DIN/ISO 编程的希腊字母键盘，还有一些 Windows 操作按键；2 为文件管理区，包括计算器、MOD-功能、HELP-功能；3 为编程模式区；4 为机床操作模式区，包含手动、手动数据输入定位、单段/自动、程序储存/编辑、程序模拟测试；5 为对话式编程的开启键区；6 为方向键和跳跃指令跳转区；7 为数字输入和轴的选择区；8 为鼠标区；9 为 SMART. NC-导航键区。

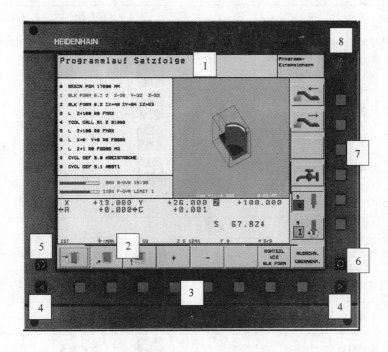

图 2-44　屏幕界面

图 2-45　机床面板

3. 显示器及面板按键功能说明

显示器及面板按键功能说明见表 2-2。

表 2-2　显示器及面板按键功能说明

机床操作模式		TNC 程序/文件管理功能	
	手动操作模式	PGM MGT	程序管理：操作和删除程序
	电子手轮	MOD	辅助操作模式
	手动数据输入定位	HELP	帮助功能
	程序运行、单段方式	ERR	显示出错信息
	程序运行、自动方式	CALC	显示计算器
	SMART. NC		
程序编辑模式			
	程序编辑	Q	输入参数值而非输入固定值/参数定义
	带图形模拟测试运行		获取实际位置
	直线	TOOL DEF	刀具定义
CHF	直线倒角	TOOL CALL	刀具调用
CC	已知圆心路径	CYCL DEF	循环定义
C	已知圆弧路径	CYCL CALL	循环调用
CR	已知半径圆弧路径	LBL SET	标记子程序
CT	相切开始圆弧路径	LBL CALL	调用子程序重复运行程序块
RND	倒圆角	PGM CALL	可编程的程序调用
APPR DEP	轮廓接近和离开	STOP	编辑定义停止、中断/暂停
FK	自由轮廓编程	TOUCH PROBE	测头功能
P	极坐标输入	SPEC FCT	特殊功能，例如 TCPM 或 PLANE
I	增量尺寸输入		
浏览			
→			SMART. NC 选择下一个菜单
←			SMART. NC 选择上个标签
↓			SMART. NC 选择下个标签
↑			

2.3.5 HEIDENHAIN iTNC 530 数控系统的接线

1. iTNC530 连接概览

以 MC 422 C 包含 10 个位置光栅输入接口、CC422 带有 10/12 个控制回路为例，如图 2-46 所示。其接口定义为：X1～X5、X35～X38 为光栅接口；X15～X20、X80～X83 为电动机编码器；X84、X85 为电动机编码器（12 个控制回路）；X51～X60 为 PWM 输出；X61、X62 为 PWM 输出（12 个控制回路）；X8、X9 为指令值输出，模拟量；X12 为 TS 工件测头；X13 为 TT 对刀仪；X23 为电子手轮；X26 为 10M/100M 以太网；X27 为 RS-232-C/V.24 串口；X28 为 RS-232-C/V.11 串口；X127 为 RS-232-C/V.24 串口（带 Windows2000 的 MC）；X128 为 RS-232-C/V.11 串口（带 Windows2000 的 MC）；X141、X142 为 USB 接口；X30 为主轴参考点 24V 输出；X34 为系统准备好信号 24V 输出；X41 为 PLC 输出；X42 为 PLC 输入；X44 为内置 PLC24V 电压；X45 为键盘单元；X46 为机床操作面板；X47 为 PLC 扩展接口；X48 为模拟量 PLC 输入；X149（X49）为 BF150 显示单元；X69 为电源；X10、X121 为预留；X165～X166 为预留；B 为接地信号。

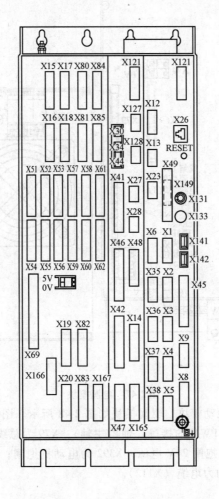

图 2-46 MC 422C 连接

2. 驱动和电动机连接

（1）UV（R）1x0（D）电源模块　电源模块如图 2-47 所示。图中，X70 为主接触器（母线）；X74 为 5V 电源；X69 为系统电源和控制信号；X79 为总线；X71 为主轴安全继电器（主轴使能）；X72 为进给轴安全继电器（进给轴使能）；X31 为进线电源（3×400V）。

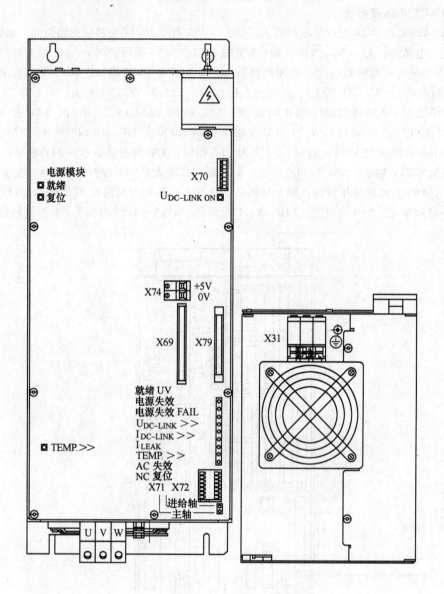

图 2-47　电源模块

（2）UM1xx（B）（D）驱动模块　驱动模块如图 2-48 所示。图中，X111 为与系统 PWM 的接口（轴1）；X112 为与系统 PWM 的接口（轴2/主轴）；X79 为总线；X112 为伺服轴滑动开关；X112 为主轴；X344 为电动机抱闸 24V 电源；X392 为电动机抱闸；X81 为轴1 电动机动力电缆（X111）；X82 为轴2 电动机动力电缆（X112）。

3. 系统连接总图

数控系统电缆连接如图 2-49 所示；变频器系统电缆连接如图 2-50 所示；附件系统连接如图 2-51 所示。

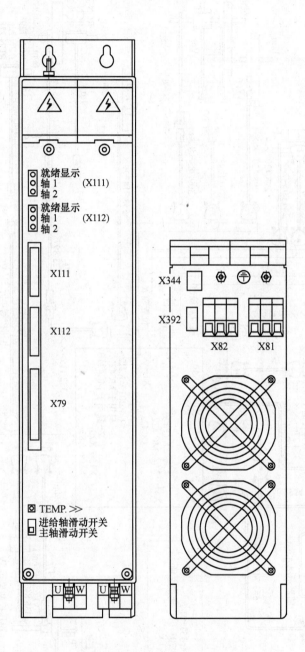

图 2-48　驱动模块

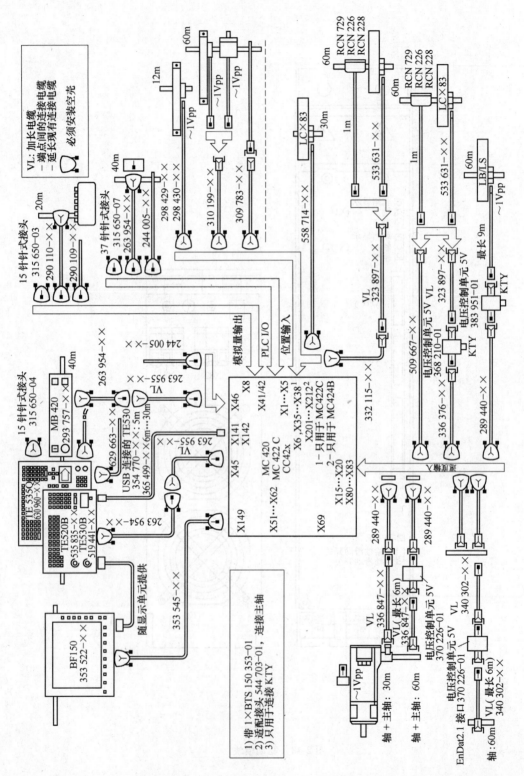

图 2-49　数控系统电缆连接

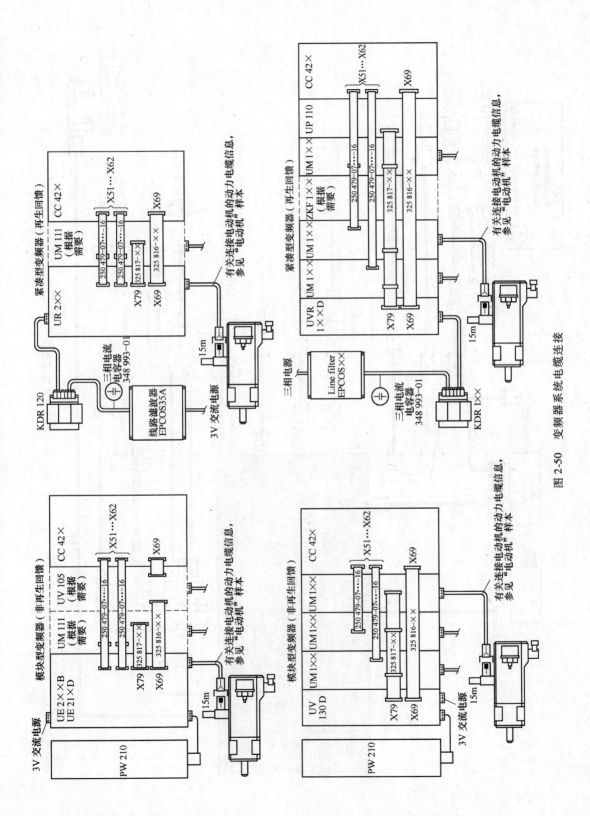

图 2-50　变频器系统电缆连接

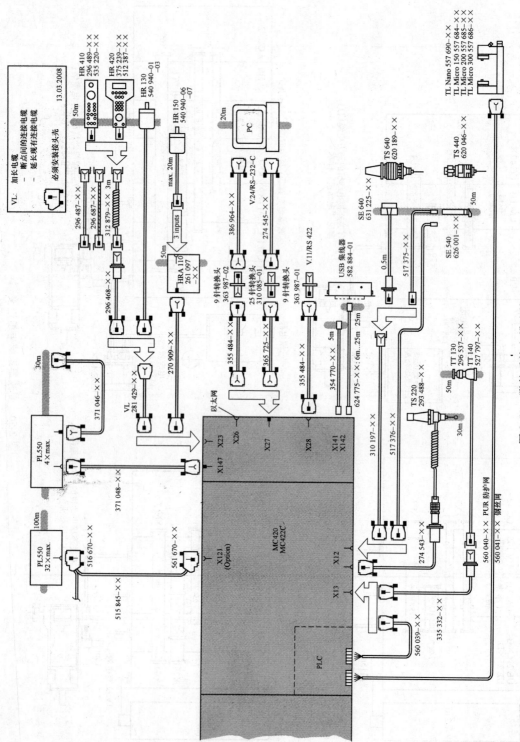

图 2-51　附件系统电缆连接

习　题

1. SINUMERIK 840D 数控系统的硬件组成包括哪几部分？

2. SINUMERIK 840D 数控系统的接口主要包括哪些？

3. FANUC 0i-D 数控系统的接口主要包括哪些？

4. FANUC 0i-D 数控系统由哪几部分组成？

5. HEIDENHAIN iTNC 530 数控系统由哪几部分组成？

6. HEIDENHAIN iTNC 530 数控系统的接口主要包括哪些？

7. SINUMERIK 840D 数控系统、FANUC 0i-D 数控系统和 HEIDENHAIN iTNC 530 数控系统在性能与结构方面有哪些不同之处？

8. 数控系统如何与计算机实现通信？通信的目的是什么？

第3章 数控仿真系统理论

3.1 数控仿真系统的概念

随着计算机技术的发展，数控编程技术在数控加工工艺规划、刀具路径生成技术、数控代码在机动态模拟等方面取得了较好的成绩，但是在数控加工的实际环境中，由于零件工艺的复杂性和加工环境的不同，加工过程中可能会出现零件过切、干涉碰撞等现象。另一方面，由于数控机床的投资和运行成本较大，操作也更为复杂，发生碰撞的可能性也更大，同时受数控机床台（套）数、零件耗材等方面的制约，因此，在零件实际加工前，有必要采取措施对零件的加工过程进行有效检查。

数控加工仿真是 CAD/CAM 中的关键技术，是数控技术、仿真技术与虚拟现实技术等先进技术的交叉应用。实际数控加工过程中，为校验 NC 程序是否正确，需要进行一次或多次试切，同时数控加工参数也需不断调试，直到确认 NC 程序能够完成预定的加工要求。这样不仅浪费资源，效率低下，而且可能因操作过程中的碰撞或干涉等问题造成经济损失。数控仿真系统则可以很好地解决以上问题。

数控仿真系统就是通过软件对真实数控机床加工操作环境、刀具轨迹以及零件材料切削过程进行模拟，从而进一步检查和优化 NC 程序，检验数控程序可防止碰刀、减少实际加工前的工件试切，提高生产加工效益。通过在 PC 上操作相应软件，能在很短时间内掌握配有各种数控系统的车床、铣床以及加工中心等数控机床的操作。数控仿真系统应该包含 NC 代码的编译和检查、零件图形的输入和显示、刀具定义和图形显示、刀具运动和材料去除的动态图形显示、刀具碰撞及干涉检查的仿真，支持各种数控系统 NC 编程语言等功能。图 3-1 所示为数控仿真系统主要工作流程图。

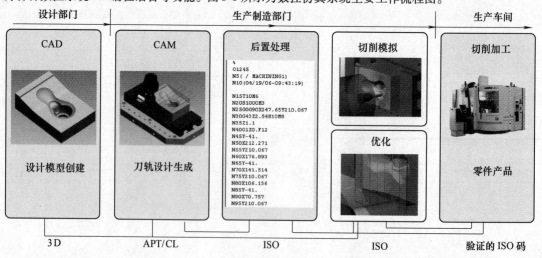

图 3-1 数控仿真系统主要工作流程图

数控仿真系统主要包含数控系统、机床特性以及机床操作人员的操作。在数控系统方面，要考虑 ISO 代码解释、多通道加工的同步、机加工时间测算等。在机床特性方面包括：运动学特性、轴的运动方式、轴的行程、进给率、机床功率、轴的加减速等。在操作方面，要考虑工件、夹具和刀具的装夹与定位等。只有充分考虑实际加工过程中的各种因素，才能实现真正的仿真与优化。

数控仿真系统的核心组成应包含数控系统面板操作界面仿真、数控机床面板操作仿真、数控机床运动实时仿真、数控加工准备和数控代码执行等。数控仿真系统可以通过计算机屏幕上的仿真操作面板对机床操作进行模拟，通过机床仿真模型中的零件加工对其切削过程进行三维动画演示，操作简明，根据实际数控机床的操作系统进行仿真，与真实机床系统无任何差异，使用时只需结合各厂家的机床操作说明书和机床编程说明书使用即可。

相对于实物机床，先进的三维动画显示及虚拟现实技术的数控仿真系统具有以下特点：

1）取代传统的现场切削试验加工方式。

2）采用 OpenGL 三维技术，模拟整个机床刀具切削毛坯形成零件的全过程以及机床各轴之间的运动关系，检查机床各部件之间以及与工装夹具、刀具和刀柄之间是否发生干涉或碰撞。

3）模拟机床控制系统，使虚拟机床的运行和真实机床一样。

4）校验加工程序的正确性，进行语法检查，判断程序可能存在的各种错误，并编辑错误代码段。

随着计算机技术和虚拟现实技术的发展，出现了可以模拟实际机床加工环境及其工作状态的数控仿真系统，它是一个应用虚拟现实技术于数控机床加工的仿真软件。目前这类软件有两个主要发展方向：一类是嵌入式数控仿真，即与相关 CAD/CAM 软件集成，主要模拟刀具运行轨迹，验证设计结果，对机床操作没有任何涉及。另一类是独立式数控仿真，即虚拟数控机床，不仅能对刀具运行状态进行仿真，同时模拟真实的机床操作环境。国外数控仿真技术较国内成熟，并已形成了商品化的软件，如法国 Delmia 公司的 VNC，法国 SPRING Technologies 公司研发的 NCSIMUL 软件，美国 CGTech 公司的 VERICUT 软件，美国 Predator 公司开发的 Predator Virtual CNC 软件（其仿真主界面如图 3-2 所示），数控仿真基本已能实现 3~5 轴实体仿真，Delmia 的 VNC 能够实现任意数目轴的实体仿真。国内数控加工仿真软件有上海宇龙、广州超软、南京斯沃、北京联高软件公司和斐克公司合作开发的教学用数控仿真软件 VNC 等，一些数控系统生产商也在推出自己的仿真软件，这些软件在各高校实训中占有很大比例。

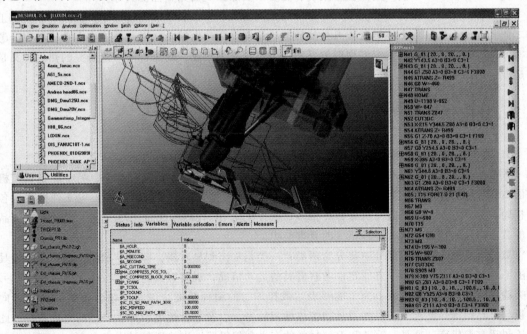

图 3-2　NCSIMUL 仿真系统主界面

3.2　数控仿真系统的分类

数控加工仿真过程按物理因素是否介入可分为几何仿真和物理仿真两大类。根据数控仿真过程中的数据驱动方式，几何仿真又可分为刀位轨迹仿真和加工过程动态仿真两类。

1. 刀位轨迹仿真

刀位轨迹仿真是基于后置处理前的数据所进行的仿真，也就是基于刀位轨迹的数控加工过程的仿真。刀位轨迹仿真将刀具和工件看做刚体，不考虑切削参数、切削力、刀具变形和工件变形等物理因素的影响，以仿真加工工件和刀具的运动，可以在脱离具体数控机床环境下进行，其主要目的是检验刀轨的正确性。

2. 加工过程动态仿真

加工过程动态仿真是一种基于后处理后所产生的数控程序而进行的仿真，也就是基于 NC 程序的数控加工过程仿真。加工过程动态仿真是对 NC 程序是否正确进行检查和优化，可以对机床操作人员进行培训指导。加工过程动态仿真验证有两种。一种只显示工件模型和刀具模型的加工动态仿真。典型的商品化软件有专用的数控仿真软件如 VERICUT、MTS 和 N_ See2000 动态仿真工具。另一种同时动态显示工件、刀具、夹具和机床模型的机床仿真系统。机床仿真系统的典型代表有 UG 软件中的 Unisim 机床仿真工具、MTS 软件和 Camand 系统的 Multax 软件包等。这些系统构建了一个真实感很强的加工仿真环境，具有完整的由机床、刀具、夹具和工件构成的场景，可以对复杂的加工环境进行仿真，能精确地检测加工过程中各部件之间（刀具与夹具、机床工作台及其他运动部件之间）的干涉和碰撞，以便优化切削加工过程。

3. 物理仿真

物理仿真要考虑切削过程中的各种物理因素，在实际加工过程进行之前要分析和预测各种切削参数等变化的影响，可以真实反映数控加工的本质过程。其主要内容包括切削力、加工误差、材料去除过程、刀具磨损、数控机床振动和温度以及加工表面完整性仿真等。

目前市场上的数控仿真系统很大一部分是几何仿真，但在实际加工过程中，机床、刀具和工件之间相互作用，导致工件形变和刀具的颤振，这样就会产生偏差。因此数控仿真系统应充分考虑实际加工过程的物理因素，将物理仿真和加工过程完美集成，既是目前理论研究的热点，又是制造业应用的重点。

3.3　数控仿真系统的结构及功能实现

1. 数控仿真系统的结构

数控仿真系统的输入数据有两种：一种是 CAD/CAM 系统的刀位文件数据，另一种是数控机床的 NC 代码数据。一方面，由于目前 CAD/CAM 系统种类繁多，系统输出的刀位文件格式也各不相同。另一方面，由于数控机床种类很多，数控机床 NC 代码种类也不尽相同。这就要求商品化的数控仿真系统必须具有多种格式的处理能力。

数控仿真系统的输出部分主要分为两类：一类是输出到显示器，即在显示器上动态显示刀具切削毛坯的真实感图形，以方便定性考察刀具的运动情况，观察刀具与夹具、机床是否碰撞；另一类输出就是仿真结果文件，为了能够表达数控加工的编程精度，该文件包含各离散点的 Z 向矢量与刀具扫掠体的求交结果和刀具扫掠体的刀轨号，以及是否超过了加工公差的允许范围，此外还包括数控机床、夹具、毛坯和刀具材料的定义和编辑等，当然还包括用户命令，从而构成一个完整的数控仿真集成环境。

数控仿真系统总体框图如图 3-3 所示。

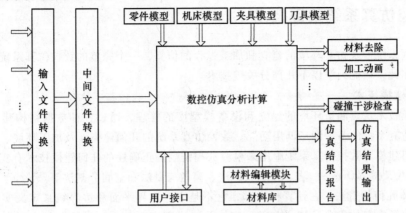

图 3-3　数控仿真系统总体框图

2. 数控仿真系统的功能模块

数控仿真系统的功能模块应包含以下内容：

（1）几何建模　用来描述工件、机床（包括工作台或转台、托盘、换刀机械手等）、夹具、刀具等所组成的工艺系统实体。

（2）运动建模　用来描述加工运动及辅助运动，包括直线运动、回转运动及其他运动。

（3）数控程序翻译　数控仿真系统读入数控程序，进行语法分析，翻译成内部数据结构，从而驱动仿真机床进行加工过程仿真。

（4）碰撞干涉检查　检查刀具与被切工件轮廓的干涉，以及刀具、夹具、机床、工件之间的运动碰撞等。

（5）材料切除　刀具按运动轨迹对毛坯进行材料切除，以模拟实际切削过程中形状、尺寸的变化，生成产品加工结果模型，对可加工性和加工精度及表面状况进行评估。

（6）加工动画　进行二维或三维实体动画仿真显示。

（7）加工过程仿真结果输出　输出仿真结果，进行分析，以便处理。

3. 数控仿真系统的实现方案

对于数控仿真系统的实现，目前较流行的有以下 4 种方案。

1）基于 VC＋＋和 OpenGL 技术开发。

2）基于 VC＋＋与现有造型软件结合的开发。

3）基于 VRML 技术的开发。

4）基于现有 CAD/CAM 软件的二次开发。

其中，第 1 种方案和第 2 种方案都需要开发人员进行大量代码的编写；第 3 种方案的优点是可以开发出基于网络的仿真系统，缺点是对于机床的加工仿真尚需大量的编程工作，而且缺乏相应的技术基础；第 4 种方案是利用基于特征的通用机械 CAD/CAM 软件系统，提供功能强大的二次开发模块，例如 UG、Pro/Engineer、CATIA 等大型商品化 CAD/CAM 软件就提供了 MS VC＋＋的开发方法和接口，SolidWorks 提供了基于 COM 和 OLE 技术的二次开发接口。采用以上软件系统作为仿真系统的图形显示平台，开发者无需考虑环境光源、材质等影响真实感的因素，大大降低了编程的难度和强度；工件毛坯直接由设计过程调用，具有完全的真实形状，仿真结果直观易懂；仿真图形易于控制，具有旋转、放大、剖切和加工过程记录等特点，在航天航空、汽车制造、模具加工、通用机械等领域得到了广泛的应用。

3.4　数控仿真系统关键技术

数控仿真系统涉及仿真环境的建立和加工过程的仿真，一个完整的数控仿真系统要解决很多关键问题，在此，只能列举以下几部分关键技术。

1. 几何建模技术

几何建模技术负责制造环境的建立和设备模型库的管理，通过各种数据结构建立图形数据库，并响应仿真系统的各种图形调用功能。数控仿真系统的几何建模涉及加工环境、工件、刀具及夹具的几何建模。数控仿真系统中用来检验数控铣削的正确性的几何建模技术有实体几何构造（CSG）法、八叉树（Octree）法、光线表达法、离散矢量法和空间分割法等。

（1）实体几何构造法　在计算机内部，它不是通过边界平面和边界线来定义实体的，而是通过基本体素及它们的集合运算（如并、交、差）进行表示的，即通过布尔模型生成二叉树结构进行表示。实体几何构造法包含两部分内容：一是基本体素的定义与描述；二是体素之间的集合运算。

（2）八叉树法　八叉树用于三维物体描述，它设想将空间通过 3 个坐标平面 XY、YZ、ZX 划分为 8 个子空间（或称卦限）。八叉树中的每一个节点对应着每一个子空间。八叉树法的最大优点是便于作出局部修改及进行集合运算。在集合运算时，只要同时遍历两个拼合体的八叉树，对相应的小立方体进行布尔组合即可。另外八叉树数据结构可大大简化消隐算法，因为各类消隐算法的核心是排序。采用八叉树法最大的缺点是占用存储空间大。由于八叉树结构能表示现实世界中物体的复杂性，所以近年来它日益受到人们的重视。

（3）光线表达法　光线表达法将物体的实体几何构造模型或 B-rep 模型转化为一组平行线段的集合，使实体几何构造法中的实体布尔减运算简化为关于光线的一维布尔减运算，显著地提高了验证效率。

（4）离散矢量法　离散矢量法将设计曲面用离散点集近似表达，每个离散点都有相应的矢量与之对应。数控加工仿真验证通过矢量与刀具运动形成的包络面之间的求交计算实现。

（5）空间分割法　空间分割法通过将实体几何模型分解为若干三维形体的集合来实现 NC 加工仿真与验证。

2. 动力学建模技术

在传统的加工过程中，动力学模型的建立通常有解析方法、实验方法、机械方法和数值方法。解析方法与实验方法基于经验公式或某些假设，可给出较正确的物理模型。机械方法及数值方法是在解析方法和实验方法基础上发展的一种建模技术，这种建模技术与计算机仿真技术的紧密结合，正逐步成为数控加工中不可替代的物理建模方法。

机械方法在切削过程中综合考虑了切削的承载力、切削刀具的几何形状、加工过程几何变形、加工环境、工件几何形状、工件和刀具由切削力引起的位移及位移反馈、加工过程中干扰等对切削力和表面精度的影响。

3. 刀具路径生成技术

数控仿真系统中能否生成有效的刀具轨迹，这将直接决定工件的可加工性、加工质量与效率。因此，刀具轨迹生成的首要目标是使所生成的刀具轨迹能满足无干涉、无碰撞、轨迹光滑、切削负荷平滑变化并满足加工要求；其次，刀具轨迹生成应满足通用性和稳定性好、编程效率高、代码量小等要求。

目前，比较常用的刀具轨迹生成方法有以下几种：

1）以被加工曲面的参数线作为刀具接触点路径来生成刀具轨迹的参数线法。

2）用一组约束曲面与被加工曲面的截交线作为刀具接触点路径来生成刀具轨迹的 CC（Cutter Contact）路径截交线法。

3）用一组约束曲面与被加工曲面的刀具偏置面的截交线作为刀具轨迹的 CL（Cutter Location）截交线法。

4）通过引入导动面来对进给过程进行约束，使进给过程中刀具始终保持与工件表面（工件面）和导动面相切的导动面法。

5）等距面法。

6）刀具接触点法。

7）自适应等参数线法。

4. 图像可视化技术

数控加工过程的动态仿真就是利用动画及计算机可视化技术描述实际的加工过程，通过仿真结果的可视化显示，不仅可以发现错误，修改工艺文件，还可以总结数据信息难以表达的规律，优化加工方案，最终达到经济地指导生产的目的。数控仿真系统图像的动画显示多用于数控几何仿真系统中加工干涉及产品验证方面。在一个数控仿真系统中，当加工环境刀具及夹具等几何模型建立之后，便可获得动画运动所需的数据结构。为制成完整的动画帧，仅需对运动进行一定的控制，即对运动数据进行分析，生成运动轨迹，这项技术已广泛地应用于刀位轨迹仿真中。实现动画及可视化结果的另一关键技术是消隐着色处理，它多用于加工产品及仿真数据验证上，通过相应的处理算法，如图像空间算法，用户便可以通过仿真系统看到计算结果和最终的产品形象。

5. OpenGL 三维技术

OpenGL（Open Graphics Library）是一个功能强大的开放图形库。其前身是 SGI 公司为其图形工作站开发的 IRIS GL。为使其能够更加容易地移植到不同的硬件和操作系统，SGI 开发了 OpenGL。目前，OpenGL 已成为开放的国际图形标准。OpenGL 是一组绘图命令的 API 集合。利用这些 API 能够方便地描述二维和三维几何物体，并控制这些物体按某种方式绘制到显示缓冲区中。OpenGL 的 API 集提供了物体描述、平移、旋转、缩放、光照、纹理、材质、像素、位图、文字、交互以及提高显示性能等方面的功能，基本涵盖了开发二维、三维图形程序所需的各个方面。

与一般的图形开发工具相比，OpenGL 具有以下几个突出特点：

（1）跨平台特性　OpenGL 与硬件、窗口和操作系统是相互独立的。为了构成一个完整功能的图形处理系统，其设计实现共分 5 层：图形硬件、操作系统、窗口系统、OpenGL 和应用软件。因此，OpenGL 可以集成到各种标准窗口（如 X Windows、Microsoft Windows）和操作系统（如 UNIX、Windows NT、Windows 95/98、DOS 等）。

（2）广泛应用性　OpenGL 是目前最主要的二维、三维交互式图形应用程序开发环境，已成为业界最受推荐的图形应用编程接口。OpenGL 已被广泛地应用于 CAD/CAM、三维动画、数字图像处理以及虚拟现实等领域，Kinetix 公司的 3D Studio Max 就是突出的代表。无论是在 PC 上，还是在工作站甚至是大型机和超级计算机上，OpenGL 都能表现出它的高性能和强大威力。

（3）网络透明性　建立在客户/服务器模型上的网络透明性是 OpenGL 的固有特性，它允许一个运行在工作站上的进程在本机或通过网络在远程工作站上显示图形。利用这种性质能够均衡各工作站的工作负荷，共同承担图形应用任务。

（4）高质量和高性能　无论是在 CAD/CAM、三维动画还是在可视化仿真等领域，OpenGL

高质量和高效率的图形生成能力都能得到充分的体现。在这些领域中，开发人员可以利用OpenGL制作出效果逼真的二维、三维图像来。

（5）出色的编程特性　OpenGL在各种平台上已有多年的应用实践，加上严格的规范控制，因此OpenGL具有良好的稳定性、充分的独立性和易使用性等。

6. 虚拟现实技术

虚拟现实技术（Virtual Reality，VR），又称灵境技术，是20世纪末发展起来的一种新型实用技术。它集先进的计算机控制技术、传感器与检测技术、仿真技术、微电子技术于一体，利用计算机生成一种虚拟环境（Virtual Environment），使用户产生身临其境感觉的交互式计算机仿真，实现用户与该环境直接进行自然交互。虚拟现实系统是由包括计算机图形学、图像处理与模式识别、多传感器、语音处理与音像以及网络等技术所构成的大型综合集成环境。实物虚化、虚物实化和高性能的计算处理技术是虚拟现实技术的3个主要方面。虚拟现实具有多感知性（Multi-Sensory）、沉浸感（Immersion）、自治性（Autonomy）和交互性（Interaction）4个特征。

虚拟现实技术的发展促成了数控仿真加工的出现。虚拟加工是真实加工过程在虚拟环境下的映射，是对象行为的"微观"描述。虚拟加工环境及系统应具有如下功能：

1）全面逼真地反映现实加工环境和加工过程。在仿真中，人们可以直观"观察"全部加工过程，包括工件的装夹定位、机床调整、切削、检验等。

2）可以真实地描述加工过程中的物理效应，例如，工件的切削温度与应力分布，工件及工夹具的变形，甚至在磨削过程中单个磨粒的微观表现。

3）能对加工过程中出现的碰撞、干涉进行检测，并提供报警信息。

4）虚拟加工过程仿真可以对工夹具的实用性给予评价，并对产品的可加工性和工艺规程的合理性进行评估。

5）虚拟加工过程仿真还应当能够对加工精度、加工表面粗糙度、加工时间等进行精确地估计，为宏观仿真提供数据支持。

通过建立仿真模型的材料库、机床库、刀具库、夹具库，以虚拟制造技术来定义实际加工中获得的工件表面纹理，借虚拟现实技术获取材料经各种加工后的表面纹理图片，用OpenGL生成不同加工方式对应的材料的纹理（或材质）位图，在仿真过程中通过视觉真实展现出来，同时增强立体效果感。

习　　题

1. 简述数控加工仿真的含义。
2. 数控仿真系统的输入数据分为哪两种？
3. 简述数控仿真系统的主要工作流程。
4. 数控仿真系统的实现方案有哪些？
5. 数控仿真系统的关键技术有哪些？其中，OpenGL技术有哪些特点？

第4章 数控加工工艺

4.1 数控车削加工工艺

4.1.1 数控车削零件类型及其主要加工对象

数控车削是数控加工中应用最多的加工方法之一。数控车床精度高、刚性好，因此能够加工较高精度的零件。由于数控车床具有直线、圆弧插补以及主轴恒线速功能，因此不但可以加工直线、圆弧，还可以利用圆弧、直线插补功能对非圆曲线、列表曲线进行加工，并且加工表面质量一致性好，加工精度高。数控车床工艺范围比普通机床要广，凡是回转体零件一般都可以在数控车床上加工。

1. 常见数控车削加工零件类型

（1）轴类零件　一般是指长径比大于 3 以上的工件。轴类零件的加工表面包括外圆柱面、外沟槽、圆弧、螺纹等，主要技术要求包括尺寸精度、圆度、圆柱度以及同轴度等。

（2）盘类零件　盘类零件的加工表面多是端面、外圆及内孔。其端面的轮廓也可以是直线、斜线、圆弧、曲线或端面螺纹等。其内表面有沟槽、台阶孔等。其直径远大于工件厚度，如法兰、端盖等。

（3）套类零件　以内、外圆柱表面为主要加工表面，长度大于直径。这类零件内、外表面的同轴度，以及孔轴线与端面的垂直度要求较高，如滑动轴套等。

（4）偏心及异形工件　数控车床与普通车床一样，装上特殊工装，也可以加工偏心轴、偏心套；采用花盘角铁或专用夹具装夹工件，可以加工箱体、轴承座或连杆的孔系。

2. 数控车削主要加工对象

（1）精度要求高的回转体零件　由于数控车床刚性好，制造精度高，能够精确地通过补偿来控制零件的加工精度，因此能够加工精度较高的回转体零件。数控车削的刀具运动是通过高精度的插补运算和伺服驱动来实现的，同时机床良好的制造精度，使零件能够获得较高的几何精度。

（2）表面粗糙度要求高的回转体表面　由于机床具有主轴恒线速功能，并且加工刀具的精度和耐磨性能较好，对表面质量要求较高的加工表面，可采用高速精车方法实现以车代磨，能加工出表面粗糙度值小而均匀的表面。

（3）表面形状复杂的回转体零件　数控车床具有直线和圆弧插补功能，可以车削由任意直线、圆弧、数学模型能够表达的非圆曲线及列表曲线，对于直线、圆弧可以直接用系统的插补功能就能加工。对于非圆曲线可采用宏变量编程，利用直线、圆弧去逼近，然后再用直线插补功能进行切削。

（4）带有特殊螺纹的回转体零件　普通车床只能车削等螺距的螺纹，并且螺纹的导程有限。数控车床不但能车削等导程的圆柱螺纹、圆锥螺纹、端面螺纹，还可以车削变导程螺纹。数控车床车削螺纹指令，可以实现直进、斜进和左右切削法，避免了多刃切削的现象，加工中不容易产生扎刀现象。螺纹切削时连续车削，加工的螺纹精度高、表面粗糙度值小、生产效率高。

4.1.2　典型数控车削零件加工工艺分析

1. 销轴类零件数控车削

（1）端面和外圆的车削　端面和外圆是构成各种机器零件的基本表面。外圆一般用来支承其他零件，端面用以确定其他零件的轴向位置。除了尺寸精度和表面粗糙度要求以外，端面和外圆表面加工通常还有如下工艺要求：端面要平整；端面与零件的轴线要垂直；各台阶外圆必须绕同一轴线旋转；同轴度、圆柱度要求较高。

1）车端面和外圆的刀具　车端面常用平头刀、偏刀和45°弯头刀，车外圆常用偏刀和75°弯头刀（也称强力刀），如图4-1所示。

① 偏刀　偏刀是指主偏角大于90°的车刀，根据进给的方向可分为左偏刀（反偏刀）和右偏刀（正偏刀）。右偏刀可以车削外圆、端面和右向台阶。由于主偏角 $\kappa_r \geqslant 90°$，加工时背向力较小，不容易把工件顶弯。

偏刀的主要参数：主偏角 $\kappa_r \geqslant 90°$，副偏角 $\kappa_r' = 6° \sim 8°$，前角根据工件材料、加工要求和刀具材料选择，后角和副后角一般取 $5° \sim 7°$。左偏车刀几何参数与右偏车刀相同，只是进给方向相反。

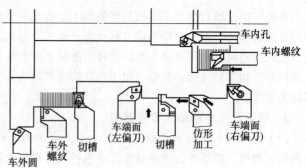

图 4-1　数控车削常用刀具

② 弯头刀　弯头刀主要包括45°弯头刀和75°弯头刀。45°弯头刀主要用于车削端面，也可以车削外圆，但由于对刀不方便，一般不采用。75°弯头刀主要用于外圆表面的粗加工，也可将刀具横装，用于车削端面。

2）工件的安装　切削加工时必须把工件安装在机床夹具上，经过找正夹紧，使它在整个加工过程中始终保持正确的位置。工件安装的质量和速度直接影响加工质量和生产效率。根据工件的大小、形状和数量一般常采用以下两种装夹方法。

① 用单动卡盘装夹工件　单动卡盘4个爪可以独立运动，夹紧力大，适用于安装大型或形状不规则的工件。但工件安装时必须将工件的回转中心找正到主轴回转轴线上，如图4-2所示。

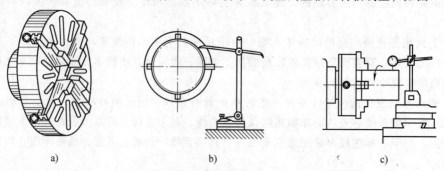

图 4-2　单动卡盘上找正工件

a）单动卡盘　b）粗找正工件轴线　c）精找正工件轴线

② 用自定心卡盘装夹工件（图4-3和图4-4）　自定心卡盘能自动定心，一般不需要找正。当工件较长时远离卡盘的一端，需要找正。使用时间较长后卡盘精度下降，加工时也要进行找正。自定心卡盘装夹方便，但夹紧力小，适用于外形规则的中型零件。

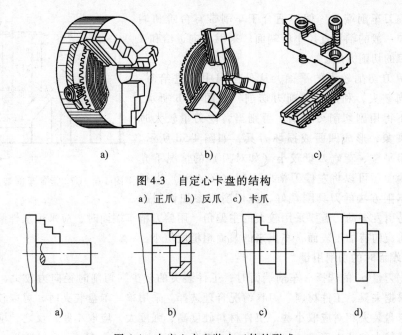

图 4-3　自定心卡盘的结构
a）正爪　b）反爪　c）卡爪

图 4-4　自定心卡盘装夹工件的形式
a）正爪装夹　b）正爪装夹　c）正爪装夹　d）反爪装夹

3）车削端面的方法

① 用 45°弯头刀、75°弯头刀车削端面　45°弯头刀、75°弯头刀是利用主切削刃进行切削的，切削方式如图 4-5a 所示，工件表面粗糙度值小。这种刀刀头强度比偏刀高，适合于较大平面的粗、精加工。但由于刀具不能清根，当端面台阶较多时，应用不方便，数控加工中很少使用。通常在光轴或单一型面加工中应用。

② 用平头刀车削端面　刀具刃磨时，将偏刀断屑槽横向刃磨，使副切削刃变成主切削刃，将刀具垂直安装，就可以对具有多个端面的盘类零件进行加工，如图 4-5b 所示。平头刀不但可以车端面，也可以加工长度较小的外圆。能够适合工件直径变化较大、长度较短的外轮廓连续加工的需要。粗加工采用分层切削，精加工按工件的外轮廓从大直径到小直径连续车削整个轮廓，为了保证表面的一致性，应采用主轴恒线速功能。

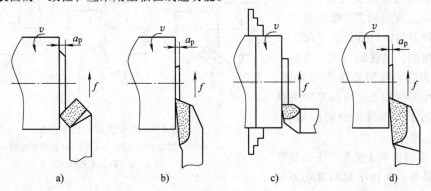

图 4-5　端面的车削方法
a）弯头刀车削端面　b）平头刀车削端面　c）偏刃刀车端面　d）副切削刃切削

G72 指令端面粗加工切削循环（进给路线如图 4-6 所示）就是对多端面的盘类零件进行车削的指令。采用这种指令，选择平头刀是最合理的。

③　用偏刀车削端面　偏刀适合于车削带有台阶和端面的工件，如一般的轴和直径小的端面。采用 Z 向进给和 X 向进刀、退刀的切削方法。

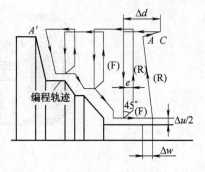

图 4-6　G72 指令车削端面进给路线

如果用偏刀切削较大的平面，从外圆向中心进给时，应将刀具横向装夹，利用主切削刃切削，如图 4-5b 所示。一般情况下不得用副切削刃切削，否则当背吃刀量较大时会产生扎刀现象，形成凹面或损坏刀具，如图 4-5d 所示。只有在端面很平整、背吃刀量较小（如对刀）的情况下允许使用。车端面还可以将左偏刀横向安装（图 4-5c）进行车削，这种车削方法的刀具刚性好，但切削刃参加切削的长度加大，易引发振动，需要采用较大的主偏角。用偏刀精车端面时，应采用从外圆向中心的进给路线，切屑流向待加工表面，车出来的表面粗糙度值小。

4）车削端面时的切削用量

①　背吃刀量 a_p 的选择　车削端面时，工件装夹的较少，切削时径向力较大，因此选取背吃刀量时应根据夹具、工件材料、刀具情况合理选择。采用单动卡盘装夹时，可取较大的背吃刀量，自定心卡盘装夹相对应取小些。工件材料硬度高、强度大，应取小些；反之，取大些。加工脆性材料可取较大的背吃刀量。一般情况下，粗车：$a_p = 1 \sim 5\text{mm}$；精车：$a_p = 0.2 \sim 0.5\text{mm}$。

②　进给量 f 的选择　进给量主要由工件材料和表面粗糙度的要求来选择。进给量影响零件的表面粗糙度值，进给量增大，表面粗糙度值增大；进给量减小，表面粗糙度值减小。工件材料塑性大，容易产生带状切屑，容易划伤已加工表面，因此，为断屑应取较大的进给量。一般情况下，粗车：$f = 0.2 \sim 0.5\text{mm}$；精车：$f = 0.1 \sim 0.3\text{mm}$。

③　切削速度 v_c 的选择　切削速度影响零件的表面质量和刀具的寿命。当背吃刀量和进给量一定时，提高切削速度可以减小工件的表面粗糙度值。车端面时，切削速度随工件的直径减小而减小，不同直径处的切削速度不同。加工中应根据刀具的寿命按端面的最大直径处选取。采用主轴恒线速功能，设定适当的切削速度可保证加工表面粗糙度的一致性。对于硬质合金刀具，粗车：$v_c = 30 \sim 70\text{m/min}$；精车：$v_c = 60 \sim 120\text{m/min}$。

5）车削外圆的方法

①　外圆的粗加工（图 4-7）外圆的粗加工常采用 75°弯头刀进行加工。这种刀具的特点是，粗加工中切削刃先切削，过渡到刀尖，可以有效地保护刀尖。特别适合毛坯表面、断续冲击性车削加工。弯头刀刀头强度大，有利于采用较大的切削用量，以提高加工效率。

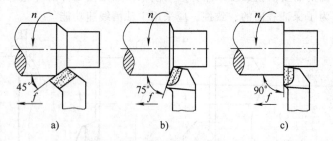

图 4-7　外圆表面的加工方法
a）45°弯头刀车外圆　b）75°弯头刀车外圆
c）90°偏刀车外圆

45°弯头刀由于主偏角过小，尽管刀头强度最好，但由于相同背吃刀量的切削层面积较大、发热量大，刀具易磨损。由于主偏角过小，径向力较大，加工轴类零件时，容易将工件顶弯。因此一般不用于加工外圆。只有在中间有切入的轮廓时，为避免副切削刃与已加工表面发生干涉时才采用。

这两种刀具都不能清根。若由于加工需要采用，粗加工中应在台阶处先车成过渡锥面，然后用偏刀清根。

对于有清根要求的台阶表面，常采用偏刀进行加工。这种刀具主偏角往往大于 90°。加工时，采用轴向切削进给，径向切削退刀，可以有效地保证端面与轴线的垂直度，并且径向力小，工件不容易产生弯曲变形。这类刀具由于刀尖先切削，因此粗加工时刀尖容易损坏。粗加工可采用负值刃倾角来弥补，或把粗加工安排到卧式车床上。

② 外圆表面的精加工 精加工的方法可分高速精车和低速精车两种。

高速精车是用硬质合金刀具，采用略小于刀具耐受极限的切削速度，对工件表面进行高速精加工的方法。这种加工方法尺寸精度能达到公差等级 IT7，表面粗糙度值 $Ra = 0.8 \sim 1.6 \mu m$。

低速精车采用高速钢光刀（宽刃刀）对工件表面进行精加工的方法，主要用于大型工件的加工。低速精加工对刀具及其安装的要求非常高。刀具要求锋利，表面粗糙度值要小，切削刃直线度要求高，并且刀具要具有弹性，避免出现扎刀现象。刀具安装时切削刃和工件外圆表面要平行，否则加工表面会不平整或出棱，影响配合精度。光刀的两刀尖处，应磨出圆角或斜角，可有效地避免进给时产生扎刀现象。

③ 车外圆时切削用量的选择

a. 粗加工阶段切削用量的选择。粗加工的目的是尽快地去除多余余量，提高劳动效率。在机床功率允许的情况下，首选较大的背吃刀量。尽可能将毛坯的多余余量在一次进给中车完，只有在一次进给无法车完的情况下，才考虑分多次车削。其次，在机床进给系统刚性允许下，尽可能地选取较大的进给量。最后根据刀具材料及刀具的寿命，选取合适的切削速度。

b. 精加工阶段切削用量的选择。精加工的目的是全面保证零件的加工精度。其切削用量根据精加工的方法选择。

高速精车时，应首选较高的切削速度，一般比刀具能耐受的速度略低即可。其次根据表面质量和刀具刀尖圆弧半径选取进给量，一般情况下，进给量应小于刀尖圆弧半径。如果刀具的修光刃小于进给量，起不到修光作用。最后根据半精加工后余量选取背吃刀量。

低速精车时，首先选取较低的切削速度，一般取 15m/min 以下。由于切削刃宽度较大，故选取较大的进给量。半精车后的余量应分两次进给去除。第一次进给去除表面的刀纹，第二次进给加工到要求的尺寸。由于采用低速精车影响尺寸精度的因素很多，故很少应用，主要用于普通车床。数控机床加工大型零件时，由于切削速度受到限制，也可以采用低速精车，但需要操作者有较高的技能水平。

（2）切槽及切断 在切削加工中，当零件的毛坯很长，加工完成后需要将工件从毛坯装夹夹头上切下来，这种方法称切断。根据需要，零件外圆表面或端面还要切出各种式样的沟槽，如圆弧沟槽、45°沟槽、退刀槽、端面槽等外沟槽。外沟槽的作用一般是为了磨削方便或使砂轮磨削端面时保证轴肩垂直，在车螺纹时便于退刀，也可用于其他零件在轴上的定位。

切断和切槽在车削加工中难度较大。由于刀头强度差，刚性不足，加工时切削的方法及切削用量选择不合适往往引起切断刀折断，因此在加工中必须引起足够的重视。

1）外沟槽的切削方法 在加工较窄的沟槽（槽宽≤5mm）时，一般利用主切削刃宽度一次切出。当切削较宽的沟槽（槽宽>5mm）时，应分几次进给完成，每次进给要和上一次进给有重叠的部分，并在槽底和两侧留有 0.1 ~ 0.2mm 的精加工余量，最后进行精车，如图 4-8a 所示。当槽深较深时，在槽的深度方向上也应该考虑分层切削，以避免切屑堵塞现象的发生。

对于梯形槽，在按槽底宽度切出直槽后，可以用成形刀车成梯形槽，如图 4-8b 所示。也可以直接用直槽切刀，采用两轴联动，利用左右刀尖进行梯形面的切削，如图 4-8c 所示。但由于直槽刀刀头宽度较小，为避免刀具的损坏，需分多次进给切削，较长的外沟槽可采用 45°刀斜线切入后，轴向进给对沟槽进行粗加工，然后用偏刀清根的方法完成加工。应注意的是，这种方法加工外沟槽，进给路线和轴线的夹角应小于45°，否则副切削刃将和已加工表面发生干涉，引发振动。

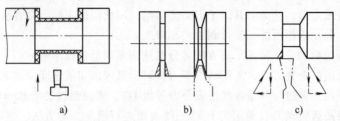

图 4-8　分多次进给切宽槽的方法

a) 切宽直槽　b) 成形刀切梯形槽　c) 两轴联动车梯形槽

2）工件的切断　对于实心工件不能直接切断，应根据工件的大小和装夹方式，留有一定的工艺轴颈，在工件加工完成后去除，避免由于直接切断，工件掉下来砸伤设备或飞起伤人。切断空心工件时，当工件较小，应用木棒伸入孔内接着，防止切断后飞出。工件较大时，床面应垫木板，转速要低些。

工件切断时，若工件直径较小可采用直进法进行切断。直径较大时，为便于排屑，应采用左右进给分两次将工件切断。这样进给路线的优点是排屑容易，不夹刀，切出的端面平整。切断的方法如图 4-9 所示。

切槽与切断的先后顺序安排，应从远离卡盘一端的部位开始，最后切卡盘一端的部位。

3）切断时切削用量的选择　由于切断刀和切槽刀的刀头强度比其他刀具低，所以选用切削用量时应适当取小些。生产中常根据刀具材料和工件材料选择。切槽刀宽度应根据工件的槽宽、机床的功率和刀具强度选择。在机床功率、刀具和工件刚性足够的情况下，取较大的刀宽。但较大的刀宽容易引起振动。进给量太大容易扎刀，而太小，切削时刀具后刀面与工件产生强烈的摩擦，发热量增大。一般情况下，高速钢切刀切钢件时 $f = 0.05 \sim$

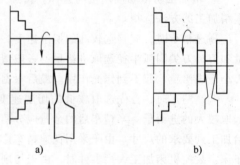

图 4-9　切断方法

a) 直进法　b) 左右借刀法

$0.1\mathrm{mm/r}$，$v_c = 30 \sim 40\mathrm{mm/min}$；切铸铁时 $f = 0.1 \sim$
$0.2\mathrm{mm/r}$，$v_c = 15 \sim 25\mathrm{mm/min}$。硬质合金切刀切钢件时 $f = 0.1 \sim 0.2\mathrm{mm/r}$，$v_c = 80 \sim 120\mathrm{mm/min}$；切铸铁时 $f = 0.15 \sim 0.25\mathrm{mm/r}$，$v_c = 60 \sim 100\mathrm{mm/min}$。

（3）圆锥面的加工　圆锥面在机床和工具中应用很广泛，如车床主轴的锥孔、尾座套筒和麻花钻配合的锥面等。圆锥面配合获得广泛应用的主要原因有：当圆锥角较小时（在3°以下）可传递很大的转矩；拆装方便，虽经多次拆装仍能保持精确的定心精度；配合精确的圆锥面同轴度较高。

由于这些优点，圆锥面广泛用于标准刀具的刀柄以及机床主轴的锥孔，可实现刀具的快速换刀和精确定位。

1）圆锥的分类　为了使用方便和降低成本，常用的工具、刀具圆锥都已标准化。圆锥的各部分尺寸只要按照规定的标准尺寸来制造，就能互换。常用的标准圆锥有以下3种。

①　莫氏圆锥　莫氏圆锥是机械制造中应用最为广泛的一种，常用于主轴锥孔与顶尖锥面、钻头柄及铰刀柄的配合等。这种圆锥配合具有自锁功能，能够传递较大的转矩。莫氏圆锥分为

0、1、2、3、4、5，共 6 个号，最小的是 0 号。莫氏圆锥是由英制尺寸换算过来的，号数不同圆锥角和尺寸都不同。莫氏圆锥各部尺寸可查相关资料获得。

　　② 米制圆锥　米制圆锥有 8 个号，即 4、6、80、100、120、140、160、200。号码数是指圆锥大端直径，单位为 mm。米制圆锥的圆锥角不变，锥度 $K = 1:20$。其优点是锥度不变，便于记忆。它主要用于圆锥主轴轴颈，圆锥角是 $2°51'51''$。

　　③ 专用圆锥　常用专用圆锥的锥度主要有 1:4、1:16、1:50 和 7:24。其中 1:4 锥度用于车床主轴法兰及轴头，用于安装卡盘，利用圆锥的定心精度保证卡盘的安装精度。1:16 锥度是圆锥管螺纹的锥度。1:50 锥度用于圆锥定位销及锥铰刀。7:24 锥度的圆锥角为 $16°35'39''$，不自锁，装卸方便，广泛地应用于自动换刀机床的刀具与主轴的连接。如加工中心、数控铣床、普通铣床等。

　　2）圆锥体的车削　在卧式车床上加工圆锥是很麻烦的工作，为保证其锥角及表面质量，操作者需要很高的操作技巧，常采用转动小滑板车较短的圆锥，或采用靠模法和宽刃刀进行加工，对于锥度较小、长度较长时也可采用差动车锥法和尾座偏移法。这些方法都是利用机床机构使刀具相对于工件表面作直线运动形成的。

　　在数控车床上加工圆锥，是利用直线插补的方法实现的。加工圆锥常采用的方法是斜线车锥法、分层车锥法和平行车锥法。如图 4-10 所示，斜线车锥法适合于车削大小端直径差较小、长度较大的圆锥表面，准备功能 G 指令中 G90 的进给路线就是斜线车锥法；平行车锥法适合于直径差较大、长度较短的锥面的加工，准备功能 G 指令中 G73 的进给路线可实现平行车锥法。

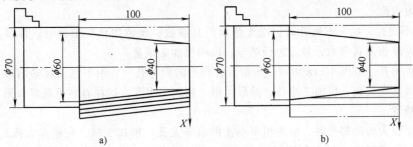

图 4-10　数控车床上车削圆锥的方法

a) 平行车锥法　b) 斜线车锥法

　　分层车锥法是在圆锥的粗加工中按台阶的形式车出，半精加工时按圆锥的轮廓进给，将圆锥加工成形。需要进行精加工时，可预留精加工余量进行精加工。准备功能 G 指令中 G71 的进给路线可实现分层车削的进给路线。当工件较长、锥度较小、圆锥面配合精度要求较高时，或者系统插补精度较低或机床长期使用后精度降低，难以保证工件加工精度时，也可考虑采用偏移尾座法进行加工。偏移尾座法加工的关键是加工前尾座偏移量的精确计算和机床的调整。

2. 衬套类零件数控车削

　　（1）内孔的加工　在机器中有很多零件因支承和连接配合的需要，要加工带圆柱孔。作为配合用的孔，一般都要求较高的尺寸精度（公差等级 IT7 ~ IT8）、较小的表面粗糙度值（$Ra0.2 ~ 3.2\mu m$），以及较高的几何精度，常见的是内外表面的同轴度、端面与轴线的垂直度以及两平面的平行度等。

　　1）钻孔　在实心材料上进行加工孔的方法较多，如用钻头、中心钻、扁钻、深孔钻等钻孔。在车床上使用最多的是钻头，钻孔尺寸公差等级可达 IT11 ~ IT13，表面粗糙度值可达 $Ra12.5\mu m$。低精度孔可用等直径的钻头直接钻出。对于高精度孔的加工，钻孔可作为后续工序（扩孔、镗孔和铰孔）的准备工序。钻孔时切削用量的选择如下：

① 切削速度 v_c 的选择　钻孔时，一般情况下采用高速钢刀具。由于外缘处是钻头切削速度最高的部位，因此应该按钻头直径选择切削速度。一般情况下加工钢件，$v_c = 20 \sim 40 \text{m/min}$；加工铸铁，$v_c = 15 \sim 30 \text{m/min}$。注意钻孔时，钻头直径越小及转速越高，越有利于钻头定心。

② 进给量 f 的选择　手动钻孔时，由于无法保证准确进给，应注意钻削力的大小，并随时调整。钻小孔时进给量要小。机动钻钻钢件孔时，$f = 0.1 \sim 0.2 \text{mm/min}$；钻铸铁时，$f = 0.15 \sim 0.3 \text{mm/min}$。

2）内孔的加工　为了达到孔的精度要求，在钻孔或毛坯铸造后还需要车孔。车孔适合于孔的粗、精加工。车孔不但能保证孔的尺寸精度、表面粗糙度，还可以修复上道工序产生的形状误差。在数控车床上车孔公差等级可达 IT7，$Ra0.8 \sim 3.2 \mu\text{m}$；采用精细车可达 $Ra0.1 \sim 0.4 \mu\text{m}$，可以实现以车代磨。

3）孔加工常用方法

① 车不通孔。

a. 钻孔　用小于孔径 $2 \sim 3 \text{mm}$ 的钻头钻孔，钻孔深度按钻尖计算，然后用平顶钻将孔底扩平，孔深留 1mm 余量。

b. 粗车不通孔　粗车不通孔与外圆车削相似，不同的是，车孔前应先将孔底平面车出，否则车孔时由于孔底留有余量，易产生扎刀现象。车孔底时，镗孔刀刀尖要过工件的中心，如图4-11b 所示。粗镗不通孔后刀具应在径向有一定的退刀距离，用以清根。粗车不通孔时，孔径应留有 $0.5 \sim 1 \text{mm}$ 的精加工余量。一般情况下，孔底可直接加工到尺寸；特殊情况下留 0.2mm 余量，精加工时去除。

c. 精车不通孔　精车不通孔时，应先修改刀具参数，预留出精加工余量；待精车后，进行精确测量，再修改刀具参数，最后进行精车，以确保加工质量。

② 车阶梯孔　如图 4-11a 所示，车削直径较小的阶梯孔时，由于直接观察困难，尺寸精度不易保证，因此应先粗、精加工小孔，然后再粗、精加工大孔。这样有利于观察和测量，以及控制孔的尺寸精度。

车削直径较大的阶梯孔时，应先粗车小孔再粗车大孔，精加工时，先精车大孔后加工小孔。例如外径粗加工循环 G71 指令和精加工 G71 指令联合应用后，就是这种加工顺序。

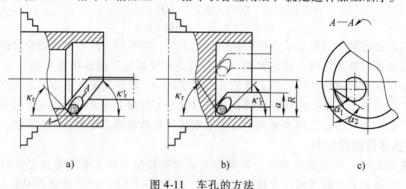

图 4-11　车孔的方法

a）通孔的车削　b）不通孔的车削　c）内孔刀的双后角

（2）套类零件的加工　同一轴线上内孔和外圆表面为主的零件称为套类零件。其加工特点是：

1）加工在工件内部进行，排屑不易，尤其是小孔的加工。

2）由于受孔径和孔深的限制，刀杆截面较小，影响刀杆刚性，排屑困难，且切削液难以进入切削区域，刀具切削条件恶劣，易磨损。

　　3）工件壁厚较薄，在夹紧力作用下容易引起变形。

　　4）内外表面同轴度、端面与内孔轴线的垂直度要求较高。因此安排工艺时应重点考虑如何保证套类零件的几何精度以及采用何种装夹方式的问题。保证同轴度、垂直度的工艺方法如下：

　　①　一次安装完成全部加工表面的加工　在一次装夹中完成工件全部或绝大部分加工表面的加工，这种加工方法没有重复定位误差。如果机床精度较高，可获得较高的几何精度。这种方法需要刀具较多，需经常转换刀具。由于数控机床连续加工的特点，时常受到刀位数的限制。如图 4-12 所示的套类零件，由于直径差较小，加工时采用棒料，采用一次性装夹完成全部表面的加工。

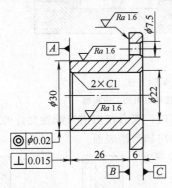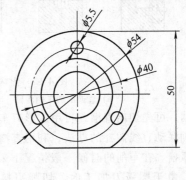

图 4-12　套类零件加工图

　　②　以外圆为定位精基准装夹加工内孔　工件以外圆定位，保证零件位置精度时，零件的外圆和一个端面必须在同一次装夹中完成加工，才能作为定位精基准。以外圆作为定位基准时，常采用软卡爪装夹工件。采用扇形软卡爪装夹工件，不但可以保证工件的几何精度，还可避免工件的装夹变形。

　　③　以内孔为定位基准加工外圆　这种加工方法适合大批量生产，中小型轴套、带轮、齿轮等，常以加工后的内孔作为定位基准，安装在心轴上加工外表面。加工时，先装夹外圆，将端面和外圆进行粗加工，待内孔加工完成后，利用心轴装夹工件，完成外圆表面的精加工。

　　a. 工件以小锥度心轴定位　小锥度心轴锥度为 1∶1000～1∶5000。其优点是制造方便，加工出的零件精度高。其缺点是长度无法定位，承受的切削力小，装卸不太方便。

　　b. 工件以阶梯心轴定位　阶梯心轴和工件以小间隙配合，采用螺母压紧。由于有间隙存在，所以加工精度低。对要求较高的工件应进行定位误差的计算，在能满足要求的前提下可以使用。另外，为避免重复定位，可采用大平面、短圆柱心轴，或小平面、长圆柱心轴定位。也可在心轴台肩处加球面垫，以减小工件端面与轴肩的接触面积，减小装夹变形。

　　c. 工件以胀力心轴定位　它是依靠心轴弹性变形所产生的胀力来夹紧工件的。胀力心轴装夹方便，精度较高，应用广泛；但夹紧力小，多用于位置精度要求较高的工件精加工。

　　（3）切内沟槽及端面槽

　　1）内沟槽的车削　内沟槽是机械零件内孔常见的型面，一般用于安装定位卡环、密封环等。车内沟槽时，一方面刀杆直径受孔径和槽深的限制，比车内孔时刀杆直径还要小，特别是车小孔径、深沟槽时情况更为突出；另一方面是排屑困难。所以车削内沟槽比车孔还要困难。

　　2）内沟槽的车削方法　车内沟槽时，在刀杆刚性不足的情况下，常常由于切削力过大、刀具不锋利引发振动，使加工很难进行。加工中应尽量选取刀头宽度较窄的刀具，并尽可能地采用能够刃磨锋利的刀具材料。

　　对于宽度较小的内沟槽，车削时以左刀尖定位，采用直进法，一次性切削完成，如图 4-13a 所示；对于较宽的内沟槽，可采用分刀切槽，或用内孔镗刀粗加工后用切槽刀清根并精车，如图

4-13b 所示。

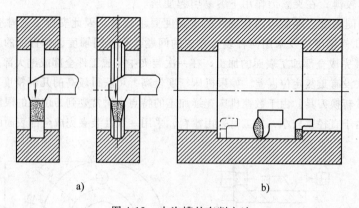

图 4-13　内沟槽的车削方法

a) 直进法加工内沟槽　b) 内孔镗刀粗加工内沟槽

　　对于梯形槽，可先切出直槽，再用成形刀车削完成；或者在切槽刀刚性允许的情况下，切完直槽后采用两轴联动直线插补的办法，利用直槽刀切出梯形槽表面。

　　对于内圆弧槽，在车削的时候一般情况下采用成形刀即圆弧刀加工。由于圆弧刀加工时，切削刃接触长度较长，易引发振动，故加工时可采用较小直径的圆弧刀，利用圆弧插补功能加工完成。

　　（4）端面槽的车削　在平面上加工精度不高、宽度较小、较浅的沟槽时，常用等宽刀直进法一次车出。如果车削精度较高的沟槽，应先粗车并留一定的精车余量，然后再精车。对于较宽的沟槽，应采用多次直进法切割，然后精车至尺寸要求，如图 4-14 所示。

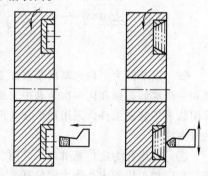

图 4-14　切端面宽槽的方法

　　对于端面 T 形槽的加工，可先切出直槽，然后用左右成形刀切出，如图 4-15 所示。

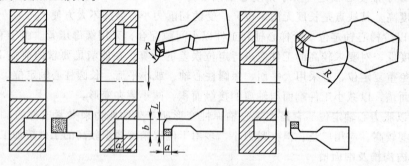

图 4-15　T 形槽的切削

　　（5）铰孔　铰孔是孔精加工的主要方法之一，成批生产中广泛使用。由于铰刀切下的金属层很薄，孔壁经过铰削后，孔的表面粗糙度值小，尺寸精度高，而且铰刀的刚性比镗刀好，因此更适合加工深孔。

　　1）铰刀的分类　铰刀可分为机用铰刀和手用铰刀。机用铰刀的柄部为圆柱形或莫氏圆锥形，工作部分切削锥角较大，标准机用铰刀的锥角 $\phi_0 = 15°$。手用铰刀柄部为四方形，它的工作部分较长，切削锥角较小，标准手用铰刀的锥角为 $\phi_0 = 40' \sim 1°30'$。

　　2）铰孔余量的确定　由于铰孔不能修复孔的几何误差，一般铰孔前对孔进行镗孔或扩孔，并留有一定的铰削余量。余量的大小直接影响铰孔的质量。余量太小，往往不能把前一道加工工序所留下的加工痕迹去除；余量太大，切屑挤满在铰刀的齿槽中，使切削液不能进入切削区，严重影响表面粗糙度，或使切削刃负荷过大而迅速磨损，甚至崩刃。铰孔余量可根据刀具材料和前一道加工工序能达到的表面质量确定。一般情况下，高速钢铰刀应留 0.08 ~ 0.12mm，硬质合金铰刀留 0.15 ~ 0.2 mm。

3）铰孔时的切削用量　铰削时切削速度越低，表面粗糙度值要求越小，一般切削速度最好小于 5m/min。铰孔时，由于切屑少，而且铰刀上有修光定位部分，进给量可取大些。对于钢件取 $f = 0.2 ~ 1mm/r$，铰铸铁时还可以大一些。

4）铰孔时的切削液　铰孔时，切削液和孔的扩张量与孔的表面粗糙度有一定的关系。在干切削和用非水溶性切削液铰削的情况下，铰出的孔径要比铰刀的实际直径略大。用水溶性切削液铰出的孔要比铰刀的实际直径略小。这是因为加了切削液后弹性复原的关系，由于水溶性切削液粘度小，易进入切削区，弹性复原显著。

新铰刀铰削钢件时，可用 10% ~ 15%（体积分数）的乳化液作切削液，这样不易使孔径扩大。铰刀磨损到一定限度后，可采用油类作为切削液，使孔径略微扩大。

4.2　数控铣削加工工艺

4.2.1　数控铣床及其主要加工对象

1. 数控铣床

（1）立式数控铣床　立式数控铣床的主轴轴线垂直于水平面，如图 4-16a 所示。这类铣床以 3 轴联动居多，可以在工作台上附加数控分度台或数控回转工作台等装置，以扩展数控立式铣床的加工范围，进一步提高生产效率。此外，还可以使机床主轴绕 X、Y、Z 轴中的任意一个或两个轴作数控摆角运动，从而实现 4 轴或 5 轴联动的数控立式铣削。

（2）卧式数控铣床　卧式数控铣床的主轴轴线平行于水平面，如图 4-16b 所示。这类铣床主要加工零件侧面的轮廓。同时为了扩大加工范围，常采用增加数控回转工作台来实现 4 轴、5 轴加工。这样既可以加工工件侧面上的连续回转轮廓，又可以实现在一次安装中通过数控回转工作台改变工位，进行多面加工。卧式数控铣床主要适用于箱体类机械零件的加工。

（3）复合数控铣床　复合数控铣床指一台机床上主轴可以实现立式和卧式转换，如图 4-16c 所示。它既可以进行立式加工，又可以进行卧式加工，同时具备立式、卧式数控铣床的功能，其使用范围广，功能全，选择加工对象的余地大。复合数控铣床主要用于箱体类零件以及各类模具的加工。

（4）龙门数控铣床　数控龙门铣床针对大尺寸工件进行加工，如图 4-16d 所示。这类铣床一般采用对称的双立柱结构，以保证机床的整体刚度。龙门数控铣床主轴固定于龙门架上，主要用于大型机械零件及大型模具的各种平面、曲面和孔系的加工。在配有直角铣头的情况下，可以在工件一次装夹中分别对 5 个面进行加工。

（5）万能数控铣床　万能数控铣床的主轴可以旋转 90°或工作台带着工件旋转 90°，经一次装夹就可以完成对工件 5 个表面的加工。

2. 数控铣床主要加工对象

（1）平面轮廓类零件　平面轮廓类零件是指零件的各个加工表面均是平面，即与水平面平行或垂直，或与水平面成一定角度。其特点为各加工表面可以展开成平面，如图 4-17 所示。这类零件的数控铣削相对比较简单，一般只用三轴联动或两轴半联动的数控铣床就可以加工。

（2）变斜角类零件　变斜角类零件是指加工表面与水平面的夹角呈连续变化的零件，其加工面不能展开为平面。例如飞机上的整体梁、框、缘条、肋筋等，如图 4-18 所示。这类零件的加工一般要采用多轴联动的数控铣床加工，也可以在三轴数控铣床上通过两轴半联动近似加工，但精度稍差。

（3）空间曲面类零件　空间曲面类零件所加工表面为空间曲面，如图 4-19 所示。例如叶片、螺旋桨等曲面类零件，其加工表面不但不能展开为平面，加工过程中铣刀与加工表面始终为点接触。这类零件在数控铣削加工中也较为常见，通常利用三轴数控铣床通过两轴半联动方式来加工。若用功能更好的三轴联动数控铣床，还能加工形状更为复杂的空间曲面。当曲面复杂，且通道狭窄，会伤及毗邻表面时，就需要四轴或五轴数控铣床，通过刀具相对工件的摆动来加工。

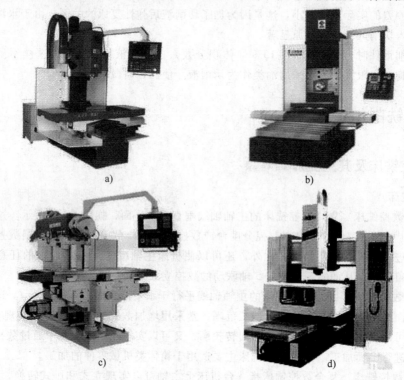

图 4-16　数控铣床
a）立式数控铣床　b）卧式数控铣床　c）复合数控铣床　d）龙门数控铣床

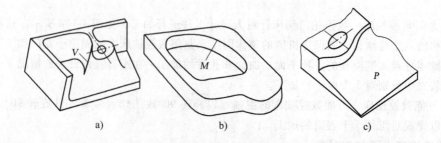

图 4-17　平面类零件
a）带轮廓的平面类零件　b）带斜面的平面类零件　c）带凸台和斜筋类零件

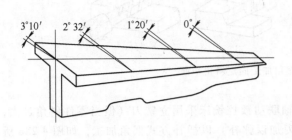

图 4-18　飞机上变斜角梁条

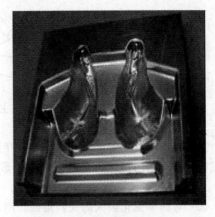

图 4-19　曲面类零件

4.2.2　数控铣削加工方法及工艺分析

1. 数控铣削加工特点和加工方法

（1）数控铣削加工工艺特点

1）工序集中原则　一般来说，数控加工的工序内容要比普通机床复杂。这是因为零件的数控加工过程是由 NC 程序控制的，且数控机床价格昂贵，若只加工简单工序内容，则不能充分发挥数控机床的功能，在经济上对生产效率的提高有限，所以在数控机床上加工零件时应尽可能多地安排较复杂的工序内容，尽量减少零件的装夹次数。

2）工序内容合理、正确。在通用机械加工设备上加工零件时，工艺规程制订的许多内容，如工步、进给路线、切削刀具的几何形状、切削用量等，这些都是由操作工人来考虑、选择和确定的。而数控加工时，零件的加工过程完全由数控系统按给定的零件 NC 程序执行，即加工中所需的所有工艺参数必须在零件的 NC 程序中准确地体现出来。因此，零件 NC 程序要正确和合理，不能有丝毫的差错，否则就不能加工出合格的零件。同时，在对图形进行数学处理和编程时，要力求准确无误，以使数控加工顺利进行。在实际工作中，由于一个小数点或一个逗号的差错，可能酿成重大机床事故和质量事故。针对这一特点，在编制数控加工程序时必须细心，同时在程序编制过程中应同操作工人配合好，以提高程序编制质量。

（2）数控铣削加工方法

1）平面轮廓的加工方法　平面轮廓零件的表面多由直线、圆弧或各种曲线构成，通常采用三轴数控铣床两轴半加工。图 4-20 所示为平面轮廓 *ABCDEA* 由直线和圆弧构成，采用半径为 *R* 的立铣刀沿周向加工，细双点画线 *A′B′C′D′E′A′* 为刀具中心的运动轨迹。

2）固定斜角平面的加工方法　固定斜角平面是与水平面成一固定夹角的斜面，常用的加工方法如下：

① 当零件尺寸不大时，可用斜垫板垫平后加工。如果机床主轴可以摆角，则可以摆成适当的定角，用不同的刀具来加工，如图 4-21 所示。

② 当零件尺寸很大、斜面斜度又较小时，常用行切法加工，但加工后，会在加工面上留下残留面积，需要用钳修方法加以清除，用三轴数控立铣加工飞机整体壁板零件时常用此法。当然，加工斜面的最佳方法是采用五轴数控铣床，主轴摆角后加工，可以不留残留面积。

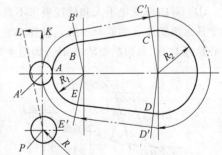

图 4-20　平面轮廓铣削

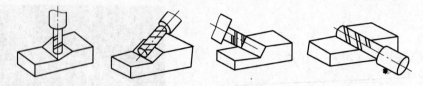

图 4-21　主轴摆角加工固定斜角平面

3）变斜角面的加工方法

①　对曲率变化较小的变斜角面，用四轴联动数控铣床采用立铣刀（但当零件斜角过大，超过机床主轴摆角范围时，可用角度成形铣刀加以弥补）以插补方式摆角加工，如图 4-22a 所示。

②　对曲率变化较大的变斜角面，用四轴联动加工难以满足加工要求，最好用五轴联动数控铣床以圆弧插补方式摆角加工，如图 4-22b 所示。

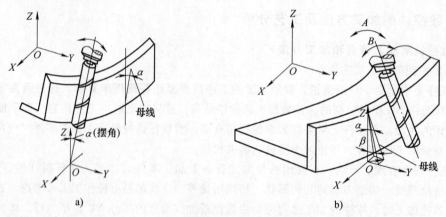

　　　　a)　　　　　　　　　　　　　　　　b)

图 4-22　四轴、五轴数控铣床加工零件变斜角面

③　采用三轴数控铣床两轴联动，利用球头铣刀或鼓形铣刀，以直线或圆弧插补方式进行分层铣削加工，加工后的残留面积用钳修方法清除。图 4-23 所示为用鼓形铣刀分层铣削变斜角面。

4）曲面轮廓的加工方法

①　对曲率变化不大和精度要求不高的曲面粗加工，常用两轴半的行切法加工，即 X、Y、Z 轴中任意两轴作联动插补，第三轴作单独的周期进给，如图 4-24 所示。两轴半联动加工曲面的刀心轨迹 O_1O_2 和切削点轨迹 ab，如图 4-25 所示。

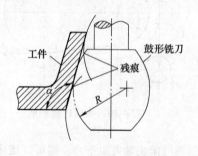

图 4-23　用鼓形铣刀分
层铣削变斜角面

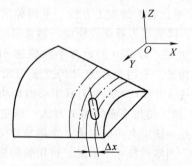

图 4-24　两轴半坐标行
切法加工曲面

②　对曲率变化较大和精度要求较高的曲面精加工，常用 X、Y、Z 三轴联动插补的行切法加工，如图 4-26 所示。

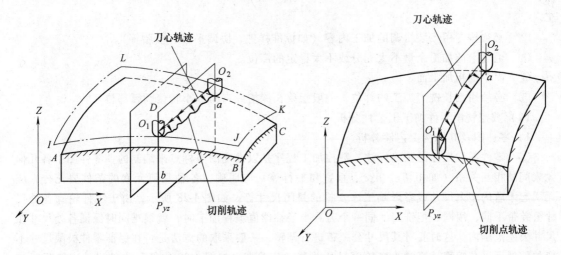

图 4-25　两轴半行切法加工曲面的切削点轨迹　图 4-26　三轴联动行切法加工曲面切削点轨迹

③　对像叶轮、螺旋桨这样的零件，因其叶片形状复杂，刀具容易与相邻表面干涉，常用五轴联动加工，如图 4-27 所示。

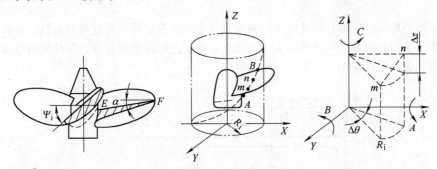

图 4-27　五轴联动加工曲面

2. 数控铣削零件的工艺分析

（1）数控铣削零件加工内容的选择　在选择数控铣削加工内容时，应充分发挥数控铣床的优势和关键作用。

1）适合采用数控铣削加工的内容如下：

①　工件上的曲线轮廓，特别是由数学表达式给出的非圆曲线、列表曲线等曲线轮廓，如正弦曲线。

②　已给出数学模型的空间曲面，如球面。

③　形状复杂、尺寸繁多、划线与检测困难的部位。

④　用通用铣床加工时难以观察、测量和控制进给的内外凹槽。

⑤　以尺寸协调的高精度孔和面。

⑥　能在一次安装中可以铣出来的简单表面或形状。

⑦　用数控铣削方式加工后，能成倍提高生产率，大大减轻劳动强度的一般加工内容。

此外，立式数控铣床适于加工箱体、箱盖、平面凸轮、样板、形状复杂的平面或立体零件，以及模具的内、外型腔等。卧式数控铣床适于加工复杂的箱体类零件、泵体、阀体、壳体等。

2）不宜采用数控铣削加工的内容如下：

①　需要进行长时间占机和进行人工调整的粗加工内容，如以毛坯粗基准定位划线找正的加

工。

　　② 必须按专用工装协调的加工内容（如标准样件、协调平板、模胎等）。

　　③ 毛坯上的加工余量不太充分或不太稳定的部位。

　　④ 简单的粗加工面。

　　⑤ 必须用细长铣刀加工的部位，一般指狭长深槽或高肋板小转接圆弧部位。

　　（2）数控铣削零件加工工艺性分析

　　1）零件图及其结构工艺性分析

　　① 零件图样尺寸的正确标注　数控加工程序是以准确的坐标点来编制的，零件图中各几何元素间的相互关系（如相切、相交、垂直和平行等）应明确，各种几何元素的条件要充分，应无引起矛盾的多余尺寸或者影响工序安排的封闭尺寸等。如图 4-28 所示，由于零件轮廓各处尺寸公差带不同，用同一把铣刀、同一个刀具半径补偿值编程加工时，就很难同时保证各处尺寸在尺寸公差范围内。这时要对其尺寸公差带进行调整，一般采取的方法是：在保证零件极限尺寸不变的前提下，在编程计算时改变轮廓尺寸并移动公差带，如图 4-28 中括号内的尺寸，编程时按调整后的公称尺寸进行，这样，在精加工时用同一把刀，采用相同的刀补值，如果工艺系统稳定又不存在其他系统误差，则可以保证加工工件的实际尺寸分布中心与公差带中心重合，保证加工精度。

　　② 零件的形状、结构及尺寸分析　确定零件上是否有妨碍刀具运动的部位，是否有产生加工干涉或加工不到的区域，零件的最大形状尺寸是否超过机床最大行程，零件的刚性随着加工的进行是否有太大的变化等。

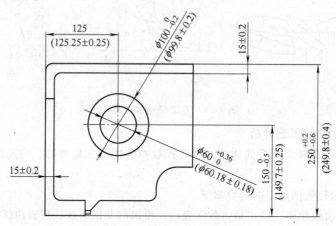

图 4-28　零件尺寸公差带调整

　　③ 零件加工要求检查　如尺寸加工精度、几何公差及表面粗糙度，在现有加工条件下是否可以得到保证，是否还有更经济的加工方法或方案。

　　④ 统一内壁圆弧的尺寸　内壁转接圆弧半径 R 不能太小，如图 4-29a 所示。当工件的被加工轮廓高度 H 较小、内壁转接圆弧半径 R 较大时，则可采用刀具切削刃长度 L 较小，直径 D 较大的铣刀加工。这样，底面 A 的进给次数较少，表面质量较好，工艺性较好。反之，铣削工艺性则较差，如图 4-29b 所示。通常，当 $R > 0.2H$ 时，零件的结构工艺性较好。

　　内壁与底面转接圆弧半径 r 不要过大，如图 4-30a 所示。铣刀直径 D 一定时，铣刀与铣削平面接触的最大直径 $d = D - 2r$，工件的内壁与底面转接圆弧半径 r 越小，则 d 越大，即铣刀端刃铣削平面的面积越大，加工能力越强，铣削工艺性越好。反之，工艺性越差，如图 4-30b 所示。

　　当底面铣削面积大，转接圆弧半径 r 也较大时，只能先用一把半径较小的铣刀加工，再用符

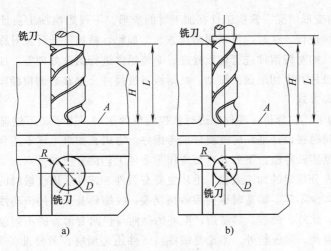

图 4-29　内壁转接圆弧半径

a）R 较大时　b）R 较小时

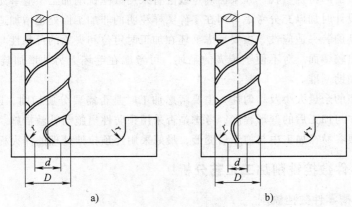

图 4-30　内壁与底面转接圆弧半径

a）r 较小时　b）r 较大时

合要求的刀具加工，分两次完成切削。

总之，一个零件上内壁转接圆弧半径尺寸的大小和一致性，影响加工能力、加工质量和换刀次数等。因此，转接圆弧半径尺寸大小要力求合理，半径尺寸尽可能一致，至少要力求半径尺寸分组靠拢，尽量使用最少的刀具进行加工，减少刀具规格、换刀及对刀次数和时间，以缩短总的加工时间和改善铣削工艺性。

⑤　只有在分析零件材料的种类、牌号及热处理要求，以及了解零件材料的切削加工性能后，才能合理选择刀具材料和切削参数。同时要考虑热处理对零件的影响，如热处理变形，并在工艺路线中安排相应的工序消除这种影响，而零件最终热处理状态也将影响工序的前后顺序。

⑥　当零件上的一部分内容已经加工完成，这时应充分了解零件的已加工状态，数控铣削加工的内容之间与已加工内容之间的关系，尤其是位置尺寸关系。这些内容之间在加工时如何协调，采用什么方式或基准保证加工要求，如对其他企业外协零件的加工。

2）定位基准要统一　在数控加工中若没有统一的定位基准，则会因工件的二次装夹而造成加工轮廓的位置及尺寸误差。另外，在零件上要选择合适的结构（如孔、凸台等）作为定位基准，必要时设置工艺结构作为定位基准，或用精加工表面作为统一基准，以减少二次装夹产生的误差。

3）分析零件的变形情况　铣削工件在加工时的变形，不仅影响加工质量，而且当变形较大时将使加工无法继续进行。这时，可采用常规方法，如粗、精加工分开及对称去余量法等，也可采用热处理的方法，如对铸钢件进行调质处理，对铸铝件进行退火处理等。加工薄板时，切削力及薄板的弹性退让极易产生切削面的振动，使薄板厚度尺寸公差和表面粗糙度难以保证，这时应考虑合适的工件装夹方式。

4）零件毛坯的工艺性分析　零件在进行数控铣削加工时，由于加工过程的自动化，余量的大小，如何装夹等问题在设计毛坯时就要仔细考虑好。否则，如果毛坯不适合数控铣削，加工将很难进行下去，根据实践经验，下列几方面应作为毛坯工艺性分析的重点。

① 毛坯应有充分稳定的加工余量　毛坯主要有锻件、铸件。因模锻时的欠压量与允许的错模量会造成余量的多少不等。铸造时也会因砂型误差，收缩量及金属的流动性误差不能满足型腔等造成余量的不等。此外，锻造、铸造后，毛坯的挠曲与扭曲变形量的不同也会造成加工余量的不充分、不稳定。因此，除板料外，不论是锻件、铸件还是型材，只要准备采用数控铣床加工，其加工面均应有较充分的余量。经试验表明，数控铣削中最难保证的是加工面与非加工面之间的尺寸，这一点应该引起特别重视。如果已确定或准备采用数控铣削加工，应事先对毛坯的设计进行必要更改或在设计时加以充分考虑，即在零件图样注明的非加工面处也增加适当的余量。

② 分析毛坯的装夹适应性　主要考虑毛坯在加工时定位和夹紧的可靠性与方便性，以便在一次安装中加工出较多面。对不便于装夹的毛坯，可考虑在毛坯上另外增加装夹余量或工艺凸台、工艺凸耳等辅助基准。

③ 分析毛坯的余量大小及均匀性　主要考虑加工时是否需要分层切削，以及分几层切削。同时要分析加工中与加工后的变形程度，考虑是否采用预防性措施与补救措施。如对于热轧中厚铝板，经淬火后很容易在加工中与加工后变形，最好采用经预拉伸处理的淬火板坯。

4.2.3　典型零件数控铣削加工工艺分析

1. 平面及沟槽零件数控铣削

平面和台阶面是构成各种箱体类零件的基本表面。平面一般用以确定零件的位置起到支承作用；台阶面用以限定零件轴向及径向位置，同时也起到支承作用。平面与台阶面除了尺寸精度和表面粗糙度要求以外，对平面度、平行度、垂直度要求也较高。

（1）数控铣削刀具

1）刀具基本要求

① 刀具刚性要好　其目的一是为满足提高生产效率而采用大切削用量的需要，二是为适应数控铣床加工过程中难以调整切削用量的特点。在数控铣削中，因铣刀刚性较差而断刀，并造成零件损伤的现象经常发生，所以解决刀具刚性问题至关重要。

② 刀具寿命要高　当一把刀具加工的内容很多时，如果刀具磨损较快，不仅会影响零件的表面质量和加工精度，而且也会增加换刀与对刀次数，从而导致零件加工表面留下因对刀误差而形成的接刀痕，从而使零件表面质量降低。

2）数控铣削刀具的选择

① 加工较大平面时，选择面铣刀。

② 加工凸台、凹槽、小平面时，选择立式铣刀。

③ 加工毛坯面或粗加工孔时，选择硬质合金玉米铣刀。

④ 加工曲面时选择球头铣刀。

⑤ 加工空间曲面模具型腔或凸模表面时，选择模具铣刀。

⑥　加工封闭键槽时，选择键槽铣刀。

图 4-31 所示为铣削用加工刀具。

（2）数控铣削　由于平面主要起支承、连接作用，故平面铣削需要较好的平面度和较小的表面粗糙度值。

1）圆周铣刀铣削　圆周铣削又称周铣，周铣是利用分布在铣刀圆柱面上的切削刃来形成平面（或表面）的铣削方法。周铣的平面与铣床工作台平面平行，所加工的表面粗糙度值较小。而零件平面度误差的大小主要取决于圆周铣刀的圆柱度误差。在实际加工中圆周铣刀主要应用于卧式铣床，其加工范围较小，铣削平面效率略低，故在数控铣削中使用较少。

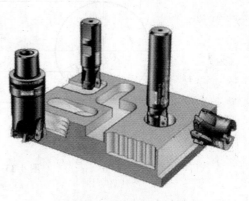

图 4-31　铣削用加工刀具

2）面铣刀铣削。

①　铣削方式　端面铣削（简称端铣）是利用分布在铣刀端面上的端面切削刃来形成平面的铣削方法。端铣的平面主要是大平面和小端面，其加工表面由一条条刀纹组成，刀纹大小影响零件表面粗糙度，刀纹粗细与铣削进给速度和刀具旋转速度大小有关。端铣平面的平面度误差主要取决于铣床主轴轴线与进给方向的垂直度误差。

端面铣削时，根据铣刀与工件之间相对位置的不同，分为对称铣和不对称顺铣、不对称逆铣三种，如图 4-32 所示。

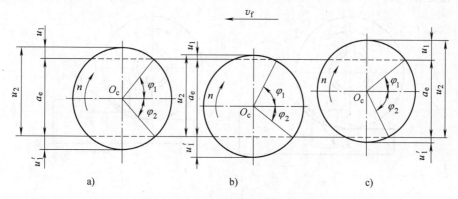

图 4-32　端面铣削方式

a）对称铣　b）不对称逆铣　c）不对称顺铣

②　铣削特点

a. 在对称铣时，铣刀每个刀齿切入和切离工件时切削厚度相等。

b. 在不对称逆铣中，切入时切削厚度小于切离时切削厚度，这种铣削方式切入冲击较小，适用于端铣普通碳素钢和高强度低合金钢。

c. 在不对称顺铣中，切入时切削厚度大于切离时切削厚度，这种铣削方式用于铣削不锈钢和耐热合金，可减少硬质合金的剥落磨损，提高切削速度 40%～60%。当 $u' \ll u_1$ 时，铣刀作用于工件进给运动方向的分力有可能与工件进给运动方向 v_f 同向，引起工作台丝杠和螺母之间的轴向窜动。

3）立式铣刀铣削

①　铣削方式　立式铣刀铣削平面时，近似于圆周铣刀铣削平面，是不对称铣的特殊情况。

立式铣削分为逆铣和顺铣两种铣削方式，如图 4-33 所示。

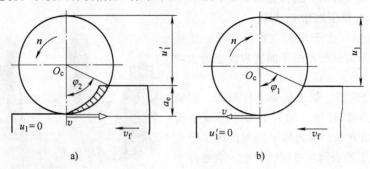

图 4-33　立式铣削方式

a) 逆铣　b) 顺铣

② 铣削特点

a. 优点

（a）顺铣时，铣刀对工件的作用力朝向工件起压紧作用，如图 4-34a 所示。因此铣削时较平稳，铣刀切削刃切入工件时的切屑厚度最大，并逐渐减小到零，切削刃切入容易。而且在切削刃切到工件已加工表面时，铣刀刀齿后面对工件已加工表面挤压、摩擦小，故切削刃磨损较慢，加工出的工件表面质量较高，消耗在进给运动方面的功率较小。

（b）逆铣时，当工件毛坯表面有硬皮和杂质时，铣刀切削刃从已加工表面切入，从待加工表面切出，这样对铣刀切削刃损坏较小。铣削时铣削力 F_c 在进给方向的分力 F_f 与工件进给方向相反，不会使工作台产生窜动。

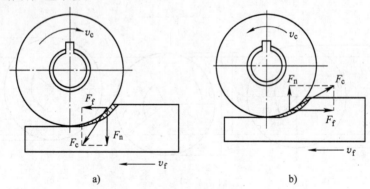

图 4-34　立式铣削受力分析

a) 顺铣　b) 逆铣

b. 缺点

（a）顺铣时，当工件毛坯表面有硬皮和杂质时，铣刀切削刃从待加工表面切入，从已加工表面切出，铣刀切削刃容易受冲击磨损和损坏。铣削时铣削力 F_c 在进给方向的分力 F_f 与工件进给方向相同，当工作台进给丝杠与螺母之间有间隙或轴承的轴向间隙较大时，工作台受铣削力影响会产生间歇性窜动，使每齿进给量突然增大，从而导致铣刀刀齿折断，铣刀杆弯曲，工件和夹具产生位移，使工件、夹具甚至机床遭到损坏。

（b）逆铣时，铣削力 F_c 在垂直方向的分力 F_n 始终向上，因此在加工时对工件需要施加较大的夹紧力，以防止工件被挑起。如图 4-34b 所示，在切入工件时铣刀齿后面对工件已加工表面的挤压、摩擦严重，刀齿磨损加快，铣刀寿命降低，且工件加工表面易产生硬化层，降低了工件表面的加工质量，逆铣时消耗在进给运动方面的功率较大。

（3）平面和台阶面数控铣削方法

1）平面数控铣削方法　铣削平面和台阶面常用面铣刀和立铣刀铣削。

①　面铣刀铣削　如图 4-35 所示，面铣刀圆周方向切削刃为主切削刃，端部切削刃为副切削刃，可用于立式铣床或卧式铣床上加工平面和台阶面，生产效率较高。面铣刀多制成套式镶齿结构，刀齿为高速钢或硬质合金，刀体为 40Cr。高速钢面铣刀按国家标准规定，直径 $d = 80 \sim 250 \text{mm}$，螺旋角 $\beta = 10°$，刀齿数 $z = 10 \sim 26$。

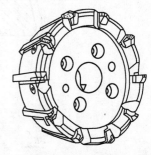

硬质合金面铣刀的铣削速度、加工效率和工件表面质量均高于高速钢铣刀，并可加工带有硬皮和淬硬层的工件，因而在数控加工中得到了广泛应用。图 4-36 所示为常用硬质合金面铣刀的种类，由于整体焊接式面铣刀和机夹焊接式面铣刀难于保证焊接质量，刀具寿命低，重新刃磨比较费时间，目前已被可转位式面铣刀所取代。

面铣刀的主要几何参数如图 4-37 所示。标准可转位面铣刀直径为 $\phi16 \sim \phi630 \text{mm}$，粗铣削平面及台阶面时选小直径铣刀，精铣削时选大直径铣刀。

图 4-35　机夹式面铣刀

依据工件材料和刀具材料及加工性质确定几何参数，铣削加工通常选前角小的铣刀，当加工强度、硬度高的材料时，选择负前角。工件材料硬度不高时，选大后角，硬度较高时，选小后角。粗齿铣刀选小后角，细齿铣刀选大后角，铣刀刃倾角 λ_s 通常为 $-5° \sim -15°$，只有在铣削低强度材料时，取 $\lambda_s = 5°$。主偏角 κ_r 取值为 $45° \sim 90°$，铣削铸件时常用 $\kappa_r = 45°$，铣削一般钢材时常用 $\kappa_r = 75°$，铣削带凸肩平面或薄壁零件时选用 $\kappa_r = 90°$。

②　立铣刀　立铣刀是数控机床上常用的一种铣刀，其结构如图 4-38 所示。立铣刀的圆柱

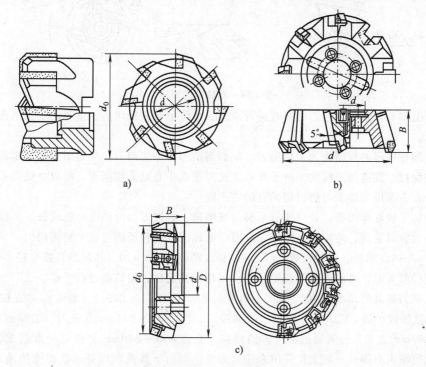

a)

b)

c)

图 4-36　硬质合金面铣刀

a）整体焊接式面铣刀　b）机夹焊接式面铣刀　c）可转位式面铣刀

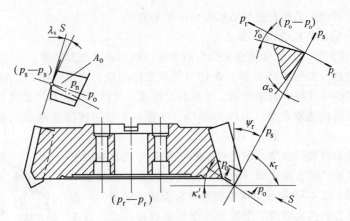

图 4-37　面铣刀的主要几何参数

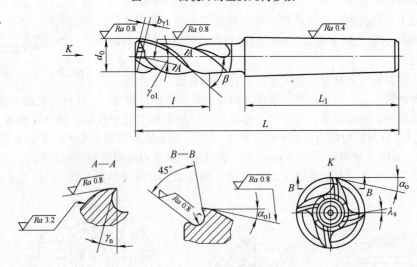

图 4-38　立铣刀的结构

表面和端面上都有切削刃，它们可同时进行切削，也可单独进行切削。主要用于加工凹槽、台阶面和小平面。

　　立铣刀圆柱表面的螺旋齿为主切削刃，端面切削刃为副切削刃。主切削刃采用螺旋齿，可以增加切削平稳性，提高加工精度。由于普通立铣刀端面中心处无切削刃，所以立铣刀不能作轴向进给，端面刃主要用来加工与侧面相垂直的底平面。

　　为了能加工较深的沟槽，并保证有足够的修磨量，立铣刀轴向长度一般较长。为改善切屑卷曲情况，增大容屑空间，防止切屑堵塞，故刀齿数比较少，容屑槽圆弧半径则较大。一般粗齿立铣刀齿数 $z = 3 \sim 4$，细齿立铣刀齿数 $z = 5 \sim 8$，套式结构 $z = 10 \sim 20$，容屑槽圆弧半径 $r = 2 \sim 5 \mathrm{mm}$。当立铣刀直径较大时，可制成不等齿距结构，以增强抗振性，使切削过程平稳。

　　标准立铣刀螺旋升角 β 为 $40° \sim 45°$（粗齿）和 $30° \sim 35°$（细齿），套式结构立铣刀的 β 为 $15° \sim 25°$。直径较小的立铣刀，一般制成带柄形式。直径 $\phi2 \sim \phi71 \mathrm{mm}$ 立铣刀一般制成直柄结构。直径 $\phi6 \sim \phi63 \mathrm{mm}$ 立铣刀一般制成莫氏锥柄结构。直径 $\phi25 \sim \phi80 \mathrm{mm}$ 立铣刀一般制成 7∶24 锥柄结构，锥柄尾端内有螺孔，装上拉钉用来拉紧刀具。但由于数控机床要求铣刀能快速自动装卸，故立铣刀柄部的形式也有很大不同，一般是由专业厂家按照一定的规范设计制造成统一形式和尺寸的刀柄。直径大于 $\phi40 \sim \phi60 \mathrm{mm}$ 立铣刀可做成套式结构。

立铣刀的主要参数如图 4-39 所示。

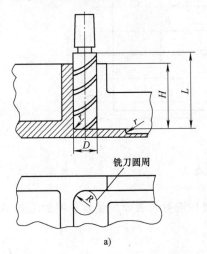
a)

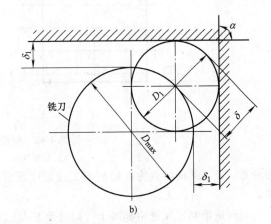
b)

图 4-39　立铣刀的主要参数

a) 零件的加工高度　b) 铣刀最大直径 D_{max}

刀具半径 R 应小于零件内轮廓最小曲率半径 R_{min}，一般取 $R = (0.8 \sim 0.9) R_{min}$，如图 4-39a 所示。

零件的加工高度 $H \leqslant \left(\dfrac{1}{4} \sim \dfrac{1}{6} \right) R$，以保证刀具有足够的刚度，如图 4-39a 所示。

加工不通孔或深槽时，刀具长度选取 $l = H + (5 \sim 10)$ mm（l 为刀具切削部分长度，H 为零件高度），如图 4-39a 所示。

加工外形及通槽时，刀具长度选取 $l = H + r + (5 \sim 10)$ mm（r 为立式铣刀端面刃圆角半径），如图 4-39a 所示。

加工肋时，刀具直径应选取 $D = (5 \sim 10) b$（b 为肋的厚度）。

粗加工内轮廓面时，铣刀最大直径 D_{max} 如图 4-39b 所示。

$$D_{max} = \frac{2(\delta \sin \alpha/2 - \delta_1)}{1 - \sin \alpha/2} + D \qquad (4-1)$$

式中　D——轮廓的最小凹圆角半径；

　　　δ——圆角邻边夹角等分线上的精加工余量；

　　　δ_1——精加工余量；

　　　α——圆角两邻边的最小夹角。

2）进给路线安排

① 端面铣削进给轨迹。在数控铣床上进行端面铣削时，由于面铣刀直径较大，故其进给路线可按往复进给、单向进给方式进行安排，如图 4-40 所示。

② 立铣刀铣削进给轨迹

a. 单向行切进给方式　该方式如图 4-41a 所示，刀具在进给到一行终点后，抬刀至安全高度，再沿直线快速进给到下一行首点所在位置，垂直进刀，然后沿着相同的方向进行加工。这种方式在切削加工过程中能保证顺铣或逆铣的一致性，编程人员可根据实际加工要求选择顺铣或逆铣。由于该方式在完成一条切削轨迹后，附加了非切削运动轨迹，因此，延长了机床加工时间。

b. 往复行切进给方式　该方式如图 4-41b 所示，刀具在进给加工完一行后以直线进给连接方式移动一个行距，然后刀具沿上一行反方向进行加工，行间不抬刀，刀具运动轨迹呈"己"字

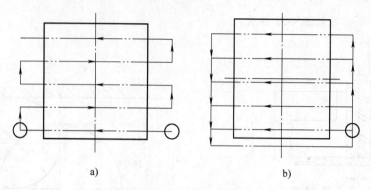

图 4-40　面铣刀进给轨迹
a）往复进给　b）单向进给

形分布。该方式的特点为在切削加工过程中顺铣、逆铣交替进行，表面质量较差但加工效率较高。

单向进给和往复进给都属于行切进给方式。

c. 环切进给方式　如图 4-41c 所示，该方式依据被加工零件轮廓而生成刀具运动轨迹。具体轨迹又分为等距环切、依外形环切、螺旋环切等，可从外向内环切，也可从内向外环切。

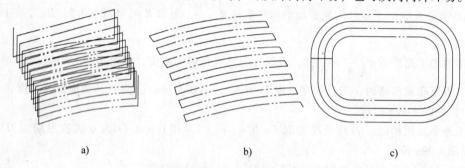

图 4-41　进给轨迹
a）单向行切　b）往复行切　c）环切

3）铣削用量的确定

①　铣削速度　铣削时铣刀切削刃上选定点相对于工件主运动的瞬时速度称铣削速度。铣削速度可以简单地理解为切削刃上选定点在主运动中的线速度，即切削刃上离铣刀轴线距离最大点在 1min 内所经过的路程。铣削速度单位为 m/min。铣削速度与铣刀直径、铣刀转速有关，计算公式为

$$v_c = \pi dn/1000 \tag{4-2}$$

式中　v_c——铣削速度（m/min）；

　　　d——铣刀直径（mm）；

　　　n——铣刀或铣床主轴转速（r/min）。

铣削时，根据工件的材料、铣刀切削部分材料、加工阶段的性质等因素确定铣削速度，然后根据所用铣刀的规格（直径），按式（4-2）计算并确定铣床主轴的转速。

②　进给量　铣刀在进给运动方向上相对工件的单位位移量，称为进给量。铣削中的进给量根据具体情况的需要，有以下三种表述和度量的方法。

a. 每转进给量 f　铣刀每回转一圈，在进给运动方向上相对工件的位移量，单位为 mm/r。

b. 每齿进给量 f_z　铣刀每回转一圈中每一刀齿在进给运动方向上相对工件的位移量，单位

为 mm/z。

c. 进给速度 v_f　切削刃上选定点相对工件进给运动的瞬时速度，也就是铣刀每分钟回转一转，在进给运动方向上相对工件的位移量，单位为 mm/min。

三种进给量的关系为

$$v_f = fn = f_z nz \tag{4-3}$$

式中　v_f——进给速度（mm/min）；

　　　f——每转进给量（mm/r）；

　　　n——铣刀或铣床主轴转速（r/min）；

　　　f_z——每齿进给量（mm/z）；

　　　z——铣刀齿数。

铣削时，根据加工性质先确定每齿进给量 f_z，然后根据所选用铣刀齿数 z 和铣刀转速计算出进给速度 v_f，并以此对铣床进给量进行调整。

③ 吃刀量

a. 背吃刀量 a_p　背吃刀量是指在平行于铣刀轴线方向测量的切削层尺寸，单位为 mm。端铣时，a_p 为切削层深度；周铣时，a_p 为被加工表面宽度。

b. 侧吃刀量 a_e　侧吃刀量是指在垂直于铣刀轴线方向测量的切削层尺寸，单位为 mm。端铣时，a_e 为被加工表面宽度；周铣时，a_e 为切削层深度。

铣削时，由于采用铣削方法和选用铣刀不同，背吃刀量 a_p 和侧吃刀量 a_e 的表示也不同。如图 4-42 所示，用圆柱形铣刀进行周铣与用面铣刀进行端铣时，由背吃刀量与侧吃刀量的表示不难看出，不论是采用周铣或端铣，侧吃刀量 a_e 都表示铣削弧深。因为不论使用哪一种铣刀铣削，铣削弧深的方向均垂直于铣刀轴线。

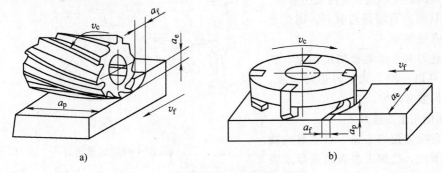

图 4-42　铣削用量

a) 周铣　b) 端铣

（4）沟槽铣削

1）沟槽的类型　零件上沟槽结构一般为直角沟槽、键槽、T 形槽、V 形槽、燕尾槽及圆弧槽等，如图 4-43 所示。直角沟槽有半封闭槽、通槽和封闭槽等形式。图 4-43a 所示为采用立式铣刀铣削加工半封闭槽；图 4-43b 所示为采用三面刃铣刀铣削加工通槽；图 4-43c 所示为采用键槽铣刀铣削加工封闭槽；图 4-43d 所示为采用 T 形槽铣刀在已有直槽上铣削加工 T 形槽；图 4-43e 所示为采用成形角度铣刀或将工件倾斜或倾斜主轴等方法铣削加工 V 形槽；图 4-43f 所示为采用燕尾槽铣刀直接在已有直槽上铣削加工燕尾槽；图 4-43g 所示为采用成形铣刀直接铣削加工成形圆弧槽。

2）沟槽铣刀　常用沟槽铣刀主要为键槽铣刀，如图 4-44 所示。它有两条螺旋刃齿，圆柱面和端面都有切削刃，端面刃延至中心，既像立铣刀，又像钻头。加工时先轴向进给达到槽深，然

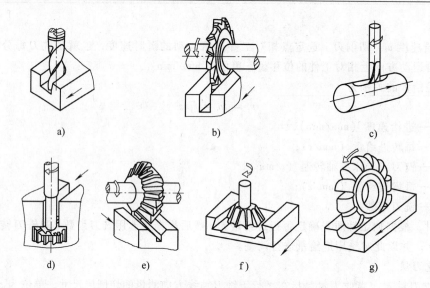

图 4-43 直角沟槽的种类

a) 半封闭槽 b) 通槽 c) 封闭槽 d) T 形槽 e) V 形槽 f) 燕尾槽 g) 成形槽

后沿键槽方向铣削出键槽全长或型腔轮廓，主要用于加工圆头封闭键槽和封闭型腔。

按国家标准规定，直柄键槽铣刀直径为 $\phi2 \sim \phi22mm$，锥柄键槽铣刀直径为 $\phi14 \sim \phi50mm$。键槽铣刀直径的公差带有 e8 和 d8 两种。键槽铣刀圆周切削刃仅在靠近端面的一小段长度内发生磨损，重磨时，只需刃磨端面切削刃，因此重磨后铣刀直径不变。

键槽铣刀几何参数及切削用量、铣削方法均可以参照立式铣刀进行选择，只是铣刀齿数有两个。

3）切削用量的选择

① 背吃刀量的选择 选取时应视工艺系统刚度、已加工表面精度以及表

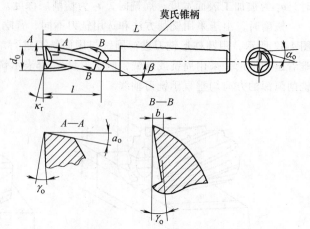

图 4-44 键槽铣刀

面粗糙度而定。已加工表面为 $Ra12.5\mu m$ 时，一般一次粗铣可达到要求。当工艺系统刚度差，机床动力不足或余量过大时，可分两次铣削。此时第一次铣削背吃刀量应取大些，避免刀具在表面缺陷层内切削（余量过大时往往余量不均匀），同时可减轻第二次铣削时的负荷，有利于获得较好的加工表面质量。一般粗铣铸钢或铸铁时 $a_p = 5 \sim 7mm$，粗铣无硬皮的钢料时 $a_p = 3 \sim 5mm$。已加工表面粗糙度值为 $Ra6.3 \sim 3.2\mu m$ 时，可分粗铣和半精铣两次铣削，粗铣时为半精铣留余量 $0.5 \sim 1mm$。已加工表面粗糙度值为 $Ra1.6 \sim 0.8\mu m$ 时，可分三次铣削达到要求，半精铣时 $a_p = 1.5 \sim 2.0mm$，精铣时 $a_p = 0.5mm$ 左右。

② 进给量的选择 粗铣时铣削力较大，使用高速钢刀具加工时，限制进给量取值因素是机床、刀具和夹具等工艺系统刚度。机床刚度与功率相适应，功率大的刚度好，小的则差。粗齿刀具齿数少，刀齿强度好，容屑空间较大，每齿进给量大，适于粗铣。细齿刀具适用于半精铣、精铣。当用一把铣刀分两次进给进行粗铣和半精铣时，若采用细齿铣刀应注意刀齿强度和容屑空间所允许的每齿进给量。半精铣和精铣时还可根据已加工表面粗糙度直接选择每转进给量 f。

而采用硬质合金刀具加工时，限制进给量取值因素是刀齿的强度。硬质合金刀片材质强度越低，刀片越薄，楔角越小，所允许的每齿进给量越小。硬质合金面铣刀上带有刮光刀齿时，进给量可以加大。以稍低切削速度、大进给量铣削，对减轻刀具磨损，减少动力消耗，发挥机床潜力有利，但切削速度不宜过低。因为在同样条件下，速度高时，已加工表面粗糙度值小。

③ 切削速度的选择　在确定好 a_p 和 f 值以后，根据其既定值从相关表中查出允许的切削速度 v_c，再根据一定的刀具寿命 T 确定切削速度修正系数 K_t，然后以修正后的切削速度计算出转速 n，最后在机床上选取与计算结果近似的实际转速。实际生产中，还可通过调查研究、分析对比以及试切削等方法来确定切削速度，使其更符合实际情况。

（5）工件装夹　在铣床上加工中小型零件时，一般多采用平口钳装夹。对大、中型零件，则多采用直接在铣床工作台上用螺栓压板装夹。在成批、大量生产中，为提高生产效率和保证加工质量，多采用专用铣床夹具装夹。对一些有回转要求零件，为适应加工需要，还可利用分度头和回转工作台等进行装夹。

1）装夹工件　平口钳是铣床上常用夹具，在铣削工件平面、台阶面、沟槽、斜面和轴类工件上的键槽时，都可以用平口钳进行装夹。

① 平口钳的结构　常用的平口钳结构有回转式和非回转式两种。两者基本相同，只是钳体有能否扳转的差别。图4-45所示为回转式平口钳。

回转式结构使用方便，适应性强，但由于多了一层转盘结构，高度增加，刚性相对较差。因此，在铣削平面、垂直面和平行面时，一般都采用非回转式。

② 用平口钳装夹工件时的注意事项

a. 安装平口钳时，应擦净平口钳底座平面与铣床工作台台面。装夹工件时，应擦净钳口衔铁平面、钳体导轨面及工件表面。

b. 装夹工件时，放置位置应适当，夹紧后钳口所受夹紧力应均匀。

c. 装夹工件时，铣削余量层应高出钳口上平

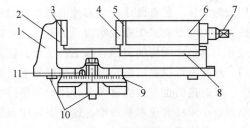

图 4-45　回转式平口钳
1—钳体　2—固定钳口　3—固定钳口铁
4—活动钳口铁　5—活动钳口　6—活动
钳身　7—丝杠方头　8—压板　9—底座
10—定位键　11—钳体零线

面，高出高度以铣削掉多余金属层后铣刀不接触钳口上平面为宜。

d. 用平行垫铁在平口钳上装夹工件时，所选用垫铁平面度、平行度、相邻表面垂直度应符合要求，垫铁表面应具有一定的硬度。

2）用螺栓压板装夹工件　形状、尺寸较大或不便于用平口钳装夹的工件，常用螺栓压板压紧在铣床工作台上进行加工。用螺栓压板装夹工件的注意事项如下：

① 在铣床工作台面上，不允许拖拉表面粗糙度值大的铸件、锻件毛坯，夹紧工件时应在毛坯件与工作台面间加垫铜皮，以免损伤台面。

② 用压板在工件已加工表面夹紧时，应在压板与工件表面间加垫铜皮，以免压伤工件已加工表面。

③ 压板的位置要放置正确、适当，压板应压在工件刚性好的部位，压紧力大小也应适当，以防工件受压产生变形。如果工件夹紧部位有悬空现象，应将工件垫实，垫平或采用辅助支承元件加以支承。

④ 螺栓要拧紧，保证铣削时不致因压紧力不够而使工件移动，损坏工件、刀具和铣床。

2. 内型腔类零件数控铣削

平面内型腔零件与平面外轮廓零件相同，均由直线、圆弧或各种曲线构成，主要是凹槽和内轮廓型腔表面。这些表面与装夹基准底平面平行或垂直，通常在三轴铣床上采用两轴半联动加工。加工时可采用键槽铣刀或圆柱立式铣刀加工，零件的加工精度和表面质量受进给路线影响，同样需考虑顺铣和逆铣。

（1）进给方式选择　封闭式内型腔零件加工铣削时，进给方式主要有直接垂直进给、螺旋进给和斜线进给三种。

1）直接垂直进给

①　被加工零件内型腔需去除多余金属较少，零件表面粗糙度要求不高时，可使用键槽铣刀直接垂直进给进行切削。虽然键槽铣刀的端部切削刃通过铣刀中心，有垂直加工的能力，但由于键槽铣刀只有两条切削刃，加工时平稳性较差，因而表面粗糙度值较大。同时在同等切削条件下，键槽铣刀较立铣刀每齿切削量大，因而切削刃磨损也较大，在大面积切削中效率较低。

②　被加工零件内型腔需去除多余金属较多，零件表面粗糙度要求较高时，一般采用立铣刀来加工。但由于立铣刀端面切削刃没有通过刀具中心，所以立铣刀在垂直进给时没有采用较大吃刀量的能力。因此一般先采用键槽铣刀（或钻头）垂直进给，预加工出起始孔后，再换多齿立铣刀加工内型腔。

2）螺旋进给　螺旋进给是数控加工中应用较为广泛的进给方式，特别在模具制造行业中应用最为常见。装有硬质合金刀片的模具铣刀可以进行高速切削，但和高速钢多齿立铣刀一样，在垂直进给时没有采用较大吃刀量的能力。可以采用螺旋进给方式，通过刀片侧刃和端刃的切削，避开刀具中心无切削刃部分与工件干涉，使刀具沿螺旋线朝要求深度方向渐进，从而达到进给目的。这样，可以在切削平稳性与切削效率之间取得一个较好的平衡点，如图4-46a所示。

螺旋进给也有其固有弱点，比如切削路线较长，在比较狭窄的型腔内加工时，往往因为切削范围过小无法实现螺旋进给，这时需采用预加工出进给工艺孔等方法来弥补，所以选择螺旋进给方式时要注意灵活运用。

3）斜线进给　斜线进给时刀具快速下至加工表面上一定距离，然后以该位置为起点在Z轴与X轴或Y轴所形成的平面内，以斜线运动轨迹移动刀具，从而切入工件来达到Z向进刀的目的，如图4-46b所示。

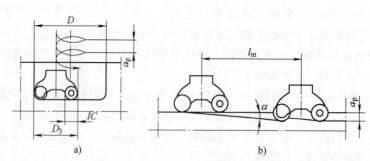

图 4-46　进给方式

a）螺旋进给　b）斜线进给

斜线进给方式作为螺旋进给方式的一种补充，通常用于因加工范围限制而无法实现螺旋进给时长形型腔零件的加工。

斜线进给主要参数为斜线进给起始高度、切入斜线长度和切入角度。斜线进给起始高度一般设在加工面上方0.5～1mm处。切入斜线长度要视型腔空间大小及铣削深度来确定，一般斜线越长，进给切削路程就越长。切入角度选取得太小，斜线往复次数增多，切削路程加长。反之，又会使立铣刀端刃切削状况变差，一般选 5°~15°为宜。

（2）进给路线设计 内型腔零件在铣削时同样也要考虑铣削方式，即顺铣和逆铣，并以建立刀具半径补偿的方式加以应用。

1）平底凹槽铣削进给路线 所谓平底凹槽是指以封闭曲线为边界轮廓、底面为平面的内凹形槽。加工时一律用平底立式铣刀加工，刀具圆角半径应符合内槽加工要求。图 4-47 所示为铣内槽的三种进给路线。

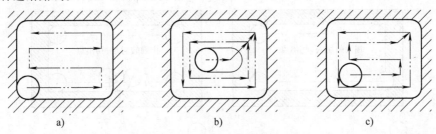

图 4-47 铣内槽的三种进给路线

a）行切法 b）环切法 c）先行切再环切

行切法和环切法的共同点是都能去除内腔中的多余金属，不留死角，不伤轮廓，同时尽量减少重复进给搭接量；不同点是行切法进给路线比环切法短，但行切法将在每两次进给的起点与终点间留下残留面积，而达不到所要求的表面粗糙度，如图 4-47a 所示。用环切法获得的表面粗糙度要好于行切法，但环切法需要逐次向外扩展轮廓线，刀位点计算复杂，如图 4-47b 所示。综合行切法、环切法的优点，采用图 4-47c 所示的进给路线，即先用行切法切去中间部分余量，最后用环切法修整轮廓，这样既能使总进给路线短，又能获得较小的表面粗糙度值。

2）圆腔铣削进给路线 圆腔铣削一般从圆心开始，根据所用刀具，也可先预钻一个工艺孔，以便进刀。圆腔铣削加工多用立铣刀或键槽铣刀，采用环切法铣削内圆轮廓，铣削时按背吃刀量在深度方向分层，按侧吃刀量在直径方向分层加工。

如图 4-48 所示，铣削圆腔时，刀具快速定位到 R 点，从 R 点转入切削进给，铣削时可以采用直接下刀分层进行铣削，每层吃刀量 Q 一般为 0.5~1mm。在一层加工中，刀具按侧吃刀量宽度（行距）H 进刀，按圆弧进给，H 值的选取应小于刀具直径，以免留下残留。实际加工中，根据情况选取。依次进刀，直至内圆尺寸。加工完一层后，刀具快速回到孔中心，再沿轴向进刀（层距）加工下一层，直至圆腔底尺寸 Z。最后快速退刀，离开内腔。

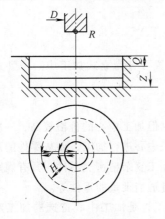

图 4-48 圆腔铣削

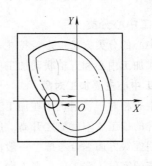

图 4-49 内轮廓加工刀具的切入、切出

3）封闭轮廓铣削切入切出方式与进给路线　铣削封闭内型腔轮廓表面同铣削外轮廓一样，刀具同样不能沿轮廓曲线法向切入和切出。若内轮廓曲线允许外延，则应沿切线方向切入、切出，若内轮廓曲线不允许外延（图4-49），此时，刀具的切入、切出点应尽量选在内轮廓曲线两几何元素交点处。当内轮廓曲线无交点时（图4-50），为防止刀补建立与取消时在轮廓拐角处留下凹口，刀具切入、切出点应远离拐角。对于铣削图4-51所示的内圆弧时，刀具可以沿过渡圆弧切入和切出工件轮廓，图中 R_1 为零件圆弧半径，R_2 为过渡圆弧半径。

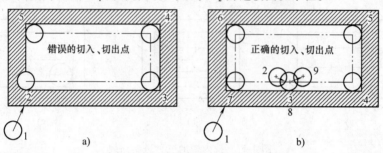

图4-50　无交点内轮廓加工刀具切入、切出
a）错误　b）正确

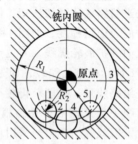

图4-51　刀具圆弧切入、切出
内轮廓进给路线

4.3　数控加工中心加工工艺

4.3.1　加工中心分类及主要加工对象

1. 加工中心分类

加工中心的分类方法很多，按主轴在加工时的空间位置可分为立式加工中心、卧式加工中心、龙门式加工中心和五轴联动加工中心等。

2. 加工中心主要加工对象

加工中心相对于普通机床在加工工艺方面有许多优点，但加工中心的价格较高，一次性投入较大，零件的加工成本就随之升高。所以，是否需要用加工中心进行加工，要从零件的形状、精度以及周期性等方面综合考虑。一般而言，加工中心适合加工复杂精密类零件，具有周期性需重复进行生产的零件，多工位、多工序集中的零件，以及具有适当批量的零件等。

（1）箱体类零件　这类零件既有平面加工，又有孔加工，是加工中心首选的加工对象。利用加工中心的自动换刀功能，实现一次装夹，完成零件的平面以及孔的加工。这种加工使零件生产效率和加工精度都得以提高。常见为箱体类、盘、套、板类零件。

（2）多工位零件　这类零件一般外形不规则，且大多为点、线、面多工位混合加工。若采用普通机床，只能分成若干工序加工，工装较多，时间较长。利用加工中心适合多工位点、线、面混合加工的特点，可在较短时间内完成大部分甚至全部工序的加工。

（3）复杂零件　复杂零件其加工表面由复杂曲线、曲面组成。通常需要多轴联动加工，在普通机床上一般无法完成，选择加工中心加工这类零件是首选。典型零件有凸轮类、整体叶轮类和模具类零件。

（4）高精度中小批量零件　加工中心具有加工精度高、尺寸稳定的特点。对加工精度要求较高的中小批量零件，选择加工中心加工，容易获得所需要的尺寸精度和几何精度，并可得到较好的互换性。

（5）周期性投产零件　当用加工中心加工零件时，工艺准备和程序编制准备时间占整个加工工时很大比例。对于周期性生产的零件，可以反复使用第一次工艺参数和程序，大大缩短生产周期。

（6）频繁改型零件　需要频繁改型零件通常是新产品试制中的零件，需要反复试验和改进。使用加工中心加工时，只需要修改相应程序，适当调整一些参数，就可以加工出不同形状的零件，缩短试制周期，节省试制经费。

4.3.2　数控加工中心刀具及工具系统

1. 数控加工中心刀具的选择

数控加工中心刀具的选择，主要根据被加工对象的几何形状、尺寸精度及技术要求来确定。如果加工表面为平面，可根据数控铣削刀具来选择。如果加工表面为孔系，可根据图 4-52 ~ 图 4-54 所示刀具进行选择。

2. 数控加工中心工具系统

（1）数控加工中心工具系统　数控加工中心工具系统除具备普通工具系统特性外，主要还应具有以下特点：

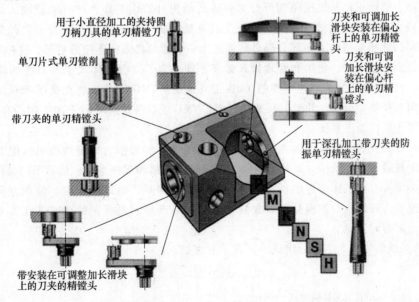

图 4-52　镗孔加工刀具

图 4-53　钻孔加工刀具

图 4-54　螺纹加工刀具

1）较高的换刀精度和定位精度。

2）为提高生产率，在高切削速度环境下使用的刀具寿命应较高。

3）大进给量数控加工和高速强力切削时要求工具系统的刚性高。

4）自动加工过程中，有较好的断屑、卷屑和排屑性能。

5）工具系统装卸和调整应方便。

6）便于刀具的安装，能简化机械手的结构和动作，降低刀具制造成本，减少刀具数量，扩展刀具适用范围，有利于数控编程和工具管理的标准化、系列化和通用化。

（2）数控镗削、铣削工具系统　数控镗削、铣削工具系统是数控镗床、铣床主轴到刀具之间各种连接刀柄的总称。其主要作用是连接主轴与刀具，使刀具安装达到所要求的位置与精度，传递切削所需的转矩及保证刀具快速更换。不仅如此，有时工具系统中某些工具还要适应刀具切削过程中的特殊要求（如丝锥攻螺纹时的转矩保护及前后浮动等）。

数控镗削、铣削工具系统按结构可分为整体式结构（TSG 工具系统）和模块式结构（TMG 工具系统）两大类。整体式数控镗削、铣削工具系统是将工具的柄部与夹持刀具的工作部分连成一体，不同品种和规格的工作部分都必须加工出一个能与机床相连接的柄部，这样使得工具的规格、品种繁多，给生产、使用和管理带来诸多不便。为了克服整体式工具系统的弱点，20 世纪 80 年代以后，相继开发了多种多样的 TMG 工具系统。TMG 工具系统克服了 TSG 工具系统的不足，凸显出其经济、灵活、快速、可靠的特点。TMG 工具系统既可用于加工中心和数控镗床、铣床，又可用于柔性加工系统。

（3）TSG 工具系统　TSG 工具系统是专门为加工中心和镗削、铣削数控机床配套的工具系统，也可用于普通镗床、铣床。其特点是将刀柄尾部的锥柄和接杆连成一体，不同品种和规格的工作部分都必须带有与机床相连的柄部。其优点是结构简单、整体刚性强、使用方便、工作可靠、更换迅速等。其缺点是锥柄品种和数量较多。图 4-55 所示是我国的 TSG82 工具系统，选用时定要按图示进行配置。

1）工具系统型号由 5 个部分组成，其表示方法如下：

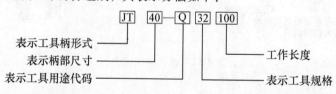

工具柄部一般采用 7∶24 圆锥柄。刀具生产厂家主要提供五种标准的自动换刀刀柄：GB/T 10944. 1～2—2006、ISO7388/1-A、DIN69871-A、MAS403BT、ANSI B5. 50 和 ANSI B5. 50CAT。其中，GB/T 10944. 1～2—2006、ISO 7388/1-A 和 DIN 69871-A 是等效的，而 ISO7388/1-B 为中心通孔内冷却型。另外，GB/T 3837—2001、ISO 2583 和 DIN 2080 标准为手动换刀刀柄，用于数控机床手动换刀。

常用工具柄部形式有 JT、BT 和 ST 三种，它们可直接与机床主轴连接。JT 表示采用国际标准 ISO 7388 制造的加工中心机床用锥柄柄部（带机械手夹持槽）；BT 表示采用日本标准 MAS403 制造的加工中心机床用锥柄柄部（带机械手夹持槽）；ST 表示按 GB/T 3837—2001 制造的数控机床用锥柄（无机械手夹持槽）。

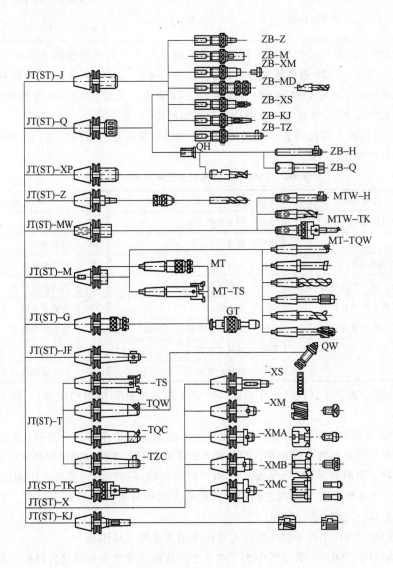

图 4-55　TSG82 工具系统

镗削类刀柄自己带有刀头，可用于粗镗和精镗。有的刀柄则需要接杆或标准刀具，才能组装成一把完整刀具。KH、ZB、MT 和 MTW 为四类接杆，接杆的作用是改变刀具长度。TSG 工具柄部代号及形式见表 4-1。

表 4-1 工具柄部代号

代号	工具柄部形式	类别	标准	柄部尺寸
JT	加工中心用锥柄,带机械手夹持槽	刀柄	GB/T 10944.1~2—2006	ISO 锥度号
XT	一般镗铣床用工具柄部	刀柄	GB/T 3837—2001	ISO 锥度号
ST	数控机床用锥柄,无机械手夹持槽	刀柄	GB/T 3837—2001	ISO 锥度号
MT	带扁尾莫氏圆锥工具柄	连杆	GB/T 1443—1996	莫氏锥度号
MW	不带扁尾莫氏圆锥工具柄	连杆	GB/T 1443—2004	莫氏锥度号
XH	7:24 锥度的锥柄连杆	连杆	GB/T 3837—2001	锥柄锥度号
ZB	直柄工具柄	连杆	GB/T 6131.1、2、4—2006 GB/T 6131.3—1996	直径尺寸

2）柄部尺寸 柄部形式代号后面的数字表示柄部尺寸,对于圆锥柄表示相应 ISO 锥度号,对于圆柱柄表示直径。7:24 锥柄锥度号有 25、30、40、45、50 和 60 等,如 50 和 40 分别代表大端直径为 ϕ69.85mm 和小端直径为 ϕ44.45mm 的 7:24 锥度。大规格 50、60 号锥柄适用于重型切削机床,小规格 25、30 号锥柄适用于高速轻型切削机床。

3）工具用途代码 用代码表示工具的用途,如 XP 表示装平型铣刀刀柄。TSG82 工具系统用途的代码及其意义见表 4-2。

表 4-2 TSG82 工具系统用途的代码及其意义

代码	代码意义	代码	代码意义	代码	代码意义
J	装接长刀杆用锥柄	KJ	用于装扩、铰刀	TF	浮动镗刀
Q	弹簧夹头	BS	倍速夹头	TK	可调镗刀
KH	7:24 锥柄快换夹头	H	倒锪端面刀	X	用于装铣削刀具
Z（J）	装钻夹头刀柄（莫氏锥度加J）	T	镗孔刀具	XS	装三面刃铣刀
MW	装无扁尾莫氏锥柄刀具	TZ	直角镗刀	XM	装套式面铣刀
M	装有扁尾莫氏锥柄刀具	TQW	倾斜式微调镗刀	XDZ	装直角端铣刀
G	攻螺纹夹头	TQC	倾斜式粗镗刀	XD	装端铣刀
C	切内槽工具	TZC	直角形粗镗刀	XP	装平型直柄刀具

4）工作长度 表示工具设计工作长度（锥柄大端直径处到端面的距离）。JT 锥柄标准形式见表 4-3。

（4）TMG 工具系统 TMG 工具系统就是将工具的柄部和工作部分分割开,制成各种系列化模块,然后经过不同规格的中间模块,组装成各种不同用途、不同规格的模块式工具。这样,既方便制造,也利于使用和保管,大大减少了用户的工具储备。目前,世界上出现的 TMG 工具系统多达几十种,主要区别在于模块之间连接的定心方式和锁紧方式不同。然而,不管哪种 TMG 工具系统都是由以下三部分所组成的。

1）主柄模块 TMG 工具系统中直接与机床主轴连接的工具模块。

2）中间柄模块 TMG 工具系统中为了加长工具轴向尺寸和变换连接直径的工具模块。

3）工作柄模块 TMG 工具系统中用来装夹各种切削刀具的模块。图 4-56 所示为国产数控镗削、铣削类 TMG 工具系统。

（5）TMG 工具系统的类型及特点 国内数控镗削、铣削 TMG 工具系统可用其汉语"镗铣类""模块式""工具系统"3 个词组的大写拼音字头 TMG 来表示,为了区别各种结构不同的

TMG 工具系统，在 TMG 之后加上两位数字，以表示结构的特征。

表 4-3　JT 锥柄标准形式

型号	国际标准 ISO7388/1-A、德国标准 DIN69871-A、我国标准 GB/T 10944.1 ~ 2—2006
JT40	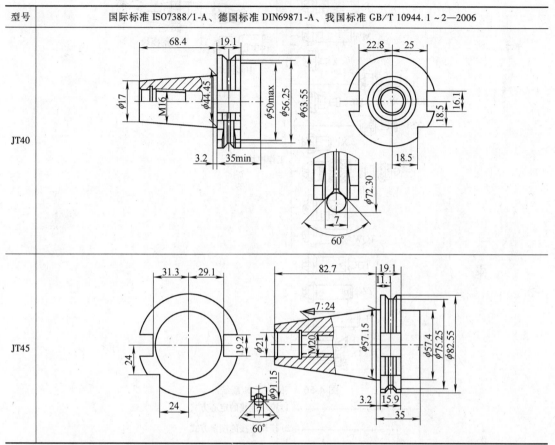
JT45	

前面一位数字（即十位数字）表示模块连接的定心方式。其中，1 表示短圆锥定心，2 表示单圆柱面定心，3 表示双键定心，4 表示端齿啮合定心，5 表示双圆柱面定心。

后面一位数字（即个位数字）表示模块连接的锁紧方式。其中，0 表示中心螺钉拉紧，1 表示径向销钉锁紧，2 表示径向楔块锁紧，3 表示径向双头螺栓锁紧，4 表示径向单侧螺钉锁紧，5 表示径向两螺钉垂直方向锁紧，6 表示螺纹联接锁紧。

1）TMG10 工具系统。采用短圆锥定心，轴向用中心螺钉拉紧，主要用于工具组合后不经常拆卸或加工件具有一定批量的情况。

2）TMG21 工具系统。采用单圆柱面定心，径向销钉锁紧，它的一部分为孔，而另一部分为轴，两者插入连接构成一个刚性刀柄，一端和机床主轴连接，另一端则安装各种可转位刀具，构成一个先进的工具系统，主要用于重型机械、机床等各种行业。

3）TMG28 工具系统。我国开发的新型工具系统，采用单圆柱面定心，模块接口锁紧方式采用与前述 0 ~ 6 不同的径向锁紧方式（用数字"8"表示）。TMG28 工具系统互换性好，连接的重复精度高，模块组装、拆卸方便，模块之间的连接牢固可靠，结合刚性好，达到国外模块式工具的水平，主要适用于高效切削刀具（如可转位浅孔钻、扩孔钻和双刃镗刀等）。

（6）TMG 模块型号的表示方法　为了便于书写和订货，也为了区别各种不同结构接口，TMG 模块型号的表达内容依顺序应为：模块接口形式、模块所属种类、用途或有关特征参数。具体表示方法如图 4-57 所示：

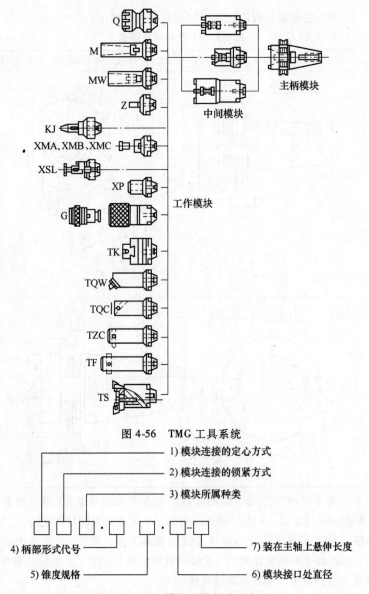

图 4-56 TMG 工具系统

图 4-57 TMG 模块型号的表示方法

1）模块连接的定心方式 即 TMG 类型代号的十位数字（0～5）。

2）模块连接的锁紧方式 即 TMG 类型代号的个位数字（一般为 0～6，TMG28 锁紧方式代号为 8）。

3）模块所属种类 模块类别标志，一共有 5 种。其中，A 表示标准主柄模块，AH 表示带冷却环的主柄模块，B 表示中间模块，C 表示普通工作模块，CD 表示带刀具的工作模块。

4）柄部形式代号 表示锥柄形式，如 JT、BT 和 ST 等。

5）锥度规格 表示柄部尺寸（锥度号）。

6）模块接口处直径 表示主柄模块和刀具模块接口处外径。

7）装在主轴上悬伸长度 指主柄圆锥大端直径至前端面的距离或者中间模块前端到其与主柄模块接口处的距离。

TMG 模块型号示例：

28A·ISOJT50·80-70 表示 TMG28 工具系统的主柄模块，主柄模块柄部符合 ISO 标准，规格为 50 号 7:24 锥度，主柄模块接口外径为 80mm，装在主轴上悬伸长度为 70mm。

21A·JT40·25-50 表示 TMG21 工具系统的主柄模块，锥柄形式为 JT，规格为 40 号 7:24 锥度，主柄模块接口外径为 25mm，装在主轴上悬伸长度为 50mm。

21B·32/25-40 表示 TMG21 工具系统的变径中间模块，它与主柄模块接口处外径 32mm，与刀具模块接口处外径为 25mm，中间模块的悬伸长度为 40mm。

4.3.3　典型零件加工中心加工工艺分析

在箱体、板类零件上，内孔表面是零件主要加工表面之一。根据零件用途不同，内孔结构也不同，加工精度和表面质量要求不同，相应的加工方法也不同。这些加工方法归纳起来可以分为两类：一类是对实体工件进行孔加工，即从无孔的实体上加工出孔；另一类是对零件上已有孔进行半精加工和精加工。对于非配合孔系，一般多采用钻削加工。对于配合孔系则需要在已钻孔的基础上再加工，并根据被加工孔的精度和表面质量要求，采用扩削、铰削、镗削、磨削等加工方法加工。

孔系在金属切削加工中所占比重很大，在机械加工中广泛应用。加工中心加工孔的方法很多。根据孔的尺寸精度、位置精度及表面粗糙度等要求，一般有钻中心孔、钻孔、扩孔、锪孔、铰孔、镗孔、铣孔及攻螺纹孔等。

1. 孔加工工艺特点

（1）工序划分

1）工序划分的原则　工序划分的原则有工序集中原则和工序分散原则两种。

①　工序集中原则　工序集中原则是指每道工序包括尽可能多的加工内容，从而使工序的总数减少。其优点是：有利于采用高效的专用设备和数控机床，提高生产效率；减少工序数目，缩短工艺路线，简化生产计划和生产组织工作；减少机床数量、操作工人数和占地面积；减少工件装夹次数，不仅保证了各加工表面间的相互位置精度，而且减少了夹具数量和装夹工件的辅助时间。其缺点是：专用设备和工艺装备投资大，调整维修比较麻烦，生产准备周期较长，不利于转产。

②　工序分散原则　工序分散原则是指将工件的加工分散在较多的工序内进行，每道工序的加工内容很少。其优点是：加工设备和工艺装备结构简单，调整和维修方便，操作简单，转产容易；有利于选择合理的切削用量，减少了机动时间。其缺点是：工艺路线较长，所需设备及工人人数多，占地面积大。

2）工序划分的方法　在数控机床上加工的零件，一般按工序集中原则划分工序，划分方法如下：

①　按零件装夹定位方式划分　以一次安装完成的那一部分工艺过程为一道工序。由于每个零件结构形状不同，各表面的技术要求也不同，故加工时其定位方式各有差异。一般在加工外形时，以内形定位；在加工内形时，则以外形定位。因此，可根据定位方式的不同来划分工序。这种方法适用于加工内容较少的零件，加工完成后就能达到待检状态。

②　按所用刀具划分　以同一把刀具加工的那一部分工艺过程为一道工序。有些工件虽然能在一次安装中加工出很多待加工表面，但考虑到程序太长，会受到某些限制，如控制系统的限制（主要是内存容量）、机床连续工作时间的限制（如一道工序在一个工作班内不能结束）等。此外，程序太长会增加出错可能性与检索的困难。因此程序不能太长，一道工序的内容不能太多。

③　按粗、精加工划分　以粗加工中完成的那一部分工艺过程为一道工序，精加工中完成的那一部分工艺过程为一道工序。此时，可用不同机床或不同刀具顺次同步进行加工。对于加工后易发

生变形的工件（如毛坯为铸件、焊接件或锻件），为减小变形，其粗、精加工的工序要分开。

④ 按加工部位划分　以完成相同型面的那一部分工艺过程为一道工序，对于加工表面多而复杂的零件（如内腔、外形、曲面或平面），可按其结构特点将加工部位划分成多道工序，并将每一部分的加工作为一道工序。

3）加工顺序安排　零件的加工工序通常包括切削加工工序、热处理工序和辅助工序。工序顺序安排直接影响零件的加工质量、生产效率和加工成本。切削加工时应按以下原则安排工序顺序。

① 基面先行原则　用作精基准的表面要先加工，因为定位基准表面越精确，装夹误差就越小。例如，轴类零件顶尖孔的加工。

② 先粗后精原则　零件各表面的加工顺序按照先粗加工，再半精加工，最后精加工和光整加工的顺序依次进行，逐步提高表面的加工精度和减小表面粗糙度值。

③ 先主后次原则　零件的装配基面和主要工作表面应先加工，次要表面可穿插加工。由于次要表面加工工作量小，且又常与主要表面有位置精度要求，所以一般在主要表面半精加工之后、精加工之前进行。

④ 先面后孔原则　对于箱体、支架、底座等零件，应先加工用作定位的平面和孔的端面，再加工孔和其他尺寸。这样可使工件定位夹紧可靠，有利于保证孔与平面的位置精度，减小刀具的磨损，特别是钻孔，孔的轴线不易偏斜。

2. 孔加工特点

1）孔加工刀具多为定尺寸刀具，在加工过程中，刀具磨损造成刀具形状和尺寸发生变化，直接影响被加工孔的精度。

2）由于受被加工孔直径大小限制，加工孔的切削速度很难提高，从而影响了加工效率和加工表面质量。

3）孔加工刀具结构受被加工孔直径和长度限制，刚性较差。加工时，由于进给力的影响，容易产生弯曲变形和振动。孔的长径比（孔深度与直径之比）越大，刀具刚性对加工精度的影响就越大。

4）加工孔时，刀具一般在半封闭的空间工作，切屑排除困难；切削液难以进入加工区域，散热条件不好；切削区热量相对集中，温度较高，影响刀具的寿命和加工质量。

所以，孔加工必须解决上述特点中带来的冷却问题、排屑问题、刚性导向问题和切削速度问题。

3. 孔加工刀具

从实体材料上加工孔的刀具，有中心钻和麻花钻、扩孔钻、锪孔钻、铰刀等；对已有孔加工的刀具，有镗刀、丝锥等。

（1）麻花钻　根据结构形式与用途，钻头有平钻、直槽钻、麻花钻、群钻、扩孔钻、深孔钻、中心钻等。生产中使用最普遍的是麻花钻。

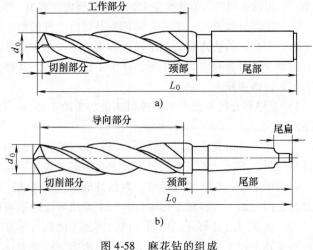

图 4-58　麻花钻的组成
a）直柄　b）锥柄

1）麻花钻的组成　如图 4-58 所示，麻花钻由切削部分、导向部分、颈部以及柄部组成。

① 切削部分　它担负主要的切削工作，由两螺旋槽表面和端部经刃磨后的两锥面形成。

② 导向部分　它由两个螺旋形的刃瓣组成。切削时，螺旋槽用以容屑、排屑以及注入切削液，圆柱表面上凸起的螺旋线棱带与工件孔壁接触，用以定心导向以及减少钻头与孔壁的摩擦。导向部分也是钻头磨损后刃磨的储备部分。标准麻花钻的导向部分有很小的倒锥量，以形成副偏角。

③ 颈部　它是介于导向部分和柄部之间的连接部分，用于磨削柄部时砂轮退刀和打印标记。

④ 柄部　它是钻头的夹持部分，用以传递转矩。根据钻头直径大小，它分为直柄和锥柄两种。一般直径较小时为圆柱直柄，直径较大时为莫氏圆锥柄。锥柄后端有扁尾，便于用楔铁将钻头从钻套锥孔内取出。

2) 喷吸钻　喷吸钻是一种效率高、加工质量好的新型内排屑深孔钻头，如图4-59所示。它适用于加工深径比不超过100、直径一般为 $\phi 65 \sim \phi 180mm$ 的深孔，孔的尺寸公差等级可达 IT10 ~IT7，孔的表面粗糙度值可达 $Ra3.2 \sim 0.8\mu m$，孔的直线度为 0.1mm/1000mm。钻削大直径孔时，还可采用刚性较好的硬质合金扁钻。

（2）扩孔钻　扩孔多采用扩孔钻，也有用立铣刀或镗刀扩孔的。扩孔钻可用来扩大孔径，提高孔加工精度。它可用于孔的半精加工或最终加工。用扩孔钻扩孔尺寸公差等级可达 IT11 ~ IT10，表面粗糙度值可达 $Ra6.3 \sim 3.2\mu m$。扩孔钻和麻花钻相似，但齿数较多，一般为 3 ~4 个齿。扩孔钻加工余量小，主切削刃较短，无需延伸到中心，无横刃，加之齿数较多，所以导向性好，切削过程平稳。另外，扩孔钻容屑槽浅，刀体的强度和刚性好，可选择较大的切削用量。总之，扩孔钻的加工质量和效率均比麻花钻高。

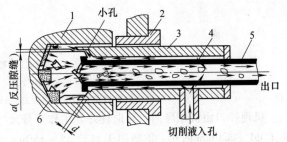

图 4-59　喷吸钻工作原理

1—工件　2—钻套　3—外套　4—喷嘴　5—内管　6—钻头

如图 4-60 所示，扩孔钻按切削部分的材料分为高速钢扩孔钻和硬质合金扩孔钻两种。当扩孔直径在 $\phi 20 \sim \phi 60mm$ 之间，且机床刚性好、功率大时，可选用硬质合金机夹可转位式扩孔钻。这种扩孔钻的两个可转位刀片位于同一外圆直径上，且可作微量调整。

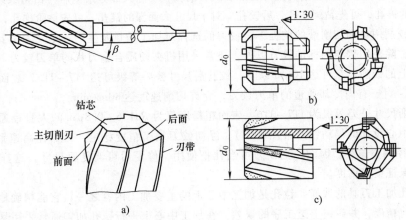

图 4-60　扩孔钻

（3）铰刀　铰刀可用于中、小尺寸孔的精加工，也可用于磨孔或研孔前的预加工。铰孔的尺寸公差等级可达 IT9～IT7，表面粗糙值可达 $Ra1.6～0.4\mu m$。铰刀的种类较多，主要分机用铰刀和手用铰刀两大类，如图 4-61 所示。

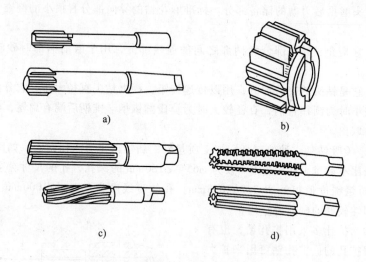

图 4-61　铰刀
a）机用直柄和锥柄铰刀　b）机用套式铰刀
c）手用直槽与螺旋槽铰刀　d）锥孔粗铰刀和精铰刀

机用铰刀由机床导向，导向性好，工作部分尺寸短。机用铰刀有直柄和锥柄之分，直柄用于加工 $\phi1～\phi20mm$ 的孔。锥柄用于加工 $\phi5～\phi50mm$ 的孔。加工 $\phi25～\phi100mm$ 的孔时，为节省刀具材料，可采用套式机用铰刀。机用铰刀除直槽式外，还有螺旋槽式。若加工有键槽类的轴向直槽孔时，必须采用螺旋槽式铰刀。机用铰刀切削部分的材料用高速钢制作，也可以镶硬质合金刀片。

手用铰刀的柄部为圆柱形，端部制成方头，以便使用扳手。手用铰刀用于加工 $\phi1～\phi50mm$ 的孔，铰刀有直槽式和螺旋槽式两种形式，多由碳素工具钢制成。

锥度铰刀用在圆柱孔上铰锥孔。由于锥孔铰削余量大，同规格的锥度铰刀又分粗铰刀和精铰刀，即两把一套。粗铰刀的切削刃上开有螺旋式分屑槽，切除大部分余量后再由精铰刀加工。对于尺寸小而浅的锥孔，可先钻圆柱孔，后铰孔。对于尺寸大而深的锥孔，可先钻阶梯孔，后铰孔。

在选择铰削用量和切削液的前提下，铰刀的选择对加工质量及生产效率尤为重要。在加工中心上铰孔时，除使用普通的标准铰刀以外，还常采用机夹硬质合金刀片的单刃铰刀。这种铰刀寿命长，半径上的铰削余量可达 $10\mu m$ 以下，铰孔后尺寸公差等级可达 IT7～IT5，表面粗糙度值可达 $Ra0.7\mu m$。对于有内冷却通道的单刃铰刀，允许切削速度达 80m/min。

对于铰削尺寸公差等级为 IT7～IT6、表面粗糙度值为 $Ra1.6～0.8\mu m$ 的大直径通孔时，可选用专为加工中心设计的浮动铰刀（图 4-62）。浮动铰刀加工精度稳定，寿命比高速钢铰刀高 8～10 倍，且直径调整连续。因而一把铰刀可当几把使用，修复后可调复原尺寸，这样既节省刀具材料，又可保证铰刀精度。

（4）镗孔加工刀具的选择　镗孔是加工中心上的主要加工内容之一，它能精确地保证孔系尺寸精度和几何精度，并纠正上道工序的误差。在加工中心上进行镗孔加工通常采用悬臂方式，因此要求镗刀要有足够的刚性和较好的精度。图 4-63 所示为微调镗刀的结构。

镗孔加工尺寸公差等级一般可达 IT7～IT6，表面粗糙度值可达 $Ra6.3～0.8\mu m$。为适应不同

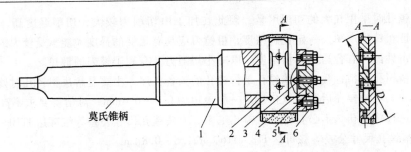

莫氏锥柄

图 4-62　浮动铰刀

1—刀杆体　2—浮动铰刀体　3—圆锥端螺钉　4—螺母　5—定位滑块　6—螺钉

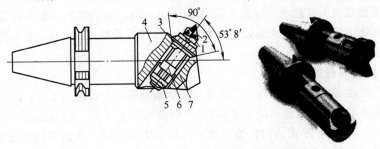

图 4-63　微调镗刀的结构

1—刀体　2—刀片　3—调整螺母　4—刀杆　5—螺母　6—拉紧螺钉　7—导向键

的切削条件，镗刀有多种类型。按镗刀的切削刃数量可分为单刃镗刀和双刃镗刀。

单刃镗刀大多制成可调结构，图 4-64 所示分别是用于镗削通孔、阶梯孔和不通孔的单刃镗刀。单刃镗刀刚性差，切削时易引起振动，所以镗刀的主偏角选得较大，以减少径向力。单刃镗刀是通过调整刀具的悬伸长度来保证加工尺寸的，调整麻烦，效率低，只能用于单件小批生产。但单刃镗刀结构简单，适应性较广，粗、精加工都适用，因而应用广泛。

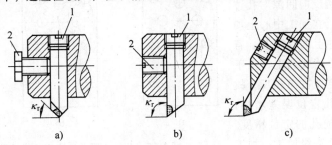

a)　　　　　　　　b)　　　　　　　　c)

图 4-64　单刃镗刀

a) 通孔镗刀　b) 阶梯孔镗刀　c) 不通孔镗刀

1—调节螺钉　2—紧固螺钉

4. 孔加工方法及切削用量

镗孔是对已锻出、铸出或钻出孔进一步加工的方法。镗孔可对已有孔径再扩大，进一步提高孔的精度、表面粗糙度，同时校正原有孔轴线偏斜，具有修正几何误差的能力。镗孔可分为粗镗孔、半精镗孔和精镗孔。

(1) 粗镗孔　粗镗孔是镗削加工的重要工艺过程，它是对工件毛坯上预铸、锻孔或钻、扩后的孔进行预加工的一个过程，为下一步半精镗、精镗加工奠定基础。通过粗镗孔能及时发现毛坯孔的缺陷，如裂纹、夹砂、砂眼等。粗镗孔尺寸公差等级可达 IT13 ~ IT11，Ra50 ~ 12.5μm。粗镗孔后为半精镗孔和精镗孔所留余量一般单边留 2 ~ 3mm。

由于粗镗孔时采用较大的切削用量，因此在加工中切削力较大，切削温度高，刀具磨损严重。为了保证粗镗生产率及一定镗削精度，粗镗刀应具有足够的强度，能承受较大的切削力，有良好的抗冲击性能，有合适的几何角度，以减小切削力及有利于镗刀的散热。

（2）半精镗孔和精镗孔　半精镗孔是精镗孔的预备工序，主要是解决粗镗孔时残留下来的余量不均匀问题。半精镗孔后留精镗孔余量一般单边为 $0.3 \sim 0.4mm$，对精度要求不高的孔，粗镗孔后可直接进行精镗孔，不必安排半精镗孔工序。半精镗孔尺寸公差等级可达 IT10 ~ IT9，$Ra6.3 \sim 3.2\mu m$，精镗孔尺寸公差等级可达 IT8 ~ IT6，$Ra1.6 \sim 0.8\mu m$。

在镗孔时，精镗孔是在粗镗孔和半精镗孔之后，以较高切削速度和较小进给速度去切除粗镗孔或半精镗孔后留下的较少余量，达到零件的加工要求。在镗削时，背吃刀量不宜过小，一般不低于 $0.1mm$；进给量也不宜过小，一般不低于 $0.03mm/min$。如果背吃刀量和进给量太小，镗刀头切削部分不是处于切削状态，而是处于摩擦状态，这样容易使刀头磨损，从而使镗削后孔的尺寸精度和表面粗糙度达不到加工要求。

5. 孔加工进给路线的安排

孔加工时，在加工平面内首先将刀具快速定位运动到孔中心位置的上方，然后沿孔深方向运动进行加工。孔加工进给路线包括加工（X-Y）平面内和孔深（Z）方向进给路线。

（1）确定加工（X-Y）平面内的进给路线　孔加工刀具在 X-Y 平面内的运动属于点位运动，确定进给路线时，主要考虑以下问题。

1）定位迅速　安排进给路线时应在刀具不与工件、夹具和机床碰撞的前提下，空行程时间尽可能短。例如，加工图 4-65a 所示零件，进给路线 I（图 4-65b）比进给路线 II（图 4-65c）节省定位时间近一半。这是因为在点位进行情况下，刀具由一点运动到另一点时，通常是沿 X、Y 轴各自移动距离不同时，短移动距离方向的运动先停，待长移动距离方向的运动停止后刀具才达到目标位量。进给路线 I 使沿两轴方向的移动距离接近，所以定位过程迅速。

2）定位准确　安排进给路线时，要避免机械进给机构反向间隙对孔位精度的影响。例如，在加工中心上加工图 4-66a 所示零件上的 4 个孔，若按图 4-66b 所示进给路线加工，由于孔 4 与孔 1、2、3 定位方向相反，故 Y 向反向间隙会使孔定位误差增加，从而影响孔 4 与其他孔的定位精度。按图 4-66c 所示进给路线加工，加工完孔 3 后将刀具抬起后向上多移动一

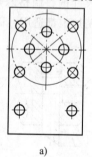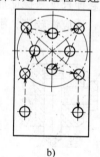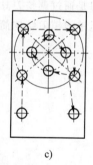

图 4-65　X-Y 平面内迅速定位进给路线的安排

a）加工零件　b）进给路线 I　c）进给路线 II

段距离至 P 点，然后再返回来定位孔 4 进行加工，这样就使孔 4 与孔 1、2、3 方向一致，即可避免进给机构反向间隙的引入，提高了孔 4 的定位精度。

定位迅速和准确定位有时两者难以同时满足，在上述两例中，图 4-66b 所示是按最短路线进给，但不是从同一方向接近目标孔位置，影响了刀具定位精度；图 4-66c 所示是从同一方向接近目标孔位置，但不是最短路线，增加了刀具的空行程。这时应注意主要矛盾，若按最短路线进给，能保证定位精度，则取最短路线；反之，应取能保证定位精度的路线。

（2）确定孔深（Z 向）方向的进给路线　刀具在 Z 方向的进给路线分为快速移动进给路线和工作进给路线。刀具先从初始平面快速运动到距工件加工表面一定距离的 R 平面，然后按工作进给速度加工。图 4-67a 所示为加工单个孔时刀具的进给路线。对于多个孔的加工，为减少刀

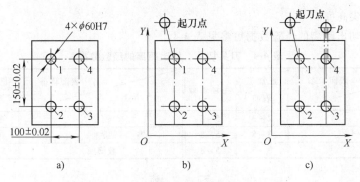

图 4-66　*X-Y* 平面内准确定位进给路线安排

a) 加工零件　b) 进给路线 I　c) 进给路线 II

具的空行程进给时间，加工中间孔时，刀具不必退回到初始平面，只要退回到 *R* 平面上即可，其进给路线如图 4-67b 所示。

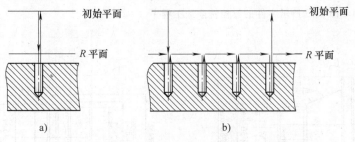

图 4-67　*Z* 方向进给路线

a) 单孔加工　b) 多孔加工

在进行钻孔加工时，其工作进给路线包括加工不通孔和通孔两种，如图 4-68 所示。

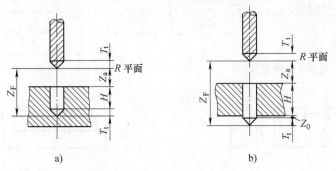

图 4-68　刀具 *Z* 方向深度进给路线

a) 不通孔　b) 通孔

加工不通孔时，工作进给距离为

$$Z_F = Z_a + H + T_t \tag{4-4}$$

加工通孔时，工作进给距离为

$$Z_F = Z_a + H + T_t + Z_0 \tag{4-5}$$

式中　Z_F——工作进给距离；

　　　Z_a——刀具切入距离；

　　　Z_0——刀具切出距离；

　　　H——被加工孔深度；

T_t——钻尖高度。

刀具切入、切出距离的经验数据可参见表 4-4。

表 4-4　刀具切入、切出距离的经验数据

加工方式　　表面状态	已加工表面	毛坯表面	加工方式　　表面状态	已加工表面	毛坯表面
钻孔	2 ~ 3	5 ~ 8	铰孔	3 ~ 5	5 ~ 8
扩孔	3 ~ 5	5 ~ 8	铣削	3 ~ 5	5 ~ 10
镗孔	3 ~ 5	5 ~ 8	攻螺纹	5 ~ 10	5 ~ 10

习　题

1. 数控加工工艺分析的主要内容是什么？数控加工中为什么要进行工艺分析？
2. 精加工中，怎样合理选择切削用量？
3. 编写图 4-69 和图 4-70 所示零件的数控车削加工程序。
4. 编写图 4-71 ~ 图 4-73 所示零件的数控铣削加工程序。

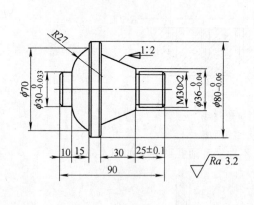

图 4-69　习题 3 零件图（一）

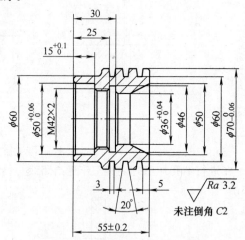

图 4-70　习题 3 零件图（二）

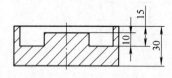

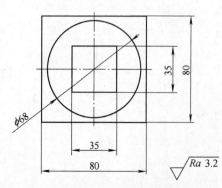

图 4-71　习题 4 零件图（一）

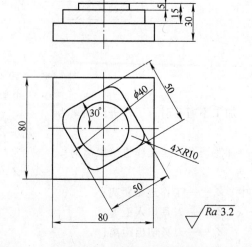

图 4-72　习题 4 零件图（二）

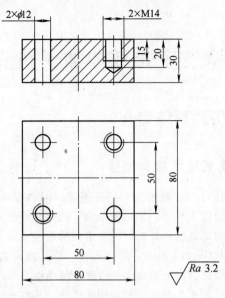

图 4-73　习题 4 零件图（三）

第5章　宇龙数控加工仿真系统

5.1　宇龙数控加工仿真系统简介

5.1.1　"数控加工仿真系统"软件概述

上海宇龙软件工程有限公司的"数控加工仿真系统"软件是一个将虚拟现实技术应用于数控加工操作技能培训和考核的仿真软件。该软件是为了满足企业数控加工仿真和教育机构对数控技术教学的需要而研制开发的。该软件针对国内外常用的数控系统,可以实现对数控车、数控铣和加工中心的全过程仿真,其中包括毛坯定义与夹具、刀具的定义与选用,零件基准测量和设置,数控程序输入、编辑和调试,加工仿真以及错误检测功能。

该仿真软件具有较高的可靠性、安全性和数据完整性,具有易学、易用、易操作、易维护等特点,目前已经成为较成熟的数控仿真软件。

5.1.2　"数控加工仿真系统"软件安装方法

"数控加工仿真系统"软件的安装可以分为两部分:教师机的安装和学生机的安装。由于加密锁安装在教师机上,这里就只介绍教师机的安装方法。

1. 安装

1)运行安装程序所在目录下的可执行文件"setup. exe",即可进入数控加工仿真系统的安装。

2)安装程序启动以后,即进入安装程序的欢迎界面。

3)根据安装向导提示进行,进入安装类型选择界面,此时选择"教师机"。选择安装类型后,按提示依次进行,直至完成安装。

2. 启动

如图5-1所示,打开"开始"菜单,在"所有程序/数控加工仿真系统"中选择"数控加工

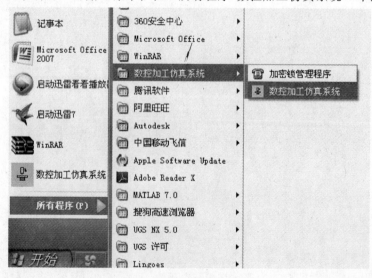

图5-1　打开数控仿真软件

仿真系统"，系统弹出"登录"界面，如图 5-2 所示。单击"快速登录"即可进入"数控加工仿真系统"。

图 5-2　数控仿真软件登录界面

3. 软件工作界面

进入数控加工仿真系统以后，屏幕上出现如图 5-3 所示的软件工作界面。该界面主要包括：主菜单、工具栏、机床显示区、数控机床面板、状态栏等。

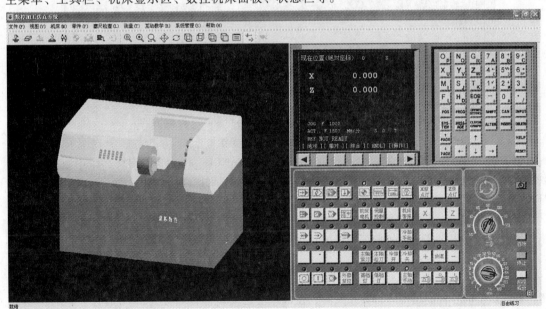

图 5-3　软件工作界面

（1）主菜单　主菜单具有 Windows 视窗特性，是软件操作的命令集合，每个主菜单下都有下拉子菜单。

（2）工具栏　工具栏由一系列图标按钮构成，每个图标按钮都形象地表示了主菜单中的一个命令。

（3）机床显示区　机床显示区主要显示机床实体，能够形象逼真地显示出加工状况。

（4）数控机床面板　数控机床面板显示操作时所应用的功能按钮，不同的数控系统、不同的厂家，其机床的操作面板也不相同。

5.2　数控机床仿真基本操作

1. 选择机床

打开菜单"机床/选择机床…"或者单击工具栏上的小图标 ，弹出如图 5-4 所示的"选择机床"对话框，选择相应的控制系统、机床类型、厂家及型号，然后单击"确定"按钮。

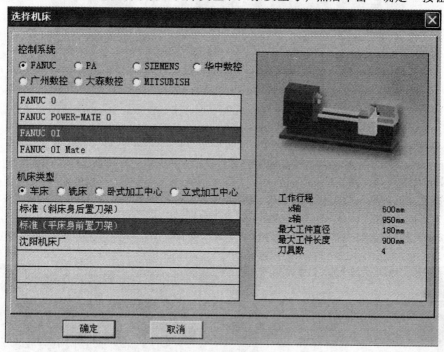

图 5-4　"选择机床"对话框

（1）控制系统　仿真软件可供选择的数控系统有 FANUC、PA、SIEMENS、华中数控、广州数控、大森数控、MITSUBISH 等。每种系统下面还可以选择其具体系列，图 5-4 所示为选择了"FANUC"系统下的标准车床。

（2）机床类型　仿真软件可以仿真数控车床、数控铣床、卧式加工中心、立式加工中心，并且每种机床还提供了多家机床厂的机床操作面板。

2. 项目文件

打开"文件"菜单，可以对所进行的加工操作进行管理。项目文件的内容包括：机床、毛坯、经过加工的零件、选用的刀具和夹具、在机床上的安装位置和方式、NC 程序、输入的参数（如工件坐标系、刀具长度和半径补偿数据）等。

（1）新建项目文件　打开"文件"菜单，选择"新建项目"后，就建立了一个新的项目，并且回到重新选择机床后的状态。

（2）打开项目文件　打开选中的项目文件，在文件夹中选中并打开扩展名为".MAC"的文件。

（3）保存项目文件　打开菜单"文件/保存项目"，弹出"选择保存类型"对话框，如图 5-5 和图 5-6 所示。选择需要保存的内容，单击"确认"按钮。

如果保存一个新的项目或者需要以新的项目名保存，应选择"另存项目"，当内容选择完毕时，还需要输入项目名。

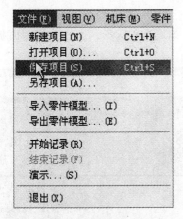

图 5-5　"文件"菜单

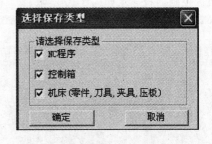

图 5-6　"选择保存类型"对话框

保存项目时，系统会自动以用户给予的文件名建立一个文件夹，项目内容都放在该文件夹中。

（4）零件模型　如果想对加工过的零件进行操作，可以选择"文件/导出零件模型"，零件模型文件以".PRT"为扩展名。

1）导入零件模型。机床在加工零件时，除了可以使用完整的毛坯，还可以对经过部分加工的毛坯进行再加工。经过部分加工的毛坯称为零件模型，可以通过导入零件模型的功能调用零件模型。

打开菜单"文件/导入零件模型"，系统将弹出"打开"对话框，在此对话框中选择并打开所需的扩展名为".PRT"的零件文件，则选中的零件模型被放置在工作台面上。

2）导出零件模型。导出零件模型相当于保存零件模型，利用这个功能，可以把经过部分加工的零件作为成形毛坯予以存放。打开菜单"文件/导出零件模型"，系统弹出"另存为"对话框，在该对话框中输入文件名，单击"保存"按钮，此零件模型即被保存，可在以后放置零件时调用。

3. 视图设置

将光标置于机床显示区时，单击鼠标右键，弹出浮动菜单，如图 5-7 所示，或者打开"视图"菜单，如图 5-8 所示，可以进行相应的操作。

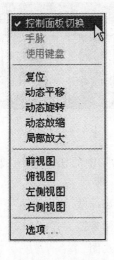

图 5-7　浮动菜单

图 5-8　视图菜单

（1）控制面板切换　在视图菜单或者浮动菜单中选择"控制面板切换"，或者在工具栏中单击 图标，即可完成控制面板切换。

未选择"控制面板切换"时，机床控制面板隐藏，如图5-9所示；选择"控制面板切换"后，机床控制面板显示如图5-10所示。

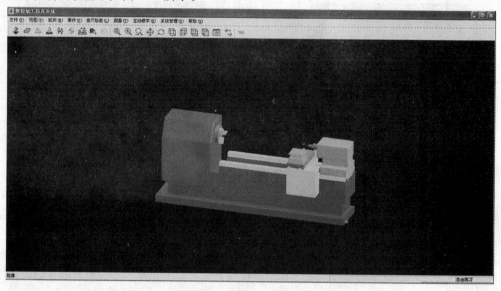

图5-9　机床控制面板隐藏

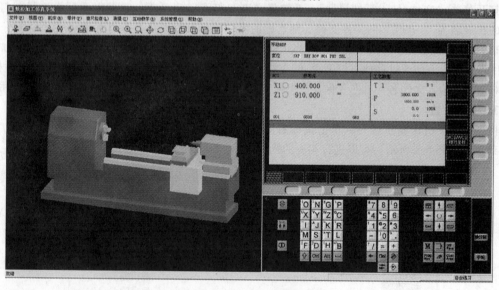

图5-10　机床控制面板显示

（2）视图变换　在工具栏中单击 Q Q Q ⊕ C ⊡ ⊡ ⊞ ⊡ ▭ ↹ 中的任意一个图标，即可进行视图变换，它们分别对应于视图菜单的下拉菜单中的各个指令，即

Q——复位　　　　　Q——局部放大　　　　Q——动态缩放

⊕——动态平移　　　C——动态旋转　　　　⊡——左侧视图

⊡——右侧视图　　　⊞——俯视图　　　　　⊡——前视图

▭——选项　　　　　↹——控制面板切换

在操作机床的过程中，通过不同的视图命令，可以从不同的角度和方向对机床进行观察操作。

在"视图"菜单中选择"触摸屏工具"，会弹出相应的工具条，如图 5-11 所示，单击"打开工具箱"，则弹出"触摸屏工具箱"工具栏，如图 5-12 所示。此工具箱内的功能和视图工具条的功能相同。

图 5-11　"触摸屏工具"工具条

（3）"选项"对话框　在"视图"下拉菜单或浮动菜单中选择"选项..."，或者在工具栏中单击▤图标，在弹出的"视图选项"对话框中进行相应设置，如图 5-13 所示。

图 5-12　"触摸屏工具箱"工具栏

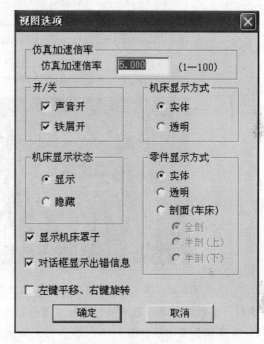

图 5-13　"视图选项"对话框

"仿真加速倍率"标签中的速度值可以调节仿真速度，有效值范围为 1 ~ 100。

"零件显示方式"标签中的透明方式可方便观察加工状态、车床和剖面处理。

"开/关"标签中可以设置声音的开关和切屑（软件称为铁屑）的显示状况。

如果选中"对话框显示错信息"复选框，则出错信息提示将出现在对话框中；否则，出错信息将出现在屏幕的右下角。

5.3　数控机床仿真环境构建及刀具轨迹仿真

5.3.1　数控车床控制面板

单击菜单"机床/选择机床..."，弹出"选择机床"对话框（见图 5-14）。选择控制系统"FANUC 0i"和"车床"，车床类型选择"标准（车床身前置刀架）"，单击"确定"按钮，系统即可切换到车床仿真加工对话框，如图 5-15 所示。

数控车床的控制面板主要包括 MDI 键盘和机床操作面板两部分。其中，MDI 键盘主要用于

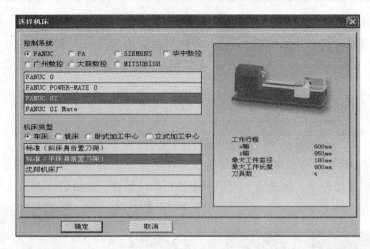

图 5-14　选择车床类型

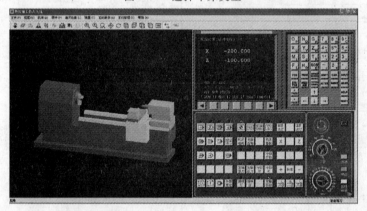

图 5-15　宇龙数控仿真系统 FANUC 0i 车床 "数控加工仿真系统" 对话框

程序编辑、参数设置等；机床操作面板主要是对机床进行控制和调整。上海宇龙软件公司提供的 FANUC 0i 车床标准面板如图 5-16 所示。右上半部分是 MDI 键盘，下半部分是机床操作面板。

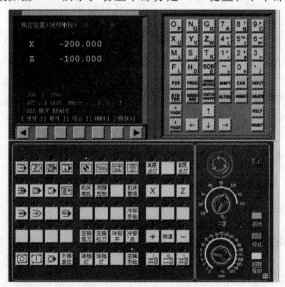

图 5-16　FANUC 0i 车床标准面板

5.3.2　数控车床基本操作

1. 开机

1）单击启动按钮，此时机床电动机和伺服控制的指示灯变亮。

2）检查急停按钮是否松开，若未松开，单击急停按钮，将其松开。

2. 回参考点

1）检查操作面板上回原点指示灯是否亮⊙，若指示灯亮，则已进入回原点模式；若指示灯不亮，则单击回原点按钮⊙，转入回原点模式。

2）在回原点模式下，先将 X 轴回原点，单击操作面板上的 X 轴选择按钮 X，使 X 轴方向移动指示灯变亮，单击正方向移动按钮 +，此时 X 轴将回原点，X 轴回原点灯点亮。同样，单击 Z 轴选择按钮 Z，使指示灯变亮，单击移动按钮 +，Z 轴将回到原点，Z 轴回原点灯变亮。

3. 机床位置对话框

单击 POS 键，进入坐标位置对话框，单击菜单软键【相对】、【绝对】和【综合】，弹出相对坐标对话框、绝对坐标对话框和综合坐标对话框，如图 5-17 所示。

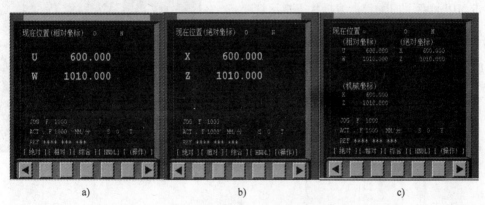

a)　　　　　　　　　b)　　　　　　　　　c)

图 5-17　坐标位置对话框

a）相对坐标对话框　b）绝对坐标对话框　c）综合坐标对话框

4. 程序管理

（1）导入数控程序　数控程序可以通过记事本或写字板等输入并保存为文本格式（. txt 格式）文件，也可通过 MDI 键盘输入。导入数控程序的步骤如下：

1）单击操作面板上的编辑键，编辑状态指示灯变亮，此时已进入编辑状态。单击 MDI 键盘上的 PROG，CRT 对话框转入编辑页面。

2）再按菜单软键【操作】，在弹出的下级子菜单中按软键▶，再按菜单软键【READ】，转入图 5-18 所示对话框。单击 MDI 键盘上的数字/字母键，输入"O ×"（×为任意不超过四位的数字），按软键【EXEC】。

图 5-18　数控系统导入程序对话框

3）单击菜单"机床/DNC 传送"，在弹出的"打开"对话框中（见图 5-19）选择所需要的 NC 程序，单击"打开"按钮，则数控程序被导入并显示在 CRT 对话框上。

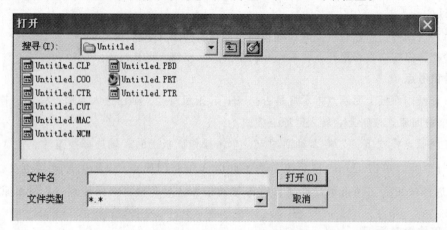

图 5-19 "打开"对话框

（2）显示数控程序目录 经过导入数控程序操作后，单击 MDI 键盘上的 PROG 键，编辑状态指示灯变亮，此时进入编辑状态，CRT 对话框转入编辑界面。按菜单软键【LIB】，经过 DNC 传送的数控程序名列表显示在 CRT 对话框上，如图 5-20 所示。

（3）选择一个数控程序 经过导入数控程序操作后，单击 MDI 键盘上的 PROG 键，CRT 对话框转入编辑页面。利用 MDI 键盘输入"O×"（×为数控程序目录中显示的程序号），按上下键搜索，搜索后"O×"显示在屏幕首行程序号位置，NC 程序将显示在屏幕上。

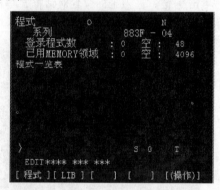

图 5-20 数控程序名列表

（4）删除一个数控程序 单击 MDI 键盘上的 PROG 键，编辑状态指示灯变亮，此时进入编辑状态。利用 MDI 键盘输入"O×"（×为要删除的数控程序在目录中显示的程序号），按删除键，程序即被删除。

（5）新建一个 NC 程序 单击 MDI 键盘上的 PROG 键，编辑状态指示灯变亮，此时已进入编辑状态。利用 MDI 键盘输入"O×"（×为程序号，但不能与已有的程序号重复），按重置键，CRT 对话框上将显示一个空程序，可以通过 MDI 键盘开始输入程序。输入一段代码后，按重置键后数据输入区域中的内容将显示在 CRT 对话框上，用 EOB 键结束一行的输入后换行。

（6）程序编辑 单击 MDI 键盘上的 PROG 键，编辑状态指示灯变亮，此时已进入编辑状态。选定一个数控程序后，此程序显示在 CRT 对话框上，可对数控程序进行编辑操作。

1）移动光标。按 PAGE 和 PAGE 键，用于翻页，按方位键移动光标。

2）插入字符。先将光标移到所需位置，单击 MDI 键盘上的数字/字母键，将代码输入到输入域中，按重置键，把输入域的内容插入到光标所在代码后面。

3）删除输入域中的数据。按 CAN 键用于删除输入域中的数据。

4）删除字符。先将光标移到所需删除字符的位置，按删除键，即可删除光标所在的代码。

5）查找。输入需要搜索的字母或代码，按上、下键开始在当前数控程序中光标所在位置后搜索。如果此数控程序中有所搜索的代码，则光标停留在找到的代码处；如果此数控程序中光标所在位置后没有所搜索的代码，则光标停留在原处。

6）替换。先将光标移到所需替换字符的位置，将替换的字符通过 MDI 键盘输入到输入域中，按更改键，把输入域中的内容替代光标所在处的代码。

（7）保存程序　编辑好程序后需要进行保存操作。单击 MDI 键盘上的 **PROG** 键，编辑状态指示灯变亮，此时已进入编辑状态。按菜单软键【操作】，在下级菜单中单击菜单软键【PUNCH】，在弹出的对话框中输入文件名，选择文件类型和保存路径，单击"保存"按钮。

（8）手动方式

1）手动连续方式。单击操作面板上的"手动"按钮，使其指示灯变亮，机床进入手动模式。分别单击 X 方向、Z 方向键，选择移动的坐标轴。然后分别单击加、减键，选择机床的移动方向。再单击主轴正转、主轴停止、主轴反转按钮控制主轴的转动和停止。如果在加工过程中刀具与工件发生非正常碰撞后，系统弹出警告对话框，同时主轴自动停止转动，调整到适当位置，继续加工时需要再次单击主轴正转、主轴停止、主轴反转按钮，使主轴重新转动。

2）手动脉冲方式。在手动/连续方式或在对刀需精确调节机床时，可用手动脉冲方式调节机床。单击操作面板上的"手动脉冲"按钮，使指示灯变亮。接着单击按钮 **H**，显示手轮。鼠标操作顺序为：鼠标对准"轴选择"按钮，单击左键或者右键，选择坐标轴；鼠标对准"手轮进给速度"按钮，单击左键或者右键，选择合适的脉冲当量；鼠标对准手轮，单击左键或者右键，精确控制机床的移动；再次单击主轴正转、主轴停止、主轴反转按钮控制主轴的转动和停止；最后单击 **H** 按钮，可隐藏手轮。

（9）自动加工方式

1）自动连续方式。

自动加工流程：检查机床是否回零，若未回零，先将机床回零。导入数控程序或自行编写一段程序。单击操作面板上的"自动运行"按钮，使其指示灯变亮；单击操作面板上的"循环启动"按钮，程序开始执行。

数控程序在运行过程中可根据需要暂停、急停和重新运行。

数控程序在运行时，按"进给保持"按钮，程序停止执行；再单击"循环启动"按钮，程序从暂停位置开始执行。

数控程序在运行时，按下"急停"按钮，数控程序中断运行，继续运行时，先将急停按钮松开；再按"循环启动"按钮，余下的数控程序从中断行开始作为一个独立的程序执行。

2）自动/单段方式。

检查机床是否回零，若未回零，先将机床回零，再导入数控程序或自行编写一段程序。单击操作面板上的"自动运行"按钮，使其指示灯变亮；单击操作面板上的"单节"按钮，然后单击操作面板上的"循环启动"按钮，程序开始执行。

自动/单段方式执行每一行程序均需单击一次"循环启动"按钮。单击"单节跳过"按钮，则程序运行时跳过符号"/"有效，该行成为注释行，不执行。程序自动运行时，可以通过"主轴倍率"旋钮和"进给倍率"旋钮来调节主轴旋转的速度和移动的速度。按重置键可将程序重置，程序自动状态运行停止。

（10）检查运行轨迹　NC 程序导入后，可检查运行轨迹。单击操作面板上的"自动运行"按钮，使其指示灯变亮，转入自动加工模式，单击 MDI 键盘上的程序键，单击数字/字母键，输入"O×"（×为所需要检查运行的轨迹程序号），按上、下键开始搜索，找到后程序显示在CRT 对话框上。单击 **CUSTOM GRAPH** 按钮，进入检查运行轨迹模式，单击操作面板上的"循环启动"按钮，即可观察数控程序的运行轨迹，此时可通过"视图"菜单中的动态平移、动态旋转、动态缩放、局部放大等方式对三维运行轨迹进行全方位的动态观察。

5.3.3 数控车刀的选择及安装

单击菜单"机床"→"选择刀具"，或者在工具条中选择单击"🔧"图标，系统弹出"刀具选择"对话框。系统允许数控车床同时安装 8 把刀具（后置刀架）或者 4 把刀具（前置刀架），相应对话框如图 5-21 和图 5-22 所示。

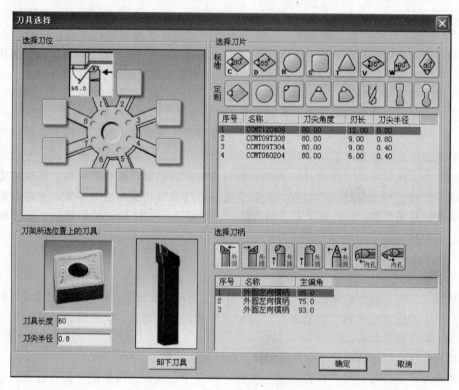

图 5-21　后置刀架车刀选择

1. 选择、安装车刀

1）在刀架图中单击所需安装的刀位。该刀位对应程序中的 T01～T08（T04）。

2）选择刀片类型。

3）在刀片列表框中选择刀片。

4）选择刀柄类型。

5）在刀柄列表框中选择刀柄。

2. 变更刀具长度和刀尖半径

车刀选择结束后，对话框的左下部位显示出刀架所选位置上的刀具。其中显示的"刀具长度"和"刀尖半径"均可以由操作者更改。

3. 拆除刀具

在刀架图中选择要拆除刀具的刀位，单击"卸下刀具"按钮。

4. 确认操作

单击"确认"按钮完成操作。

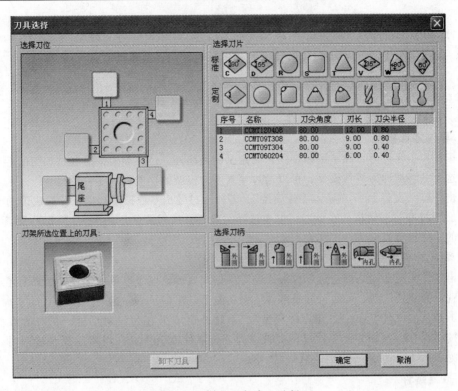

图 5-22　前置刀架车刀选择

5.3.4　数控车床工件定义和安装

1. 定义毛坯

单击菜单"零件"→"定义毛坯"，或者在工具条上选择"⊘"图标，系统弹出图 5-23 所示的"定义毛坯"对话框。

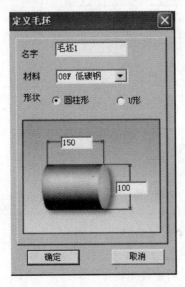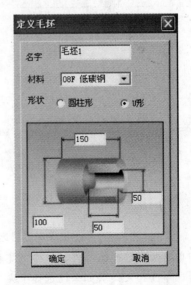

图 5-23　"定义毛坯"对话框

（1）名字输入　在毛坯"名字"文本框内输入毛坯名，也可以使用默认值。

（2）选择毛坯材料　毛坯材料列表框中提供了多种可供选择的毛坯材料，可根据需要在"材料"下拉列表中选择毛坯材料。

（3）选择毛坯形状　车床提供圆柱形毛坯和 U 形毛坯，可根据需要选择。

（4）参数输入　在尺寸文本框中输入毛坯尺寸，单位为 mm。

（5）保存退出　按"确定"按钮，保存定义的毛坯并且退出本操作。

（6）取消退出　按"取消"按钮，退出本操作。

2. 导入零件模型

机床在加工零件时，除了可以使用原始定义的毛坯外，还可以对部分经过加工的毛坯进行再加工，这个毛坯被称为零件模型，可以通过导入零件模型的功能调用零件模型。

单击菜单"文件"→"导入零件模型"，若已通过导出零件模型功能保存过成形的毛坯，则系统弹出"打开"对话框，在此对话框中选择并且打开所需要的后缀名为"PRT"的零件文件，则选中的零件模型被放置在工作台面上。

3. 导出零件模型

导出零件模型功能是把经过部分加工的零件作为成形毛坯予以单独保存。如果毛坯经过部分加工，就成为零件模型。可通过导出零件模型功能予以保存。

单击菜单"文件"→"导出零件模型"，系统弹出"另存为"对话框。在对话框中输入文件名，按"保存"按钮，此零件模型即被保存。该零件模型可以在以后需要时被调用。文件的后缀名为"PRT"，注意不要更改后缀名。

4. 放置零件

单击菜单"零件"→"放置零件"命令，或者在工具条上选择"⚒"图标，系统弹出"选择零件"对话框，如图 5-24 所示。

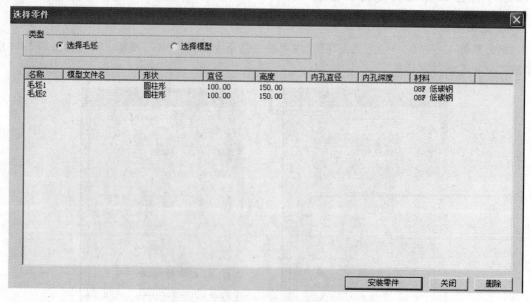

图 5-24　"选择零件"对话框

在列表中单击所要选择的零件，选中的零件信息加亮显示，按"安装零件"按钮，系统自动关闭对话框，零件和夹具（如果已选择了夹具）将被放到机床上。

如果进行过"导入零件模型"的操作，对话框的零件列表中会显示模型文件名；若在类型列表中选择"选择类型"，则可以选择导入零件模型文件。

5. 零件位置调整

零件可以在卡盘上移动。毛坯放在卡盘上，系统将
自动弹出一个小键盘，如图 5-25 所示。通过按动小键盘
上的方向按钮，实现零件的平移或零件旋转调头。小键
盘的"退出"按钮用于关闭小键盘。单击菜单"零件"
→"移动零件"，也可以打开小键盘。注意在执行其他操
作之前应关闭小键盘。

图 5-25　零件位置调整小键盘

5.3.5　数控车床对刀操作

1. G54 ~ G59 参数设置

在 MDI 键盘上单击 键，单击菜单软键【坐标系】进入坐标系参数设定对话框。输入"0
×"（01 表示 G54，02 表示 G55，以此类推），按菜单软键【NO 检索】，光标停留在选定的坐标
系参数设定区域，如图 5-26 所示。

也可以用方位键选择所需的坐标系和坐标轴。利用 MDI 键盘输入通过对刀所得到的工件坐
标原点在机床坐标系中的坐标值。如通过对刀得到的工件坐标原点在机床坐标系中的坐标值
（ – 400， – 202），则首先将光标移到 G54 坐标系 X 的位置，在 MDI 键盘上输入" – 400.00"，
按菜单软键【输入】或者按 键，参数输入到指定区域，按 键可逐个字符删除输入域中的字
符。单击 键，将光标移到 Z 的位置，输入" – 202.00"，按菜单软键【输入】或按 键，参数
输入到指定区域。此时 CRT 对话框如图 5-27 所示。

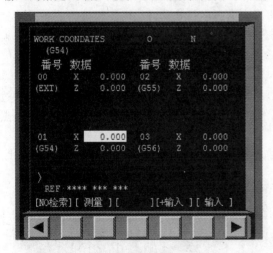

图 5-26　坐标系参数设定对话框

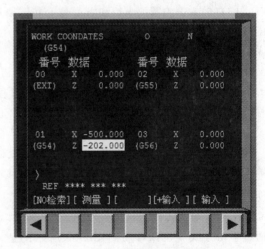

图 5-27　坐标系参数设定后对话框

2. 刀具补偿参数

车床的刀具补偿参数包括刀具的磨损量补偿参数和形状补偿参数，两者之和构成车刀偏置量
补偿参数。

（1）输入磨耗量补偿参数　刀具使用一段时间后会磨损，使产品尺寸产生误差，因此需要
对刀具设定磨损量补偿。其步骤如下：

1）在 MDI 键盘上单击 键，进入磨损量补偿参数对话框，如图 5-28 所示。

2）用上、下方位键选择所需的番号，并用左、右方位键确定所需补偿的值。

3）单击数字键，输入补偿值到输入域。

4）按菜单软键【输入】或者 INPUT 键，参数输入到指定区域；按 CAN 键逐字删除输入域中的字符。

（2）输入形状补偿参数　刀具形状补偿参数设置步骤如下：

1）在 MDI 键盘上单击 OFFSET SETTING 键，进入形状补偿参数设定对话框，如图5-29所示。

图5-28　磨损量补偿参数对话框　　　　　图5-29　形状补偿参数对话框

2）用上下方位键选择所需的番号，并用左右方位键确定所需补偿的值。

3）单击数字键，输入补偿值到输入域。

4）按菜单软键【输入】或 INPUT 键，参数输入到指定区域；按 CAN 键逐字删除输入域中的字符。

（3）输入刀尖圆弧半径和方位号　在需要用刀尖圆弧半径补偿时，需要设置刀尖圆弧半径 R 和刀尖方位号 T，分别把光标移到 R 和 T，按数字键输入半径或者方位号，按菜单软键【输入】完成操作。

3. 试切法设置 G54 ~ G59

编制数控程序采用工件坐标系，对刀的过程就是建立工件坐标系与机床坐标系之间关系的过程。下面具体说明车床对刀的方法，直接输入工件坐标系 G54 ~ G59。其中将工件右端面中心点设为工件坐标系原点。

（1）切削外圆　单击操作面板上的手动按钮，手动状态指示灯变亮，机床进入操作模式；单击操作面板上的 X 方向按钮，使 X 轴方向移动指示灯变亮，单击 + 或者 - 按钮，使机床在 X 轴方向移动；同样使机床在 Z 轴方向移动。通过手动方式将机床移动到图5-30所示的位置。

单击操作面板上的主轴正转或主轴反转按钮，使其指示灯变亮，主轴转动。再单击 Z 轴方向选择按钮，使 Z 轴方向指示灯变亮，单击 - 按钮，用所选刀具来试切工件外圆，如图5-31所示。然后按 + 按钮，X 轴方向保持不动，刀具退出。

测量切削位置的直径：单击操作面板上的主轴停止按钮，使主轴停止转动，单击菜单

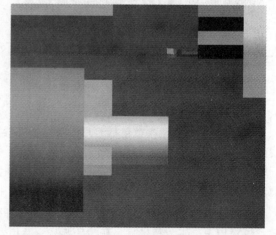

图5-30　试切外圆准备

"测量"→"剖面图测量…",弹出"车床工件测量"对话框,如图 5-32 所示。单击试切外圆时所切线段,选中的线段由红色变为黄色。记下下半部对话框中对应的 X 值,即直径。按下控制箱键盘上的 OFFSET/SETTING 键,把光标定位在需要设定的坐标系上,光标移到 X,输入直径值,按菜单软键【测量】。

（2）试切端面　单击操作面板上的主轴正转或者主轴反转按钮,使其指示灯变亮,主轴转动。将刀具移到图 5-33 所示的位置,单击控制面板上的 X 按钮,使 Xa 轴方向移动指示灯变亮,单击 — 按钮,切削工件端面,如图 5-34 所示。然后按 + 按钮,Z 轴方向保持不动,刀具退出。

单击操作面板上的主轴停止按钮,使主轴停止转动。把光标定位在需要设定的坐标系上。

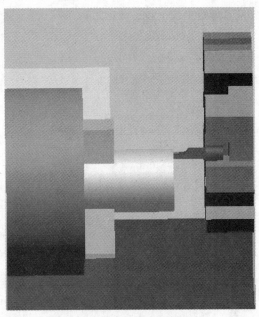

图 5-31　试切外圆

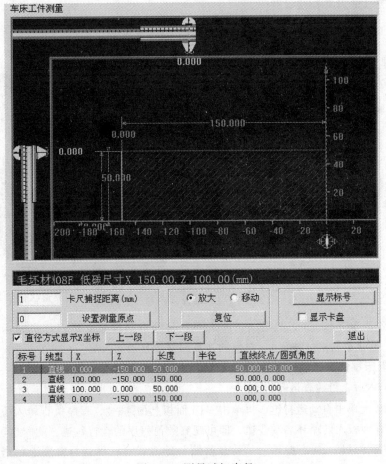

图 5-32　测量试切直径

在 MDI 键盘上按下需要设定的轴"Z"键，输入工件坐标系原点的距离。按菜单软键【测量】，自动计算出坐标值填入。

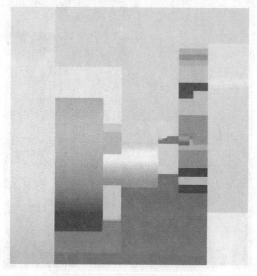

图 5-33　试切端面准备

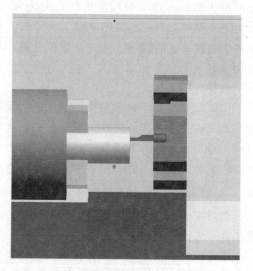

图 5-34　试切端面

4. 试切法设置刀具补偿参数

在数控车床操作中经常通过设置刀具偏移的方法对刀，如图 5-35 所示。在使用这个方法时不能使用 G54 ~ G59 设置工件坐标系。G54 ~ G59 的各个参数值均设为 0。

（1）切削外圆

1）用所选刀具试切工件外圆，单击"主轴停止"按钮，使主轴停止转动；单击菜单"测量"→"剖面图测量 ..."，得到试切后的工件直径，记为 α。

2）保持 X 轴方向不动，刀具退出。单击 MDI 键盘上的按键，进入形状补偿参数设定对话框，将光标移到与刀位号相对应的位置，输入 Xα，按菜单软键【测量】，对应的刀具偏移量自动输入。

（2）切削端面

1）试切工件端面，把端面在工件坐标系中的 Z 坐标值记为 β。

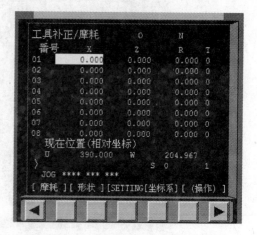

图 5-35　刀具形状补偿参数

2）保持 Z 轴方向不动，刀具退出。进入形状补偿参数设定对话框，将光标移到相应的位置，输入 Zβ，按菜单软键【测量】，对应的刀具偏移量自动输入。

5. 数控车床零件加工轨迹仿真检查

NC 程序输入后，可检查运行轨迹。

在控制面板上单击自动运行键，再单击 MDI 面板上的键，程序执行转入检查运行轨迹模式；再单击操作面板上的循环启动按钮，即可观察数控程序的运行轨迹。此时也可通过"视图"菜单中的"动态平移""动态旋转""动态放缩"等方式对三维运行轨迹进行全方位的动态观察。

5.3.6 数控铣床控制面板

单击菜单"机床/选择机床...",弹出"选择机床"对话框。在"选择机床"对话框中选择控制系统类型和相应的机床并按"确定"按钮,如图 5-36 所示。

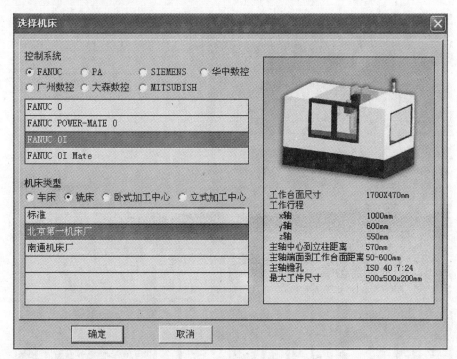

图 5-36 选择机床类型

图 5-36 中控制系统选择 FANUC 0i,机床类型选择铣床、北京第一机床厂,按"确定"按钮,系统即可切换到铣床仿真系统对话框,如图 5-37 所示。

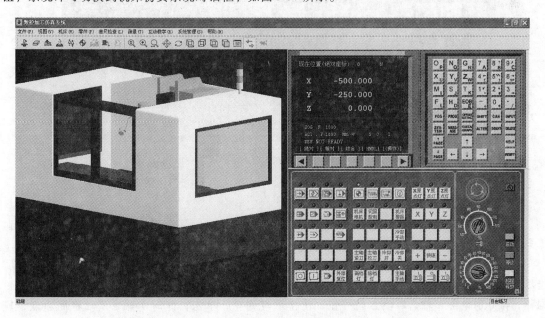

图 5-37 宇龙仿真系统 FANUC 0i 铣床仿真系统对话框

数控铣床及加工中心的操作面板主要包括 MDI 键盘和机床操作面板两部分。其中，MDI 键盘主要用于程序编辑、参数设置等；机床操作面板主要用于对机床进行控制和调整。上海宇龙软件公司提供的 FANUC 0i 铣床面板如图 5-38 所示。上半部分是 MDI 键盘，下半部分是机床操作面板。MDI 键盘上各个键的功能与数控车床一致。

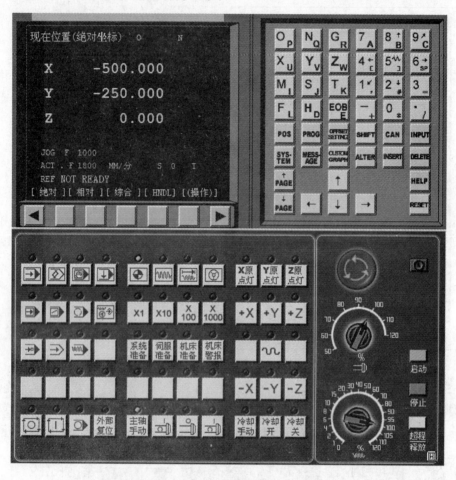

图 5-38　北京机床厂铣床标准面板

5.3.7　数控铣床基本操作

1. 开机

1）单击"启动"按钮，此时机床电动机和伺服控制的指示灯变亮。

2）检查急停按钮是否处于松开状态，若未松开，单击急停按钮，将其松开。

2. 回参考点

1）检查操作面板上的回原点指示灯是否亮，若指示灯亮，则已进入回原点模式；若指示灯不亮，则单击回原点按钮，转入回原点模式。

2）在回原点模式下，先将 X 轴回原点，单击操作面板上的 X 轴选择按钮，使 X 轴方向移动指示灯变亮，单击，此时 X 轴将回原点，X 轴回原点灯变亮，CRT 上的 X 坐标变为"0.000"。同样，再分别单击 X 轴、Z 轴方向按钮，使指示灯变亮，单击，此时 Y 轴、Z 轴将回原点，Y 轴、Z 轴回原点灯变亮。

3. 机床位置对话框

单击 MDI 键盘上的 POS 键，系统进入坐标位置对话框。单击菜单软键【绝对】、【相对】、【综合】，弹出相应绝对坐标对话框、相对坐标对话框和综合坐标对话框，如图 5-39 所示。

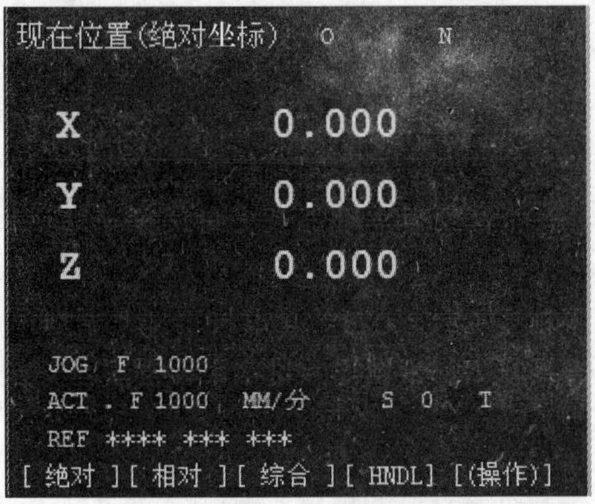

a)

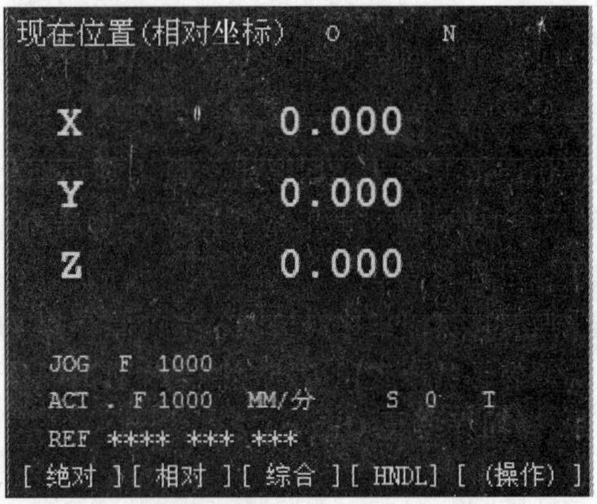

b)

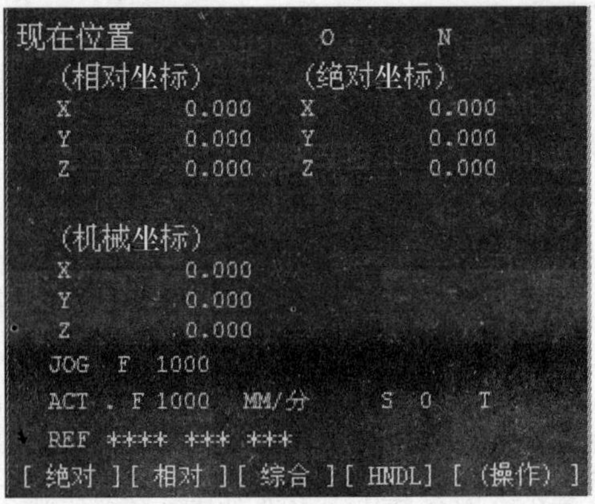

c)

图 5-39　坐标位置对话框

a) 绝对坐标对话框　b) 相对坐标对话框　c) 综合坐标对话框

4. 程序管理

FANUC 0i 铣床程序管理与数控车床相同，请参考数控车床相应内容。

5. 手动方式

FANUC 0i 铣床手动方式与数控车床相同，请参考数控车床相应内容。

6. 自动加工方式

FANUC 0i 铣床自动加工方式与数控车床相同，请参考数控车床相应内容。

7. 检查运行轨迹

FANUC 0i 铣床检查运行轨迹与数控车床相同，请参考数控车床相应内容。

5.3.8　数控铣刀选择及安装

单击"菜单"→"选择刀具"，或者在工具条中选择" 🔩 "图标，系统弹出"选择铣刀"对话框，如图 5-40 所示。

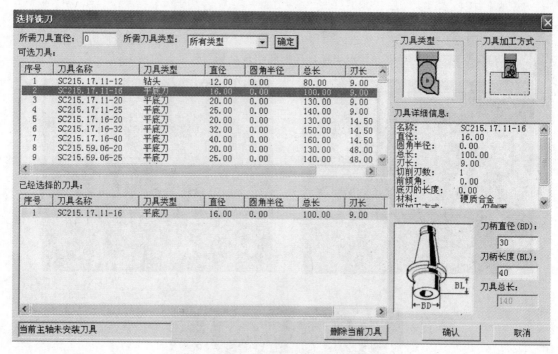

图 5-40　"选择铣刀"对话框

1. 选择刀具

根据直径和类型选择合适的刀具。

1）在"所需刀具直径"文本框中输入直径，如果不把直径作为筛选条件，请输入数字"0"。

2）在"所需刀具类型"选择列表中选择刀具类型。可供选择的刀具类型有平底刀、球头刀、平底带 R 的刀、钻头、镗刀等。

3）按"确定"按钮，符合条件的刀具在"可选刀具"列表中显示。

2. 指定刀位号

"选择铣刀"对话框下半部分的序号是刀库的刀位号。对于铣床，对话框中只有 1 号刀位可以使用。卧式加工中心允许同时选择 20 把刀具；立式加工中心允许同时选择 24 把刀具。用鼠标单击"已经选择的刀具"列表中的序号指定刀位号。

3. 选择需要的刀具

指定刀位号后，再用鼠标单击"可选刀具"列表中的所需刀具，选中的刀具对应显示在"已经选择的刀具"列表中选中的刀位号所在行。

4. 输入刀柄参数

操作者可以按照需要输入合适的刀柄参数。参数有直径和长度两个。总长度是刀柄长度与刀具长度之和。

5. 删除当前刀具

单击"删除当前刀具"按钮可删除此时"已选择的刀具"列表中光标所在行的刀具。

6. 确认选刀

选择完全部刀具，按"确认"按钮完成选刀操作；或者按"取消"按钮退出选刀操作。

铣刀的刀具自动装在主轴上。加工中心的刀具在刀库中，如果在选择刀具的操作中同时要指定某把刀安装到主轴上，可以先用光标选中，然后单击"添加到主轴"按钮。

5.3.9　数控铣床工件定义和安装

1. 定义毛坯

单击菜单"零件"→"定义毛坯"，或者在工具条上选择"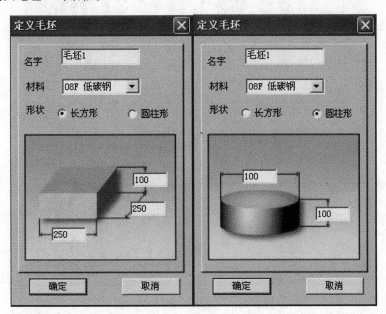"图标，系统自动弹出图 5-41 所示的"定义毛坯"对话框。

图 5-41　"定义毛坯"对话框

（1）名字输入　在毛坯"名字"文本框内输入毛坯名，也可使用默认值。

（2）选择毛坯材料　毛坯"材料"列表框中提供了多种供加工的毛坯材料，可根据需要在"材料"下拉菜单列表中选择毛坯材料。

（3）选择毛坯形状　铣床及加工中心提供长方形毛坯和圆柱形毛坯。

（4）参数输入　在尺寸输入框中输入需要的毛坯尺寸，单位为 mm。

（5）保存退出　单击"确定"按钮，保存定义的毛坯并且退出本操作。

2. 取消退出

单击"取消"按钮，退出本次操作。

3. 导入零件模型

FANUC 0i 立式铣床/加工中心导入零件模型与数控车床相同，可以参见数控车床内容。

4. 导出零件模型

FANUC 0i 立式铣床/加工中心导出零件模型与数控车床相同，可以参见数控车床内容。

5. 选择夹具

单击菜单"零件"→"安装夹具"命令，或者在工具条上选择""图标，打开"选择夹具"对话框，如图 5-42 所示。

首先在"选择零件"列表框中选择毛坯，然后在"选择夹具"列表框中选择夹具，长方体零件可以使用工艺板或平口钳；圆柱形零件可以选择工艺板或卡盘。"夹具尺寸"输入框显示的是系统提供的尺寸，用户可以修改工艺板的尺寸，各个方向的移动按钮供操作者调整毛坯在夹具上的位置。

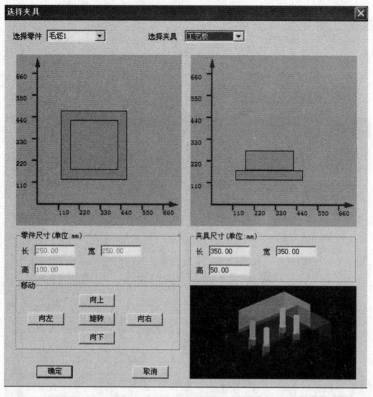

图 5-42　"选择夹具"对话框

铣床和加工中心也可以不使用夹具，让工件直接放在机床工作台上。

6. 放置零件

单击菜单"零件"→"放置零件"命令，或者在工具条上选择"📌"图标，系统弹出"选择零件"对话框，如图 5-43 所示。在列表中单击所需的零件，选中的零件信息显示变亮，单击

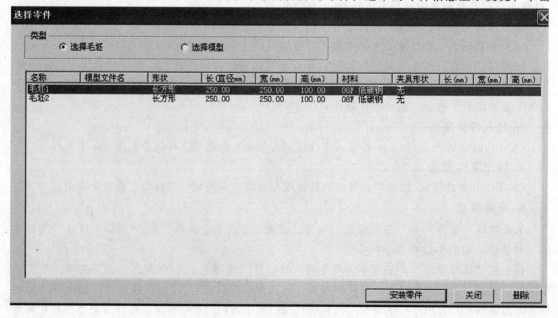

图 5-43　"选择零件"对话框

"安装零件"按钮，系统自动关闭对话框。零件和夹具（如果已经选择了夹具）将被放到机床工作台上。卧式加工中心还可以在对话框中选择是否使用角尺板。如果选择了使用角尺板，那么在放置零件时，角尺板也就同时出现在机床工作台上。

如果在进行"导入零件模型"操作时，对话框的零件列表中会显示模型文件名，若在类型列表中选择"选择模型"，则可以选择导入零件模型文件。

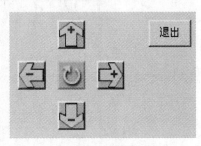

7. 零件位置的调整

零件可以在工作台上自由移动。毛坯放在工作台上后，系统会自动弹出一个小键盘，如图 5-44 所示。通过按动小键盘上的方向按钮，实现零件的平移或者旋转。零件位置移动完毕后，单击小键盘上的"退出"按钮关闭小键盘。单击菜单"零件"→"移动零件"也可以打开小键盘。在执行其他操作之前要关闭小键盘。

图 5-44　零件位置调整小键盘

8. 压板的使用

当使用工艺板或者不使用夹具时，可以使用压板。

（1）安装压板　单击菜单"零件"→"安装压板"，系统弹出"选择压板"对话框，如图 5-45 所示。该对话框中列出各种安装方案，可以拉动滚动条浏览全部许可的方案，然后选择所需要的安装方案，单击"确定"按钮，压板将出现在机床工作台上。

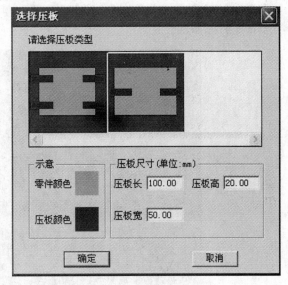

在"压板尺寸"中可以更改压板的长、宽、高。范围：长为 30 ~ 100mm；高为 10 ~ 20mm；宽为 10 ~ 50mm。

（2）移动压板　单击菜单"零件"→"移动压板"，系统弹出小键盘，操作者可以根据需要平移压板，但是不能旋转压板。首先用鼠标选择需要移动的压板，被选中的压板变成灰色；然后按动小键盘中的方向按钮操纵压板的移动。

图 5-45　"选择压板"对话框

（3）拆除压板　单击菜单"零件"→"拆除压板"，将拆除全部压板。

5.3.10　数控铣床及加工中心对刀操作

1. 对刀的方法

下面将具体说明数控铣床对刀的方法。将工件上表面中心点设为工件坐标系原点。数控铣床在选择刀具后，刀具被放置在刀架上。对刀时首先要使用基准工具在 X、Y 轴方向对刀，再拆除基准工具，将所需刀具装载在主轴上，在 Z 轴方向对刀。

（1）X、Y 轴方向对刀　X、Y 轴方向对刀主要采用刚性靠棒来完成对刀。刚性靠棒采用检查塞尺松紧的方式对刀。X 轴方向对刀步骤如下：

1）单击菜单"机床"→"基准工具"，弹出"基准工具"对话框。该对话框左边是刚性靠棒基准工具，右边是寻边器，如图 5-46 所示。

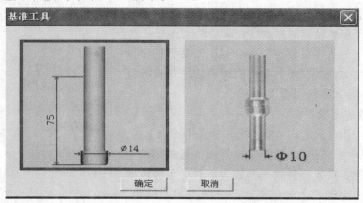

图 5-46　"基准工具"对话框

2）单击操作面板中的"手动"按钮，手动状态指示灯亮，进入"手动"方式。

3）单击 MDI 键盘上的 **pos** 按钮，使 CRT 对话框上显示坐标值；借助"视图"菜单中的"动态平移""动态旋转""动态放缩"等工具，适当单击 +X、+Y、+Z 和 -X、-Y、-Z 按钮，将机床移动到图 5-47 所示的位置。

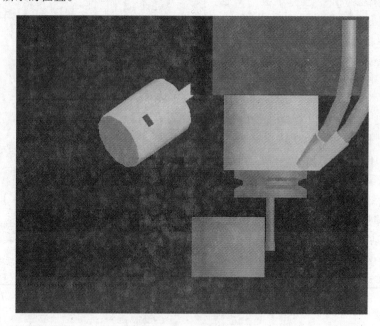

图 5-47　X 轴方向对刀

4）移到大致位置后，可以采用手轮调节方式移动机床，单击菜单"塞尺检查/1mm"，基准工具和零件之间被插入塞尺。在机床下方显示如图 5-48 所示的局部放大图。

5）单击操作面板上的"手动脉冲"按钮，使手动脉冲指示灯变亮，采用手动脉冲方式精确移动机床，单击 圁，显示手轮，将手轮对应轴旋钮置于 X 档，调节手轮进给速度旋钮，在手轮上单击鼠标左键或者右键精确移动靠棒，使得提示信息对话框显示"塞尺检查的结果：合适"。

6）记下塞尺检查结果为"合适"时 CRT 对话框中的 X 坐标值，此为基准工具中心的 X 坐

图 5-48　塞尺检查

标，记为 X_1；将定义毛坯数据时设定的零件长度记为 X_2；将塞尺厚度记为 X_3；将基准工件直径记为 X_4，则工件上表面中心的 X 坐标为

$$X = X_1 - X_2/2 - X_3/2 - X_4/2$$

Y 轴方向对刀采用同样的方法。得到工件中心的 Y 坐标记为 Y。

将上述 X、Y 值输入 G54 的 X、Y 坐标，设置如图 5-49 所示的对话框，完成 X、Y 轴方向的对刀。

完成 X、Y 轴方向的对刀后，单击菜单"塞尺检查"→"收回塞尺"，将塞尺收回，单击"手动"按钮，手动指示灯亮，机床转入手动操作状态，单击 Z 和 X 按钮，将 Z 轴提起，再单击菜单"机床"→"拆除工具"，拆除基准工具。

（2）Z 轴方向对刀　下面介绍用塞尺法进行 Z 轴方向对刀。数控铣床 Z 轴方向对刀时采用实际加工时所需使用的刀具。用塞尺法进行 Z 轴方向对刀的步骤如下：

1）单击菜单"机床"→"选择刀具"，或单击工具条上的"⚙"图标，选择所需刀具。

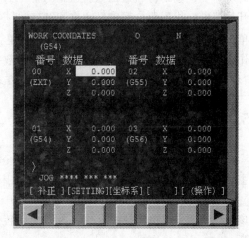

图 5-49　G54 设定对话框

2）装好刀具后，利用操作面板上的 +X、+Y、+Z 按钮和 -X、-Y、-Z 按钮，将机床各轴移到图 5-50 所示的位置。

3）打开菜单"视图"→"选项..."中的"声音开"和"铁屑开"选项。

4）单击操作面板上的主轴正转按钮使主轴转动；单击操作面板上的 Z 和 - 按钮，切削零件

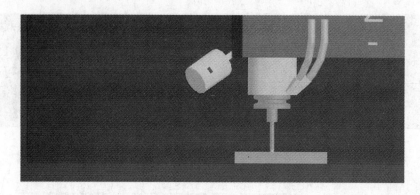

图 5-50　Z 轴方向对刀

的声音刚刚响起时停止，保证铣刀将切削小部分零件，记下此时 Z 方向的坐标值，记为 Z××，此为工件表面一点处 Z 方向的坐标值。

5）通过将对刀得到的 Z 值输入到图 5-51 所示的刀具长度补偿对话框，完成此刀具的 Z 轴方向对刀，其他刀具可按照上面的方法完成 Z 轴方向对刀。

2. 数控铣床及加工中心零件加工轨迹仿真检查

NC 程序导入后，可检查运行轨迹。

单击操作面板上的自动运行按钮，使其指示灯变亮，转入自动加工模式。单击 MDI 键盘上的 **POS** 按钮，单击数字/字母键，输入 "O×"（× 为所需要检查运行轨迹的数控程序号），按 **↓** 键开始搜索，找到后，程序显示在 CRT 对话框上。单击 **CUSTOM GRAPH** 按钮，进入检查运行轨迹模式，单击操

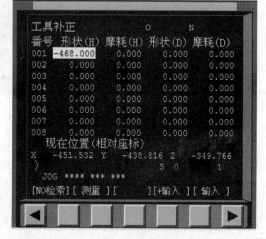

图 5-51　刀具长度补偿对话框

作面板上的"循环启动"按钮，即可观察数控程序的运行轨迹，此时可通过"视图"菜单中的"动态平移""动态旋转""动态放缩"等方式对三维运行轨迹过程进行全方位的动态观察。

5.4　数控车床仿真实例

本章前面介绍了宇龙 3.8 仿真软件的基本操作、环境构建和刀具轨迹仿真的基础知识，本节主要介绍用配有 FANUC 数控系统的数控车床仿真加工轴类零件的仿真实例。

轴类零件图如图 5-52 所示，毛坯是 $\phi61\text{mm} \times 150\text{mm}$ 的棒材，材料为 45 钢，可加工性较好。该零件表面主要由圆柱面组成，为简单回转体零件，而且零件形状比较简单，表面精度要求不高。

1. 确定加工方法

（1）确定装夹方式　装夹方式采用自定心卡盘夹持一端，一次装夹完成粗、精加工。

（2）确定加工顺序及进给路线

1）从右至左粗加工各表面，留精加工余量 0.5mm。

2）从右至左连续精加工各表面，达到加工要求并切断。

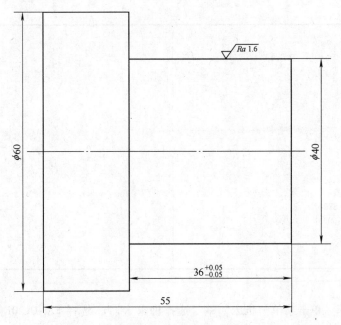

图 5-52　轴类零件图

（3）刀具选择　根据加工要求，选用 3 把刀具，T01 为 93°外圆粗车车刀；T02 为 90°外圆精车车刀；T03 为切断车刀，刀宽为 4mm。

（4）确定切削用量　根据被加工零件表面质量要求、刀具材料和工件材料，参考切削用量手册或者其他相关资料选取切削速度和进给量，然后利用公式计算主轴转速。粗车外圆选用 S550、F0.3；精车外圆选用 S850、F0.1；切断选用 S300、F0.1。

（5）编制数控加工程序　选用 FANUC 0i 的数控系统指令格式，先设定工件原点在工件右端面和轴线交点，计算基点坐标，然后编写数控加工程序并检验。

2. 零件程序

程序如下：

O0001	G01　X70
T0101	G00　X200　Z50
M03　S550	T0200
G00　X70　Z3	M03　S300
G00　X61　Z3	T0303
G01　X61　Z-60　F0.3	G00　X70　Z-59　S300
G01　X70	G01　X5　F0.1
G00　Z3	G00　X100
G00　X56	G00　Z100
G01　Z-36	T0300
G01　X70	M30
G00　Z3	
G00　X51	
G01　Z-36	
G01　X70	
G00　Z3	
G00　X46	

（续）

G01　Z-36	
G01　X70	
G00　Z3	
G00　X41	
G01　Z-36	
G00　X70	
G00　X200　Z50	
T0100	
T0202	
M03　S850	
G00　X40　Z3　S850	
G01　Z-36　F0.1	
G01　X60	
G01　Z-60	

3. 仿真加工

（1）选择机床　单击菜单"机床"→"选择机床..."，选择 FANUC 0i 控制系统，平床身前置刀架，如图 5-53 所示。

（2）开机　单击启动按钮，此时机床电动机和伺服控制的指示灯变亮。

检查急停按钮是否松开，若为松开，单击急停按钮，将其松开。

（3）回参考点　检查操作面板上的回原点指示灯是否亮，若指示灯亮，则已进入回原点模式；若指示灯不亮，则单击回原点按钮，转入回原点模式。

（4）程序输入　直接用 FANUC 0i 系统的 MDI 键盘输入；也可以采用通过记事本输入并保存为文本格式文件，按照 5.2 节的方法调入程序。

（5）定义毛坯及装夹　如图 5-54 和图 5-55 所示。

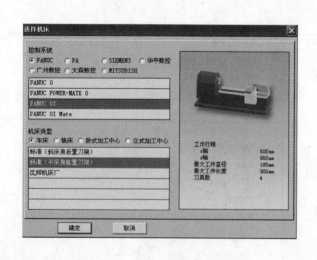

图 5-53　"选择机床"对话框

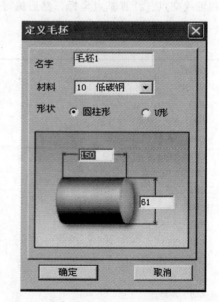

图 5-54　"定义毛坯"对话框

（6）刀具的选择和安装

1）在刀架图中单击所需要的刀位。在这里选择 3 种刀具：粗车外圆刀具 T1、精车外圆刀具

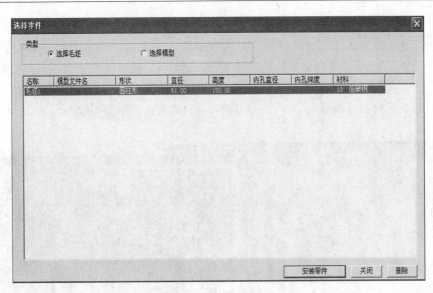

图 5-55 "选择零件"对话框

T2、切断刀具 T3。

2）选择刀片类型：粗车外圆刀具 T1 选择 刀片；精车外圆刀具 T2 选择 刀片；切断刀具
T3 选择 4mm 刀片。

3）选择刀柄类型。

4）确认操作完成，单击"确认"按钮。

如图 5-56 所示，分别设置每把刀具。

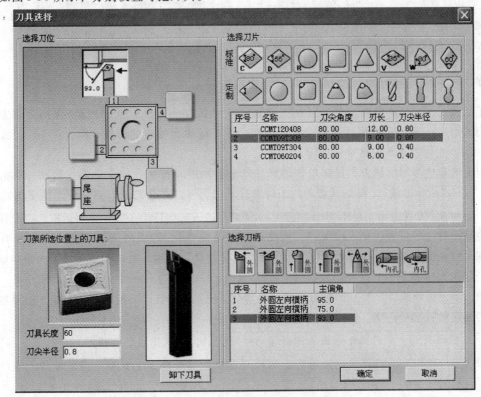

图 5-56 刀具的选择

（7）对刀　在此采用"输入刀具偏移量"方式。

第一步：用所选刀具试切工件外圆。单击主轴停止 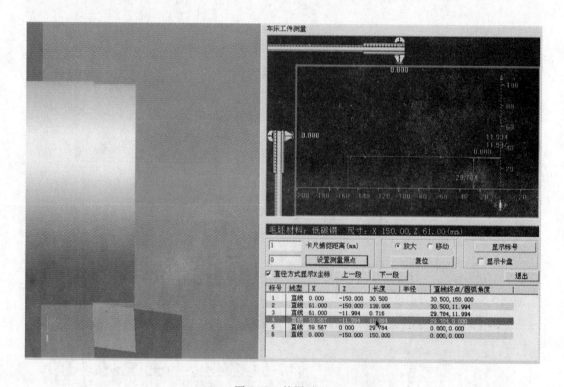 按钮，使主轴停止转动，单击菜单"测量"→"坐标测量"，得到试切后的工件直径，记为 α。保持 X 轴方向不动，刀具退出。单击 MDI 键盘上的 ███ 键，进入形状补偿参数设定对话框，将光标移到与刀位号相对应的位置，输入"Xα"，按菜单软键【测量】，对应的刀具偏移量自动输入，如图 5-57 所示。

图 5-57　外圆对刀

第二步：试切工件端面。把端面在工件坐标系中 Z 方向的坐标值记为 β。保持 Z 轴方向不动，刀具退出，进入形状补偿参数设定对话框。将光标移到相应的位置，输入"Zβ"，按【测量】软键，对应的刀具偏移量自动输入。

以上两步也可用所选刀具试切工件外圆。单击主轴停止按钮，使主轴停止转动，单击菜单"测量"→"坐标测量"，得到试切后的工件直径，记为 α，同时记录下测量出来的 Z 方向的坐标值，记为 β。刀具退出。单击 MDI 键盘上的 ███ 键，进入形状补偿参数设定对话框，将光标移到与刀位号相对应的位置，输入"Xα"，按菜单软键【测量】，对应的刀具 X 方向偏移量自动输入；同时将光标移到相应的位置，输入"Zβ"，按【测量】软键，对应的刀具 Z 方向偏移量自动输入，如图 5-58 所示。

第三步：按照第一、二步的对刀方法，对其余 2 把刀具进行对刀及设置。完成 3 把刀具对刀后的刀具形状补偿对话框，如图 5-59 所示。

（8）自动加工　单击操作面板上的自动运行按钮 ███，使其指示灯变亮。

单击操作面板上的循环启动按钮 ███，程序开始执行。最终加工完成所需的零件。零件自动加工的过程如图 5-60 所示。

（9）检测与分析

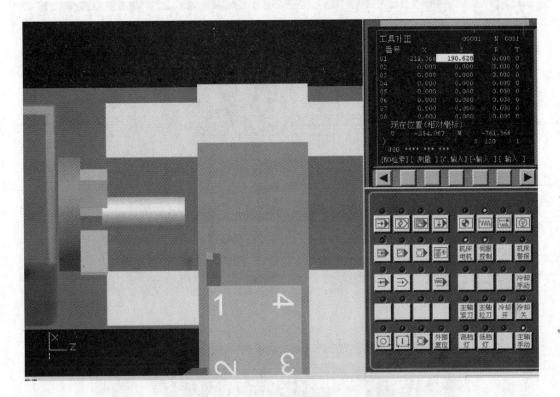

图 5-58　端面对刀

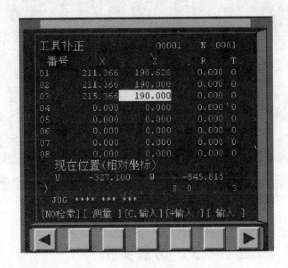

图 5-59　刀具形状补偿参数对话框

1）检查进给轨迹的正确性。

2）检查最终的零件形状是否正确。

3）检查操作过程是否规范。

4）检查零件的尺寸是否合格。

单击"测量"→"剖面图测量…"，分别对相应的尺寸进行检测，如图 5-61 所示。

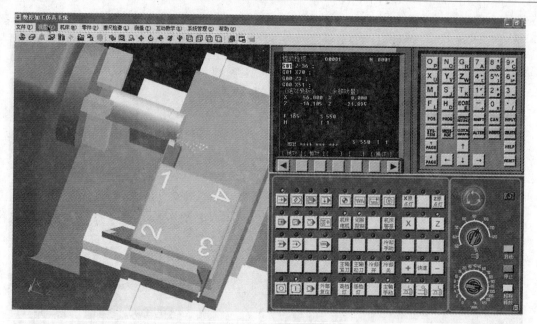

图 5-60 零件自动加工过程

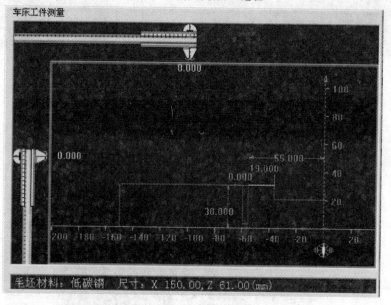

图 5-61 尺寸检查

5.5 数控镗铣床（加工中心）仿真实例

宇龙软件具有强大的数控仿真功能，能提供立式铣床、卧式加工中心和立式加工中心仿真环境，使用户进行铣床及加工中心仿真操作十分方便。本节通过配有 SIEMENS 数控系统的数控铣床及加工中心仿真加工垫板类零件实例来介绍宇龙 3.8 的仿真应用。

垫板类零件图如图 5-62 所示，材料为 45 钢，毛坯为 50mm×50mm×25mm，其中毛坯的 6 个面已经过粗、精加工，达到尺寸及几何公差要求，为非加工面。通过对该工件的工艺过程与工艺路线进行分析，编写加工程序，并完成仿真加工。

1. 确定工件坐标系

工件坐标系的建立保证了刀具在机床上的正确运动。选择工件坐标系原点的常用方法如下：

1）Z 方向的原点一般选取在工件的上表面。

2）XY 平面原点的选择有两种情况：当工件对称时，一般以对称中心作为 XY 平面的原点；当工件不对称时，一般选工件其中的一个角作为工件原点。

由图 5-62 所示零件图可知，工件为对称形状，按照要求把工件坐标系原点定在工件上表面的中心处。

2. 加工方案

毛坯的各表面已经进行过相应的加工，达到图样尺寸和几何精度要求，可以作为加工的基准面。根据毛坯的形状为规则正方体，选择平口钳为装夹工具，把平口钳固定在工作台上。

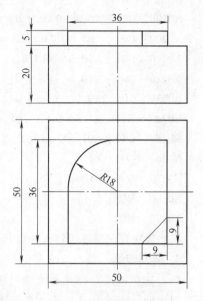

图 5-62　垫板类零件图

加工时采用粗加工和精加工两道工序，粗加工后的轮廓外形方向留有切削余量 0.5mm。编程时编写一个程序，通过加工时选用不同的刀补来完成对工件的粗、精加工。精加工时选用正常刀补，粗加工时的刀补数值为正常刀补加上切削余量值。加工中采用顺铣的加工方法，采用 $\phi16$mm 的立铣刀，粗加工时主轴转速为 800r/min，进给速度为 300mm/min；精加工时主轴转速为 3000r/min，进给速度为 200mm/min。

3. 参考程序

```
%_N_801_MPF
;$PATH=/_N_MPF_DIR
N0010  G7  G21  G40  G49  G54  G90；
N0020  G00  X-40.0  Y-40.0；
N0030  T1  D1；
N0040  M03  S800；
N0050  M8；
N0060  Z3.0；
N0070  G01  Z-5.0  F300；
N0080  G41  G01  X-18.0  Y-25.0；
N0090  G01  X-18.0  Y0.0；
N0100  G02  X0  Y18.0  CR=18.0；
N0110  G01  X18.0  Y18.0；
N0120  G01  X18.0  Y-9.0；
N0130  G01  X9.0  Y-18.0；
N0140  G01  X-25.0  Y-18.0；
N0150  G40  G01  X-40.0  Y-40.0；
N0160  M00；
N0170  D02  S3000；
N0180  G41  G01  X-18.0  Y-25.0  F200；
```

N0190　　G01　　X – 18.0　Y0.0；

N0200　　G02　　X0　Y18.0　CR = 18.0；

N0210　　G01　　X18.0　Y18.0；

N0220　　G01　　X18.0　Y – 9.0；

N0230　　G01　　X9.0　Y – 18.0；

N0240　　G01　　X – 25.0　Y – 18.0；

N0250　　G40　G01　X – 40.0　Y – 40.0；

N0260　　G01　　Z3.0；

N0270　　G00　　Z100.0；

N0280　　M05；

N0290　　M02；

将此程序在记事本中输入并保存，命名为 SL_801.txt，以便操作时调用程序。

4. 操作步骤

（1）选择机床　打开菜单"机床"→"选择机床"或者单击"🖥"图标，弹出"选择机床"对话框，如图 5-63 所示。在对话框中选择控制系统为 SIEMENS 802D 的数控铣床，按"确定"按钮，此时界面如图 5-64 所示。

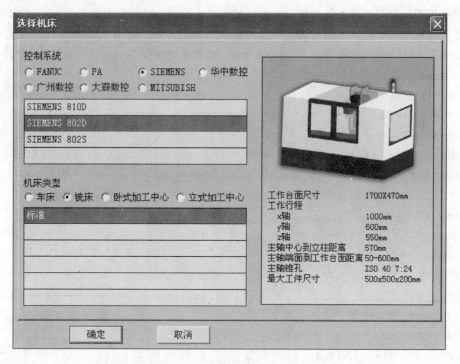

图 5-63　"选择机床"对话框

（2）机床回零　机床在开机后通常需要先回参考点，在数控操作中通常称为"回零"。

1）检查急停按钮是否松开至◎；若未松开，单击急停按钮◎，将其松开。

2）机床激活后，机床将自动处于"回参考点"模式；在其他模式下，依次单击按钮▦和➡进入"回参考点"模式。

3）X、Y、Z 轴回参考点。

在"回参考点"模式下，先将 Z 轴回参考点。单击操作面板上的 +Z 按钮，Z 轴将回到参考

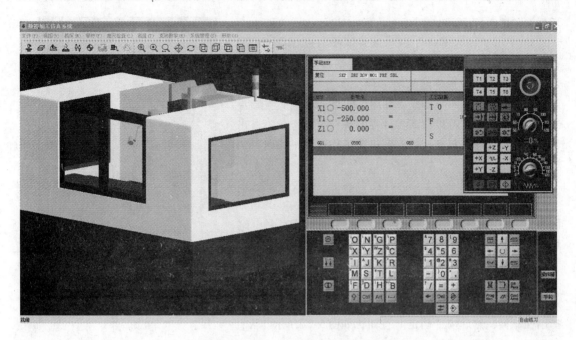

图 5-64　SIEMENS 802D 铣床仿真界面

点。回到参考点之后，Z 轴的回零灯将变亮；CRT 上的 Z 坐标变为 "0.000"。

同样，再分别单击 +X 按钮、+Y 按钮，X 轴、Y 轴也将回到参考点。回到参考点之后，X 轴、Y 轴的回零指示灯变亮，CRT 上的 X 轴、Y 轴坐标值均变为 "0.000"。此时 CRT 界面如图 5-65 所示。

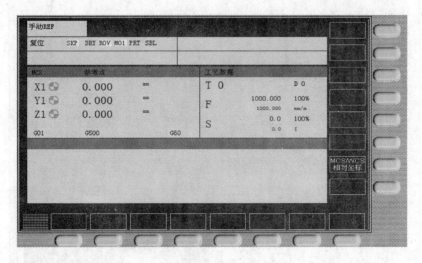

图 5-65　铣床回零后的 CRT 界面

（3）安装工件

1）打开菜单 "零件" → "定义毛坯" 或在工具栏上选择 图标，在定义毛坯对话框中将零件尺寸设置为高 25mm、长 50mm、宽 50mm，命名为 "外形铣削"，并单击 "确定" 按钮，如图 5-66 所示。

2）打开菜单 "零件" → "安装夹具" 或者在工具栏上选择 图标，弹出 "选择夹具" 对话框，如图 5-67 所示。

3）打开菜单"零件"→"放置零件"或者在工具栏上选择 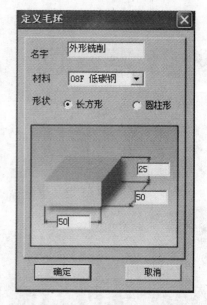 图标，打开"选择零件"对话框，如图 5-68 所示。选取名为"外形铣削"的零件，单击"确定"按钮，同时界面上出现一个小键盘，如图 5-69 所示。通过按动小键盘的方向按钮，可以移动零件在工作台上的位置；退出该面板，零件和夹具已经被放到机床工作台上，如图 5-70 所示。

（4）对刀

1）X、Y 轴方向对刀。铣床及加工中心在 X、Y 轴方向对刀时使用的基准工具包括刚性靠棒和寻边器两种，这里以常用的刚性靠棒为基准工具来介绍对刀方法及过程。

① 选择基准工具。单击菜单"机床"→"基准工具"或者在工具栏上单击 ⊕ 图标。在弹出的"基准工具"对话框中，左边是刚性靠棒基准工具，右边是寻边器。选择刚性靠棒，然后按"确定"按钮，如图 5-71 所示。

图 5-66　　"定义毛坯"对话框

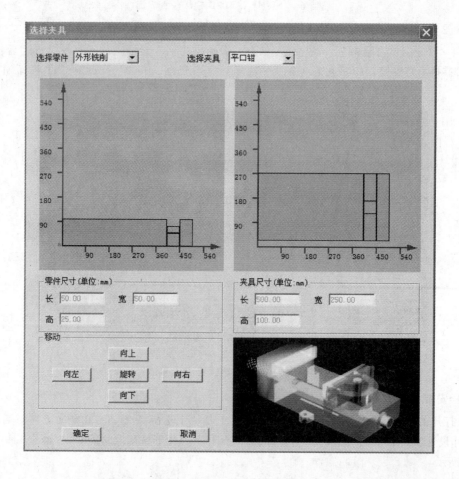

图 5-67　　"选择夹具"对话框

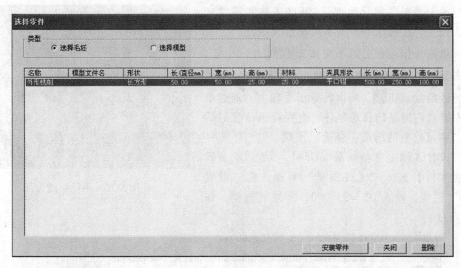

图 5-68　"选择零件"对话框

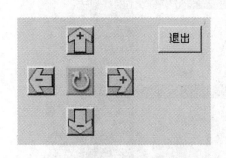

图 5-69　零件位置调整小键盘

图 5-70　放置夹具

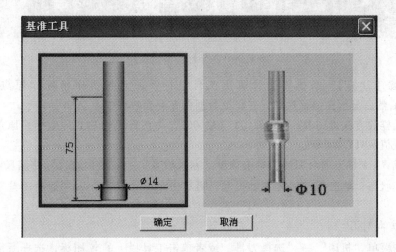

图 5-71　"基准工具"对话框

② 单击操作面板上的 按钮进入"手动"方式。借助"视图"菜单中的动态旋转、动态
缩放、动态平移等工具，通过单击 -X、+X、-Y、+Y、-Z、+Z 按钮，将工件移到如图 5-72 所示的
位置。

③　单击菜单"塞尺检查"，基准工具和零件之间被插入塞尺。在机床下方显示局部放大图。

④　单击操作面板上的手轮按钮 手轮 显示手轮，通过单击鼠标右键将手轮对应轴按钮 置于 X 档；调节手轮进给量旋钮 ，将鼠标置于手轮上，通过单击鼠标左键或右键精确移动零件，直到提示信息对话框显示"塞尺检查的结果：合适"出现。

⑤　设置 X 轴工件坐标系（G54）参数。单击软键【测量工件】进入"工件测量"界面。在"设置位置 X0"栏中，输入 DX = 33.000，并按下 键，如图 5-73 所示。

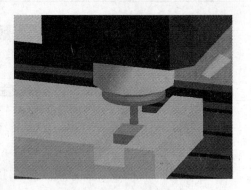

图 5-72　手动移动工件

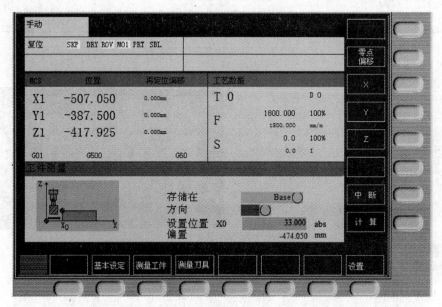

图 5-73　"工件测量"界面

单击软键【计算】，系统将会计算出工件坐标系原点与机床坐标徐原点的偏置值为 −474.050mm，然后显示在偏置栏中，并将此数据保存到参数表中。

⑥　用同样的方法得到 DY 值，即 DY = 33.000，并获得 Y 轴的工件坐标系原点与机床坐标系原点的偏置值 −415.000mm。

⑦　完成 X、Y 轴方向对刀后，单击菜单"塞尺检查"→"收回塞尺"将塞尺收回，将机床转入手动操作状态；单击 +Z 按钮将 Z 轴提起，再单击菜单"机床"→"拆除工具"拆除基准工具。

2）Z 轴方向对刀。

①　单击菜单"机床"→"选择刀具"或者单击工具栏上的 图标，选择所需要的刀具为 ϕ16mm、刀长为 60mm 的硬质合金平底刀。

②　单击操作面板上的 按钮进入"手动"方式。借助"视图"菜单中的动态旋转、动态缩放、动态平移等工具，通过单击 −X、+X、−Y、+Y、−Z、+Z 按钮，将机床移到相应的位置。

③　用类似在 X、Y 轴方向对刀的方法进行塞尺检查，得到"塞尺检查：合适"时，记下塞

尺的厚度 DZ = 1.000。

④ 设置 Z 轴工件坐标系参数。单击软键【测量工件】进入"工件测量"界面；单击软键【Z】，在"设置位置 Z0"文本框中输入塞尺厚度 DZ = 1.000mm，并按下 🔼 键；单击软键【计算】，在偏置栏中看到 Z 轴的工件坐标系原点与机床坐标系原点的偏置值为 – 353.000mm。

（5）输入程序　数控程序可以通过记事本或写字板等编辑软件输入并保存为文本格式文件，也可以直接用 SIEMENS 802D 系统的 MDI 键盘输入。此处调用所保存的文件，操作方法如下：

1）单击系统面板上的程序管理操作区域键 🔳 进入程序管理界面，如图 5-74 所示。

图 5-74　程序管理界面

2）单击软键【读入】。

3）在菜单栏中选择"机床"→"DNC 传送"或单击 🖥 图标，在弹出的对话框中选择所需要的 NC 程序，单击"打开"按钮确认，则此程序将被自动复制进数控系统。

4）单击软键【打开】，数控程序被显示在 CRT 界面上。

（6）轨迹检查　数控程序输入后，通过检查刀具运行轨迹来确定其编写是否正确。

1）在"程序管理"界面内把程序设置为当前运行程序。

2）单击控制面板上的自动运行按钮 ⤇，CRT 状态区显示为"自动"并转入自动加工模式。

3）单击软键【模拟】，系统进入"模拟"模式，检查程序运行轨迹。

4）单击操作面板上的循环启动按钮 ◈，即可观察数控程序的运行轨迹。此时也可通过"视图"菜单中的动态旋转、动态放缩、动态平移等方式对三维运行轨迹进行全方位的动态观察。

（7）自动加工　所有的工作都准备好之后，要进行零件的自动加工。

1）按下控制面板上的自动方式键 ⤇，若 CRT 当前界面为加工操作区，则 CRT 状态区显示为"自动"。

2）按下启动键 ◈ 开始执行程序，如图 5-75 所示。加工完毕后即完成所需要的零件。

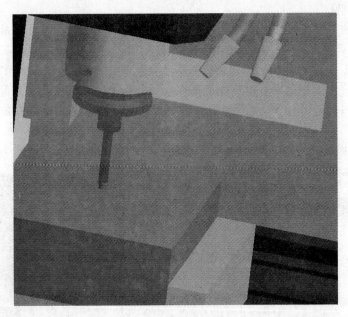

图 5-75　开始加工零件

习　题

1. 简述数控车床/铣床仿真的操作步骤。

2. 试述数控车床（FANUC 0i）对刀的方法及过程。

3. 试述数控铣床（SIEMENS 802D）对刀的方法及过程。

4. 简述上海宇龙"数控加工仿真系统"软件中数控车刀的选择过程。

5. 简述上海宇龙"数控加工仿真系统"软件中数控铣刀的选择过程。

6. 根据图 5-76 所示零件图，分析零件加工工艺，编写零件的加工程序，并用数控车床（FANUC 0i）完成加工仿真。设定毛坯尺寸为 $\phi50\mathrm{mm} \times 70\mathrm{mm}$。

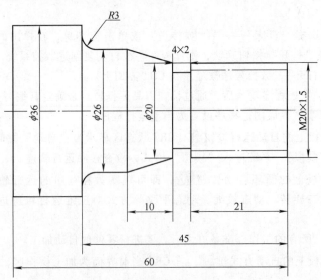

图 5-76　习题 6 零件图

7. 根据图 5-77 所示零件图，分析零件加工工艺，编写零件的加工程序，并用数控铣床（SIEMENS

802D）完成加工仿真。设定毛坯尺寸为 60mm×60mm×40mm。

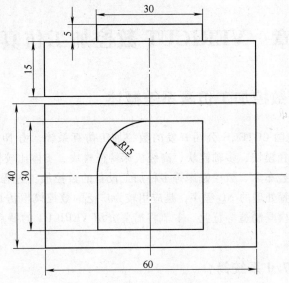

图 5-77　习题 7 零件图

第6章　VERICUT 数控加工仿真系统

6.1　VERICUT 数控加工仿真系统概述

VERICUT 软件是美国 CGTECH 公司开发的数控加工仿真系统，由 NC 程序验证模块、机床运动仿真模块、优化路径模块、多轴模块、高级机床特征模块、实体比较模块和 CAD/CAM 接口等模块组成，可仿真数控车床、数控铣床等多种加工设备的数控加工过程，既能仿真刀位文件，又能仿真 CAD/CAM 后置处理的 NC 程序，是应用较为广泛的数控模拟仿真软件，目前已广泛应用于航空航天、汽车、模具制造等行业。本节将简要介绍 VERICUT 的特点、用户环境以及坐标定义等入门知识。

6.1.1　VERICUT 7.0 系统简介

VERICUT 7.0 是一款专业的 CNC 数控机床加工仿真和优化软件。其最大的特点是可仿真各种 CNC 系统，仿真过程包含程序验证、分析、机床仿真、优化和模型输出等，仿真效果十分逼真。下面首先对其功能特点进行具体介绍。

1. VERICUT 7.0 的功能和特点

（1）VERICUT 7.0 的主要功能

1）VERICUT 7.0 支持用户利用专案结构树浏览、配置多个机床设置，每个机床设置都有自己单独的机床结构、夹具、刀具、控制系统和仿真设定。切削毛坯可以从一个机床任务转移到另一个机床任务，同时能够自动定位。一旦用户选定了机床配置、毛坯、夹具和设计模型，这些资讯就和机床捆绑在一起，接下来就可以类比整个加工过程。

2）VERICUT 7.0 重新设计了刀具管理器，使 VERICUT 的程序优化模组——OptiPath 变得更容易使用。刀具优化库将设置在刀具管理器中，这样不仅简化了使用过程，而且不同的刀具可以参考同一个优化库。新的刀具装配向导允许用户在一个简单的用户界面里，通过对话框的形式创建一把新刀具。如果已经在其他刀具库建立了一把刀，可以参考或复制整个刀具或刀片、刀柄，建立新的刀具。

3）VERICUT 7.0 支持刀具路径回放功能。数控编程者可运用"刀具路径回放"功能，回放模拟刀具路径的关键部分。用户可在同一界面里同时看到刀具运动和 NC 程序代码（G 代码或 APT），从而对程序中的错误进行及时、有效的修正。

4）VERICUT 7.0 能够生成过程模型，是生成探头程序的理想工具。利用 VERICUT 类比过程中留下的几何特征创建探头程序，使得在机床上实现即时检测成为可能。另外，VERICUT 7.0 还可以创建 HTML 或 PDF 格式的检测文件，供机床操作工和质量控制人员使用。

5）连续切伤检查。高级模块 AUTO-DIEF 是 VERICUT 7.0 中一种验证加工零件精度的方法，它将模拟加工后的模型与设计模型进行比较，进而检验加工精度。该功能可将设计模型嵌入毛坯料中，当刀具切削设计模型超过用户设置的公差范围时，VERICUT 7.0 就会自动生成一个错误报告，并高亮显示切伤处。

6）便捷的视角比较器。不同的圆弧格或长方格布图可附于 VERICUT 视图中，用户可对其进行尺寸快速测量。视角比较器可根据当前的视图自动调整格子尺寸，同时用户也可以控制格子的显示形式。

7）支持 DXF 格式文件和螺纹加工模拟。用户在刀具库中创建刀具时，VERICUT 7.0 支持输入 DXF 格式文件。同时，VERICUT 7.0 也能够模拟螺纹车削。

8）VERICUT 还具有 CAD/CAM 接口，能实现与 UG、CATIA 及 MasterCAM 等软件的嵌套运行。

（2）VERICUT 7.0 的特点　VERICUT 是一个真正的"以知识为基础"的加工系统。归纳起来，VERICUT 7.0 的特点如下：

1）设置简单、使用方便。在零件加工时，设置向导会提示用户为刀具设定，而且该刀具的所有设定都被储存在一个优化库里。只要一次定义该设定，往后每次使用这把刀具时，切削立即被优化。优化模块有一个"学习模式"，可以自动创建优化库。对于每一把刀具，优化模块算出最大体积切除率和切削厚度，然后把它们应用到该刀具的优化设定中。

2）可以模拟各种不同控制系统的 G、M 代码及其他代码，可以非常方便地检查机床各个潜在的碰撞隐患。

3）VERICUT 7.0 模拟完的结果放大、旋转都不会使图像失真，而其他的仿真软件都有这些问题。

4）模拟过程中的任何阶段都可以把结果保存下来，在编排加工工艺中可以直接应用。分析过切量、残留量都有非常精确的数据报告，目前同类软件中只有 VERICUT 有这一功能。

5）VERICUT 优化模块的多种优化方法非常独特，至今没有同类仿真软件可以和它相比。该模块特别适合于高速铣，可以使刀具的切削抗力始终恒定，同时极大地提高效率，是高速铣必选模块。

6）目前只有 VERICUT 可以输出基于 IGES 文件格式的模型，因此，在处理大型程序时速度不会下降。而其他仿真软件只能基于 STL 文件格式，处理大程序时的速度会非常慢。

7）VERICUT 还有 IGES 转换器、曲面偏置实体、PolyFix、二进制 APT-CL 转换器、G 代码转换成 APT 格式等实用工具。

2. VERICUT 数控仿真加工基本过程

要实现数控加工过程的仿真，首先需要建立机床的几何模型和运动学模型，然后再建立其他制造资源，如工件、刀具和夹具等几何模型指定刀位轨迹或 NC 程序，并配置相应的参数，最后实现对加工过程的仿真和优化。

利用 VERICUT 7.0 对数控加工程序进行仿真，操作步骤如下：

（1）建立虚拟数控机床模型　建立数控机床运动学模型，系统提供部分控制文件库供使用者调用或修改，以满足制定要求，然后利用建模模块建立数控机床的几何模型，按照图样设置机床的初始位置形成相应的控制文件、机床文件和工作文件。VERICUT 本身提供了近百个数控指令系统文件，包括了从两坐标到五坐标、从 FANUC 到 SIEMENS 的各种数控系统，基本上满足了实际需求。

（2）建立毛坯和夹具模型　毛坯和夹具的建模过程与机床的建模过程相似，夹具建模的主要目的是检测夹具与机床的其他运动部件之间的干涉和碰撞。

（3）建立刀具模型　为了使建立的数控加工仿真模型能适应不同的加工程序，可以建立特定机床所使用的所有刀具的主刀具库。

（4）设置系统参数　在仿真 NC 加工程序前，还需要在 VERICUT 中设置一些系统参数，如工件的编程原点和刀具补偿等。

（5）加工仿真　在 VERICUT 中调入 NC 程序，并定义刀具列表已建立 G 代码中所指定的刀具号和主刀具库文件中的刀具号的映射关系，即可进行加工过程中的仿真。

（6）仿真结果分析　对于仿真结果模型，可以通过对其进行缩放、旋转、截切剖面等操作，结合 LOG 日志文件观察工件的加工碰撞干涉情况，并进行尺寸测量和废料计算。另一方面，还可以利用 AUTO-DIEF 模块进行加工后模型和设计模型的比较，以确定两者间的差异及过切和欠切情况，进而修改相应的刀具轨迹文件和参数，直至仿真完全达到要求为止。

（7）程序优化　利用 OptiPath 模块并进行一定的参数设置可以优化刀位轨迹，调节刀具的进给和切削速度，最大限度地提高去料切削效率，从而提高零件加工效率，缩短加工时间和制造周期。

6.1.2　VERICUT 7.0 系统用户环境

下面对 VERICUT 7.0 用户环境做简要介绍，以便读者对 VERICUT 7.0 环境有一个简单的了解。

1. 主界面

VERICUT 7.0 系统具有 Windows 风格的用户界面，包含标准的窗口控制图标、窗口最大化/最小化、下拉式菜单、快捷菜单、工具栏、状态栏和工作区等，如图 6-1 所示。

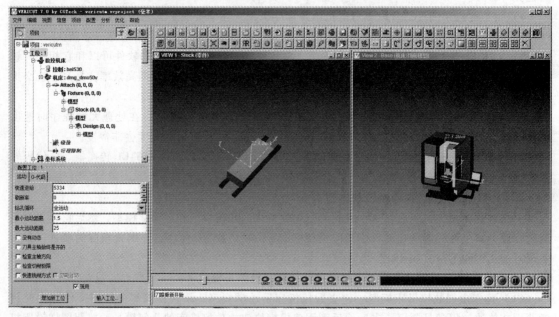

图 6-1　VERICUT 7.0 系统的环境界面

（1）窗口控制图标　单击该图标，系统弹出图 6-2 所示的快捷菜单，该菜单包含还原、移动、大小、最小化和关闭等，分别用于还原和移动窗口界面的大小，以及关闭软件等。

（2）标题栏　标题栏用于显示 VERICUT 7.0 系统名称和当前文件名称。

（3）主菜单　标准的下拉式主菜单，包含 VERICUT 7.0 系统中的所有命令。

（4）工具栏　显示常用命令功能的按钮图标。

（5）窗口控制　软件窗口的最大化、最小化和关闭软件命令按钮。

（6）仿真控制工具栏　用于控制加工仿真、优化刀位轨迹等进程。

（7）进程条　显示加工仿真、优化刀位轨迹等进程。

（8）快捷菜单　在视图区，单击鼠标右键系统会弹出图 6-2 所示的窗口控制快捷菜单，包含视图类型、视图选择、模型定义、坐标轴设定等命令。

（9）信息区　显示仿真过程中 VERICUT 7.0 系统所提供的错误、警告等信息，单击该区可以查看以往的信息。

2. 菜单栏

菜单栏为标准的下拉式菜单，包含 VERICUT 中的所有命令功能。图 6-3 所示为"编辑"菜单栏；图 6-4 所示为"文件"菜单栏；图 6-5 所示为"视图"菜单栏；图 6-6 所示为"信息"菜单栏；图 6-7 所示为"项目"菜单栏；图 6-8 所示为"配置"菜单栏；图 6-9 所示为"分析"菜单栏；图 6-10 所示为"优化"菜单栏。

图 6-2　窗口控制快捷菜单

图 6-3　"编辑"菜单栏

图 6-4　"文件"菜单栏

3. 工具栏

VERICUT 7.0 工具栏如图 6-11 所示。工具栏提供了快捷访问 VERICUT 软件中的命令，显示在主窗口的上部，包含常用命令的工具图标按钮。

4. 系统选项

系统选项包含如下几项内容：

（1）属性选项　选择"文件"→"属性"命令，系统弹出图 6-12 所示"属性"对话框，设置切削校验属性，其中包括默认加工类型、数控程序检阅选项和公差等，建立用户文件之前进行属性设置。

（2）"一般"选项设置　"一般"选项设置如图 6-12 所示，有"默认加工类型"和"数控程序检阅选项"设置。"默认加工类型"下拉式选项中有"铣削""车削""线切割"3 个选项。"毛坯一致性校验"复选框用于检查毛坯模型的一致性，其中包括实体封闭性，恢复不正确的修剪面，并重建无关紧要的缺失面。

图 6-5 "视图" 菜单栏

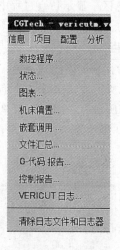

图 6-6 "信息" 菜单栏

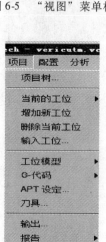

图 6-7 "项目" 菜单栏

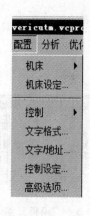

图 6-8 "配置" 菜单栏

图 6-9 "分析" 菜单栏

图 6-10 "优化" 菜单栏

图 6-11　VERICUT 7.0 工具栏

（3）"公差"选项设置　单击图 6-12 所示的"属性"对话框的"公差"选项卡按钮，"公差"选项卡设置对话框如图 6-13 所示。

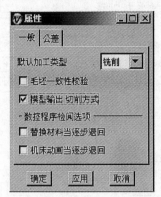

图 6-12　"属性"对话框的"一般"选项卡　　图 6-13　"属性"对话框的"公差"选项卡

1）"插补公差"用于设置插补 NURBS 运动、圆弧和螺旋运动时机床位置的误差。

2）"最小的出错体积"用于设置因快速进刀、刀架和夹具碰撞工件而错误切除材料的最小体积值，以便 VERICUT 记录错误日志，并渲染切削材料为错误颜色，默认值为 0，此时系统将仿真过程所检测到的快速进刀，刀架或夹具碰撞工件等记录到错误日志文件。

3）"模型公差"用于设置回转体类实体模型的误差。

4）"切削公差"用于设置工件切削误差，误差值大，速度快，精度低，增加该误差值，使切削仿真速度加快。

5）"切削公差根据"用于控制 VERICUT 系统如何应用"切削公差"设置切削模型的精度。系统首先考虑毛坯模型的尺寸以及切削工具可能产生的误差，有"刀具大小"和"毛坯大小"两个单选框。当选择前者时，切削开始时，系统分析列出的刀位轨迹文件，然后在充分考虑加工中所有切削工具的形状尺寸可能产生的误差基础上来保证切削误差；当选择后者时，此时系统运行较快。

5. 颜色设置

为方便用户选择不同的颜色区分不同的模型、机床组件、切削刀具等。选择"编辑"→"颜色"命令，系统弹出图 6-14 所示的"颜色"对话框。设置显示颜色的有关选项，包括"分配""切削颜色""定义" 3 个选项。

（1）"分配"选项　"分配"选项用于设置切削刀具、切削错误等颜色，其中包括以下选项。

1）"错误"选项用于设置不安全加工条件的颜色，该颜色帮助识别潜在的危险加工情形，包括切除材料时快速进刀、切削到刀具、切削刀到刀具、切削到夹具、材料被刀具非切削部分切除/碰到、过切、碰撞等。

2）"地板""天花板""墙壁"选项分别用于设置显示在 Machine 视图中的地板、天花板和墙的颜色。选择"视图"→"属性"命令时，系统弹出图 6-15 所示的"视图属性"对话框，"背景样式"下拉式选项中选择"墙壁"时，在 Machine 视图中将使用设定的颜色。

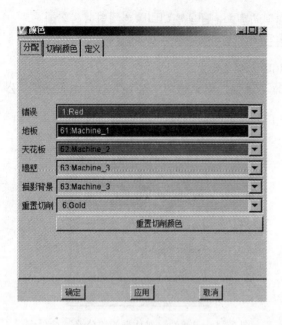

图 6-14　"颜色"对话框　　　　　　图 6-15　"视图属性"对话框

3)"描影背景"选项用于设置视图背景的颜色。

4)"重置切削"选项用于设置执行"重置切削"颜色按钮操作时的工件切削颜色,可定义为任何选择的颜色,默认颜色为切削前的毛坯模型颜色。

5)"重置切削颜色"按钮用于将重新设置工件的切削颜色为"重置切削"所设定的颜色。

(2)"切削颜色"选项　单击图 6-14 所示的"切削颜色"选项卡按钮,对话框如图 6-16 所示。"颜色方法"下拉式选项中有"切削颜色表""刀具颜色""进给范围颜色""数控程序文件颜色"4 个选项。

(3)"定义"选项　单击图 6-14 所示的"定义"选项卡按钮,对话框如图 6-17 所示。用于

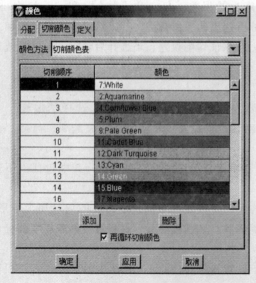

图 6-16　"颜色"对话框的"切削颜色"选项卡　　　图 6-17　"颜色"对话框的"定义"选项卡

设定 VERICUT 系统中的显示颜色，并控制亮度。除了可以选择默认颜色表中的颜色外，还可以根据需要自定义显示的颜色并控制亮度。大多数情况下，默认颜色表中的颜色已经足够使用。

1）"实体颜色"为用于渲染 VERICUT 系统中所显示的颜色列表，最多可以设置 12 种颜色，其中渲染颜色的数量影响渲染质量，窗口最下面的颜色条显示颜色列表中选择颜色的深浅变化。

2）"添加"和"删除"按钮分别用于增加和删除颜色列表中选择的颜色。"红色""绿色""蓝色"拖动滑块用于控制所定义颜色中的红色、绿色和蓝色成分数量，每个颜色的确切值显示在右侧的文本框内。

3）"颜色单..."按钮用于为颜色列表选择颜色。

4）"背景"复选框用于设置背景颜色。

5）"前景"复选框用于设置前景颜色。

6. 工作目录设置

通过设置系统保存或寻找打开文件的工作目录来快捷方便访问文件，选择"文件"→"工作目录"命令，系统弹出图 6-18 所示的"工作目录"对话框。可以在列表中找到自己需要设置的目录，或在下方的文本框中输入目录，单击"确定"按钮完成设置。

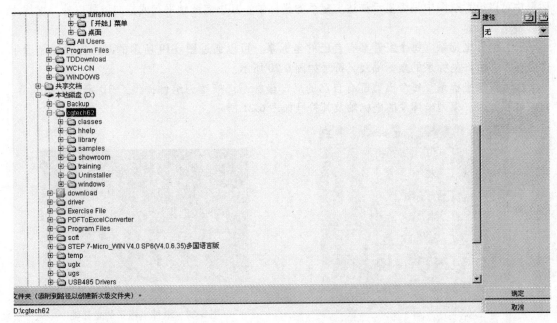

图 6-18　"工作目录"对话框

7. 文件类型

VERICUT 7.0 系统中可应用多种文件类型，常用类型包括项目文件、刀位轨迹文件、机床文件、控制系统文件、日志文件、结果文件等，并且 VERICUT 7.0 系统特别提供了库文件和示例文件。这些文件用来设置 VERICUT 进行加工仿真、监控校验以及校验结果、优化刀位轨迹等信息。熟悉各种文件类型能更有效地使用 VERICUT 7.0 系统，获得更多机床加工仿真信息。

VERICUT 7.0 系统自身用于仿真刀具轨迹和机床运动的文件可分为库文件和样本文件两大类，下面分别作介绍。

（1）库文件　库文件用于设置 VERICUT 仿真刀位轨迹和机床运动的文件，其中包括以下几种文件：

1）默认文件。默认文件是由 VERICUT 7.0 默认打开的文件。系统提供英制环境的 VERI-

CUT. VCProject 文件和米制环境 VERICUTm. VCProject 文件。

2）初始文件。初始文件是新建文件时 VERICUT 系统所打开的初始化文件。VERICUT 系统提供英制环境 init. VCRProject 文件和米制环境的 initm. VCProject 文件。

3）机床和控制文件。VERICUT 7.0 提供了近百种设置典型数控机床和数控系统的控制文件，可以在加工中心上进行 G 代码刀位轨迹的加工仿真。

（2）样本文件　VERICUT 7.0 提供了演示其功能的样本文件，用于说明其功能特色以及解决特殊 NC 加工文件。在安装 VERICUT 系统时，可以选择安装这些文件。通常安装在 Sample 目录下，用户可以找到系统提供的部分样本文件。这些样本文件的资料可以在帮助库的演示文件中找到。

8. 坐标系

根据使用需要，VERICUT 中可以有多个坐标系，每个组件有自己的坐标系，称为组件坐标系；每个模型有自己的局部坐标系，称为模型坐标系；还有机床坐标系、工作坐标系，用户还可以自定义用户坐标系。

选择"视图"→"显示轴"命令，系统弹出图 6-19 所示的"查看所有轴"对话框。在该对话框中可以设置视图中是否显示描述坐标系的坐标轴，其中实线轴平行或指向屏幕以外，虚线指向屏幕里。

（1）组件坐标系　每个组件都有自己的坐标系，可以通过图 6-19 所示的对话框设置显示组件坐标系。组件坐标系的坐标轴及其符号如图 6-20 所示。

（2）模型坐标系　每个模型都有自己的局部坐标系。模型为组件提供了 3D 形状、属性等，与组件相关联。模型坐标系的坐标轴及其符号如图 6-21 所示。

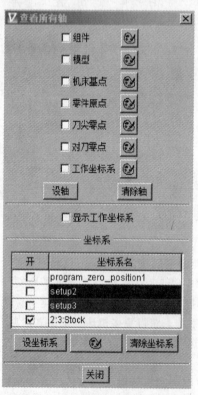

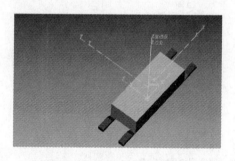

图 6-20　组件坐标系的坐标轴
及其符号

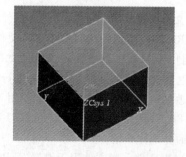

图 6-19　"查看所有轴"对话框

图 6-21　模型坐标系的坐标轴及其符号

（3）机床坐标系　机床坐标系是定义 NC 机床和 NC 机床工作台的参考坐标系，在机床视图中观察所显示的 NC 机床，并且 X-测量规的测量值也是相对于该坐标系的。机床坐标系的坐标轴及其符号如图 6-22 所示。

（4）工件坐标系　毛坯、夹具和设计组件被连接到工件坐标系原点。工件坐标系只用于工件视图，并且因切削仿真是否用于 NC 机床而有所不同。在定义好 NC 机床的切削仿真中，例如在处理 G 代码数控程序文件时，工件坐标系原点是机床组件中负责运送毛坯、夹具和设计组件的原点。在没有定义好 NC 机床的仿真中，例如要处理 APT-CLS 数控程序文件时，工件坐标系原点是不移动的基础组件（毛坯、夹具和设计组件连接于其上）的初始原点。工件坐标系的坐标轴及其符号如图 6-23 所示。

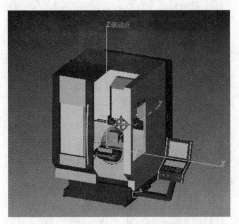
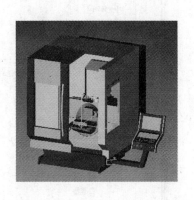

图 6-22　机床坐标系的坐标轴及其符号　　　　　　图 6-23　工件坐标系的坐标轴及其符号

（5）用户自定义坐标系

1）用户自定义坐标系概述。用户可以自定义坐标系，单击工具栏中的"项目树"按钮，系统打开图 6-24 所示的"项目树"对话框。在列表中选择"坐标系统"按钮，再单击"添加新的坐标系"按钮，"项目树"对话框变成图 6-25 所示，这时可以自定义用户坐标系。

用户自定义坐标系主要用于确定 APT 或 CLS 刀位轨迹相对于工件的正确位置关系，也可以用于确定剖切面或采集测量数据。激活的用户自定义坐标系支持 X-测量规的测量值、剖切面数值和刀位轨迹运动。

选择"视图"→"显示轴"命令，系统弹出图 6-26 所示的"查看所有轴"对话框。在对话框中的"坐标系"列表中选择用户自定义坐标系名，此例选用用户自定义坐标系"Csys1"，对话框右边可显示其坐标轴及其符号。

在三轴机床上仿真 G 代码数控程序时，不推荐使用用户自定义坐标系，因为这会导致机床视图中工件的移动。如果工件偏差值显示在数控文件时，可以通过选择"项目"→"G-代码"→"设定"命令，系统弹出"G-代码设定"对话框进行修正。

通过选择"项目"→"设工作坐标系"命令选择所需的坐标系名称，设定激活的坐标系。

2）创建用户自定义坐标系的基本步骤。创建用户自定义坐标系的基本操作步骤如下：

①　单击工具栏中的"项目树"按钮，系统打开图 6-24 所示"项目树"对话框。在列表中单击"坐标系统"按钮，再单击"添加新的坐标系"按钮，"项目树"对话框变成图 6-25 所示。

② 在图 6-25 所示的对话框中，可以选择一个已经定义过的用户坐标系名称，这时可以在对话框中对该坐标系进行修改和编辑，也可以删除坐标系。在图 6-25 所示的对话框中，选择一个已经定义过的用户坐标系名称，单击鼠标右键，在弹出的快捷菜单中选择"删除"命令删除坐标系。在图 6-25 所示的对话框中，单击"坐标系从文件..."按钮，可以打开一个 CSYS 文件并读取该文件中已定义的用户坐标系，将该文件中定义的用户坐标系添入本项目中。"附上坐标系到"下拉式选项用于将定义的用户坐标系附加到指定的某一组件上。

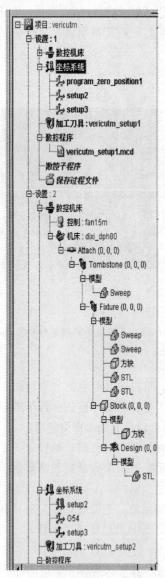

图 6-24　"项目树"对话框 1

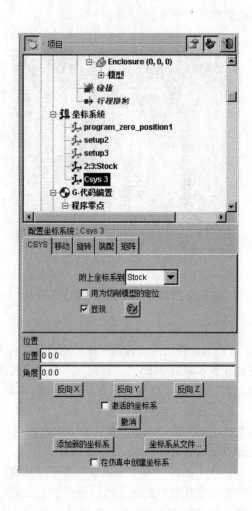

图 6-25　"项目树"对话框 2

3）修改和编辑用户自定义坐标系参数。其操作步骤如下：

① 单击"移动"选项卡按钮，对话框如图 6-27 所示。可以分别通过"从""到"文本框和"位置"选项组对选取的坐标系进行平移操作。

② 单击"旋转"选项卡按钮，对话框如图 6-28 所示。可以分别通过"旋转中心""增量"文本框和"位置"选项组对选取的坐标系进行旋转操作。

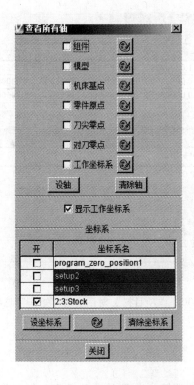

图 6-26　"查看所有轴"对话框

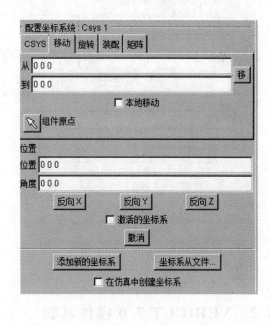

图 6-27　"项目树"对话框的"移动"选项卡

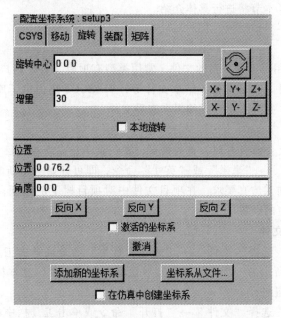

图 6-28　"项目树"对话框的"旋转"选项卡

　　③　单击"装配"选项卡按钮,对话框如图 6-29 所示。允许用户以输入或选择三点坐标的方式创建或者修改坐标系方位。

　　④　单击"矩阵"选项卡按钮,对话框如图 6-30 所示。用 12 个参数设定用户自定义坐标系中的方位。

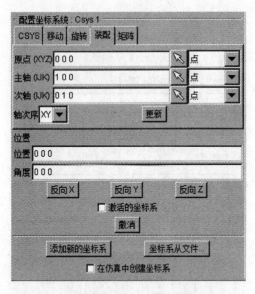

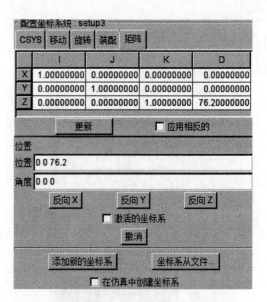

图 6-29 "项目树"对话框的"装配"选项卡　　图 6-30 "项目树"对话框的"矩阵"选项卡

6.2 VERICUT 7.0 操作基础

在学习 VERICUT 7.0 仿真技术之前，读者首先需要掌握一些最基础的操作，如文件操作、视图操作、配置操作等，本节将进行具体介绍。

6.2.1 文件操作

VERICUT 系统中应用了多种类型的文件，常用类型有项目文件、用户文件、数控程序文件、机床文件、控制系统文件、日志文件、结果文件等，VERICUT 还提供了库文件和示例文件。本小节主要介绍如何新建、打开、保存、编辑和查看文件。

1. 新建项目文件

在新建一个新的加工仿真任务时，首先需要设置仿真单位。新建项目文件的基本过程为：选择"文件"→"新项目"→"毫米"或"英寸"命令，即可开始一个新的加工仿真任务，单位为毫米或者英寸。根据加工仿真要求，在项目文件中对项目树下的各项，如数控机床、坐标系统、加工刀具等进行相应的设置。

2. 保存/打开用户文件

（1）保存用户文件　选择"文件"→"另存项目为"命令或单击工具栏中的"保存项目"按钮，系统弹出图 6-31 所示的"项目另存为"对话框。在"文件"文本框中输入文件要保存的目录，单击"保存"按钮即可。

（2）打开用户文件　选择"文件"→"打开"命令或单击工具栏中的"打开项目"按钮，系统弹出图 6-32 所示的"打开项目"对话框。先选择需要打开的文件所在的目录，再选择需要打开的文件，单击"打开"按钮即可。

3. 保存/打开 IP（过程文件）文件

所有加工切痕的 3D VEIRCUT 切削模型可以被保存在 IP 文件中。保存的 IP 文件可用于回放切削仿真过程，以避免因计算故障或断电导致中断切削仿真而丢失工作结果。

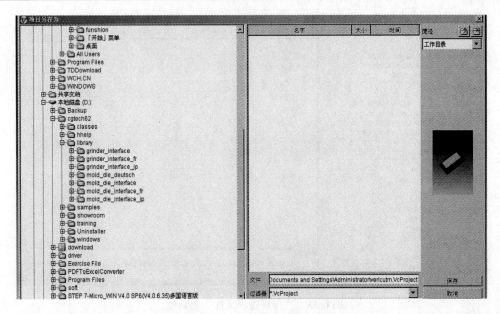

图 6-31　"项目另存为"对话框

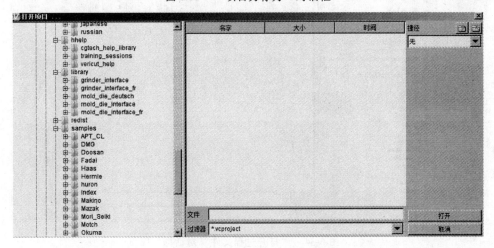

图 6-32　"打开项目"对话框

（1）保存 IP 文件　选择"文件"→"过程文件"→"保存过程文件"命令或单击工具栏中的"保存过程文件"按钮，系统弹出图 6-33 所示的"保存过程文件"对话框。选择保存过程文件的目录，在"文件"输入框中输入要寻找的过程文件的名称，单击"保存"按钮即可。

（2）打开 IP 文件　打开保存过的 IP 文件，重新装载 VERICUT 模型并继续工作。选择"文件"选项下的"过程文件"，选择"打开过程文件"命令或单击工具栏中的相应命令按钮，系统弹出图 6-34 所示的"打开过程文件"对话框。选择过程文件所在的目录，选择要打开的过程文件的名称，单击"打开"按钮即可。

（3）自动保存 IP 或 ShadeCopy 文件　在加工仿真过程可以自动保存 IP 或 ShadeCopy 文件。选择"文件"→"自动保存"命令或单击工具栏中相应的按钮，系统弹出图 6-35 所示的"自动保存"对话框。单击"过程文件"选项卡按钮，然后输入自动保存 IP 文件需要的支持文件和文件名，"自动保存"和"自动报警"都要用到，确保输入不同的文件名，最后单击"确定"按钮。

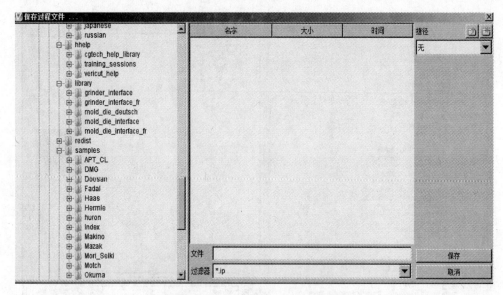

图 6-33　"保存过程文件"对话框

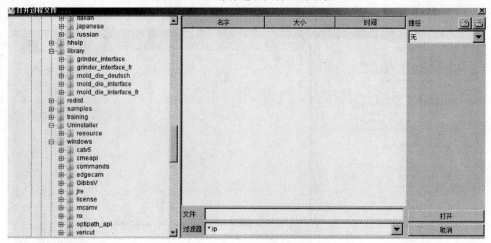

图 6-34　"打开过程文件"对话框

4. 保存/打开 NC 机床文件

NC 机床设置保存在机床文件中，此文件与控制文件结合，VERICUT 即可仿真 NC 机床对刀位轨迹相应。

（1）保存 NC 机床文件　选择"配置"→"机床"→"保存机床文件"命令或单击工具栏相应的命令按钮，系统弹出图 6-36 所示的"保存机床文件"对话框。选择保存机床文件的目录，在"文件"文本框中输入机床文件的名称，设置需要保存文件值的单位，单击"保存"按钮即可。

（2）打开 NC 机床文件　选择"配置"→"机床"→"打开机床文件"命令或单击工具栏中相应的命令按钮，系统弹出图 6-37 所示"打开机床"对话框。选择机床文件所在的目录，选择要打开的机床文件名称，单击"打开"按钮，机床文件被打开并且所有机床视图都被更新。

5. 保存/打开控制文件

NC 控制设置保存在控制文件中，其中包含加工码如何被翻译和关联子程序等。

（1）保存控制文件　选择"配置"→"控制"→"保存控制文件"命令或单击工具栏中的

"保存控制系统"按钮，系统弹出图 6-38 所示的"保存控制文件"对话框。选择保存控制文件的目录，在"文件"文本框中输入控制文件的名称，设置需要保存文件值的单位，设置需要保存文件值的单位，单击"保存"按钮即可。

（2）打开控制文件　选择"配置"→"控制"→"打开控制文件"命令或单击工具栏中相应的命令按钮，系统弹出图 6-39 所示的"打开控制系统"对话框。选择控制文件所在的目录，选择要打开的控制文件的名称，单击"打开"按钮。

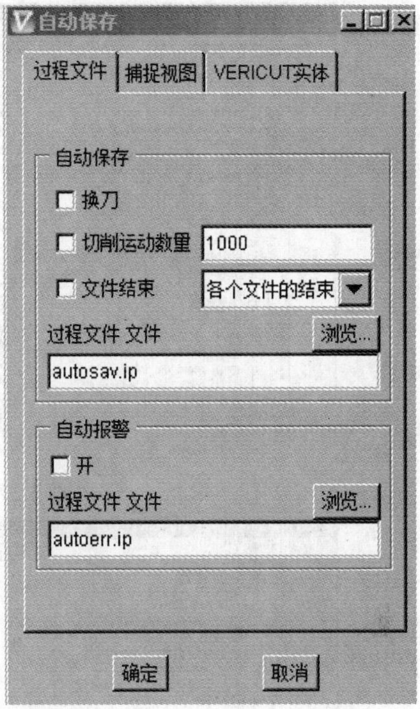

6. 编辑文本文件

VERICUT 系统提供了编辑 ASCII 文本文件的功能。选择"编辑"→"文本文件"命令，系统弹出一个窗口，然后选择该窗口中的"文件"→"打开"命令，再选择相关的文本文件，即可编辑文本文件，编辑好后，选择编辑窗口中的"文件"→"保存"命令，先保存文件，再退出窗口。

6.2.2　仿真状态查看

图 6-35　"自动保存"对话框

在 VERICUT 系统中，可以随时打开或关闭仿真对话框，查看错误信息，警告信息，机床和刀尖位置、切削刀具信息，机床条件等仿真状态。

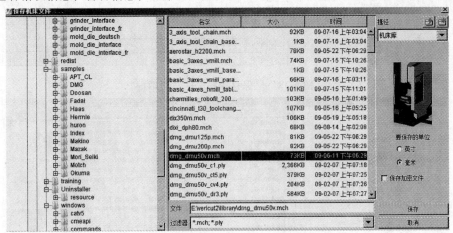

图 6-36　"保存机床文件"对话框

选择"信息"→"状态"命令或单击工具栏中相应的菜单选项按钮，系统弹出图 6-40 所示的"状态"对话框。该对话框中显示相关的仿真信息，单击对话框中的配置按钮，可以重新设置窗口显示的内容。

1. 生成 G-代码或控制报告文件

G-代码报告文件包含当前 NC 设置如何翻译 G-代码数控程序文件的信息，包括被调用的数控程序和宏表示的加工码、使用的切削工具、定义的子程序和参考等。控制报告文件包含于 G-代码报告文件相似的内容，而且包含所有加工码和 NC 控制文件支持功能的更详细信息。

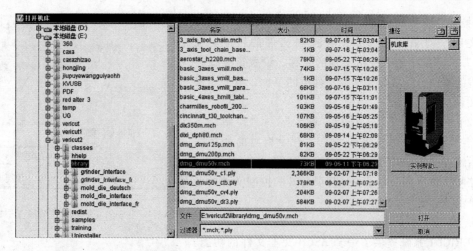

图 6-37　"打开机床文件"对话框

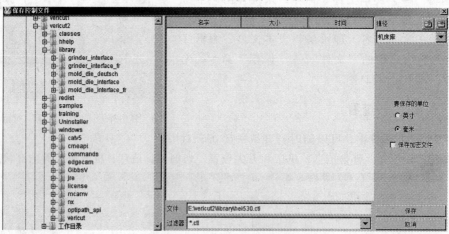

图 6-38　"保存控制文件"对话框

图 6-39　"打开控制系统"对话框

（1）生成 G-代码报告文件　在 VERICUT 系统中，可以生成 G-代码报告文件来查看所需的信息。选择"信息"→"G-代码报告"命令，系统弹出"详细的报告"对话框。查看当前 G-代码报告，在该对话框中可以打开/保存 G-代码报告文件。

（2）生成控制报告文件　当需要的控制文件已装载时，可以生成控制报告文件来查看所需的信息。选择"信息"→"控制报告"命令，系统弹出"控制报告"对话框。查看当前的控制报告，在该对话框中可以打开/保存控制报告文件。

2. 编辑当前数控程序文件

在 VERICUT 系统中，可以编辑当前所有数控程序内容，也可以编辑 VERICUT 处理过的部分数控程序。当前数控程序记录号数值指针与被编辑的数控程序文件不同步时，VERICUT 系统会出现不可预测的问题。因此在编辑数控程序文件后，需要重新验证该数控程序文件没有被编辑的记录后，再重新开始切削仿真。

选择"编辑"→"数控程序"子菜单下的数控程序文件名或单击工具栏中相应的命令按钮，系统会弹出一个编辑窗口。在编辑窗口中，根据需要编辑当前数控程序文件的内容，编辑后保存该数控程序文件。

3. 在进程中查看数控程序文件

选择"信息"→"数控程序"命令或单击工具栏中的"编辑数控程序"按钮，系统弹出图 6-41 所示"数控程序"窗口。可以查看当前系统进行数控加工仿真的数控程序文件内容，根据数控加工仿真进程变化指向相应的记录，并且可以搜索和打印数控程序内容。

图 6-40　"状态"对话框

4. 查看/清除日志文件内容

VERICUT 系统中的日志文件是一个以 .log 为扩展名的标准文件，在 VERICUT 日志文件中可以了解 VERICUT 信息，其中包括大局路径名、错误、警告、加工次数及其他信息。当 VERICUT 切削加工仿真运动后，就可查阅 VERICUT 日志文件。

（1）查看日志文件　在 VERICUT 系统中，选择"信息"→"VERICUT 日志"命令或单击工具栏中的相应命令按钮，系统弹出图 6-42 所示的"VERICUT 日志"窗口。在该窗口中可以查看、打印、复制日志文件的内容。

（2）清除日志文件内容　在 VERICUT 系统中，选择"信息"→"消除日志文件和日志器"命令，即可清除日志文件的内容。

5. 视图操作

灵活的视图操作能够为用户提供多方位观察切削

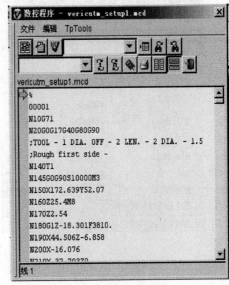

图 6-41　"数控程序"窗口

加工仿真的视角，VERICUT 系统通过方便快捷的视图操作，能够保证用户从任何距离、任何方位、任意视图方位观察切削加工仿真。在 VERICUT 系统主菜单中，选择"视图"菜单下的相应命令，可设置视图显示的数目、每个视图的方位、每个视图的属性，并可定义和保存剖面视图。

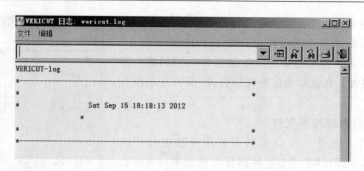

图 6-42　"VERICUT 日志"窗口

（1）视图布局　在 VERICUT 系统主菜单中，可以通过选择"视图"→"版面"来设置 VERICUT 主窗口中的标准视图布局，还可以增加视图、删除视图和平铺水平等。

1）标准布局。选择"视图"→"版面"→"标准"或"平铺水平"或"平铺垂直"命令可以层叠、横向平铺或纵向平铺视图窗口，如图 6-43 所示。完成布局操作后，还可以增加更多的视图或删除当前视图。

2）改变视图布局。选择"视图"→"版面"→"级联"或"平铺垂直"命令可以层叠、横向平铺或纵向平铺视图窗口，布局好之后，还可以增加更多的视图或删除当前视图。

（2）视图属性　设置适当的视图属性可以增强切削仿真的可视度，使加工仿真过程更逼真。选择"视图"→"属性"命令，系统弹出图 6-44 所示的"视图属性"对话框。下面分别介绍各选项的功能。

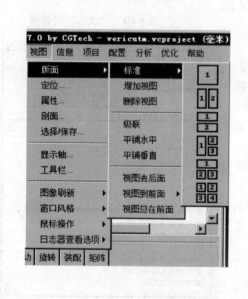

图 6-43　"标准"子菜单

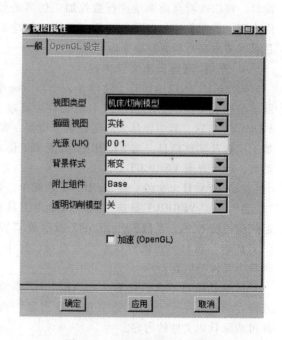

图 6-44　"视图属性"对话框

1）视图类型，"视图类型"下拉式选项共有零件、机床、机床/切削模型和轮廓 4 个选项。如果选择"零件"，显示工件毛坯以及对其进行的加工；如果选择"机床"，显示所定义的机床与没切削的工件毛坯，并且显示机床在加工时的运动，但不能支持对切削完成后工件的检测；如果选择"机床/切削模型"，显示 G-代码刀位轨迹仿真中旋转工件切削开始前已定义好的剖切面切削视图。

2）描画视图。"扫描视图"下拉式选项用于机床组件显示模式，可选择"实体"，表示渲染过的实体；选择"线"，表示线框模式；选择"隐藏"，表示隐藏后面和内部线；选择"混合"，表示混合模式。

3）光源。定义光源指向的方向矢量，在文本框中输入 I、J、K 矢量值（用空格隔开）。

4）背景样式。视图背景色选项，可选背景色样式为渐变、清一色、描影或墙壁等。背景中的各种颜色可以通过选择"编辑"→"颜色"命令，在弹出的"颜色"对话框中进行定义。系统通过定义不同类型的视图背景，不影响切削加工仿真的速度和精度，可使加工仿真更逼真。

5）附上组件。设置视图观察点与光线的附着组件，哪个组件被选择作附着组件，则哪个组件在切削加工仿真时固定不动，其他组件对该组件作切削加工运动。根据视图类型不同，可以选择不同的附着组件。工件视图默认工具被固定，刀具围绕工件作切削加工运动。机床视图默认机床底座组件不动，机床轴移动。

6）透明切削模型。"透明切削模型"下拉式选项中有"关"、"正常"和"延伸"3 种模型显示方式，用于设置切削模型是否透明显示，该选项只能用于当前激活的工件视图中。

（3）视图方位　组件模型可以快速被确定为标准制图视图方位、旋转指定角度、动态旋转方位或观察加工的剖切面视图方位。VERICUT 系统提供了在视图中对模型进行平移、放大、缩小、满屏显示、翻转以及绕基准轴旋转的工具按钮。

先激活要确定方位的视图，然后选择"视图"→"定位"命令，系统弹出图 6-45 所示的"视图定位"对话框。选择相应的命令按钮对视图方位进行转换设置。

1）动态旋转。动态旋转按钮在"视图定位"对话框的上方，可以单击对话框中相应的工具按钮进行动态旋转。

2）标准制图的视图方位。选择确定视图中观察模型的标准制图视图方位，并且自动充满窗口显示，可单击 XY、YX、YZ、ZY、ZX、XZ、V-ISO 和 H-ISO 按钮，设定不同的标准视图方位。同时也可以在视图工作区单击鼠标右键，在弹出的快捷菜单中选择"选择视图"子菜单中相应的命令设定合适的视图方位，如图 6-46 所示。

图 6-45　　"视图定位"对话框　　　　　图 6-46　　"选择视图"快捷菜单

3）指定视图旋转角度。在"角度"文本框中输入绕视图坐标系 X、Y、Z 轴旋转角度的绝对值，在"增量"文本框中输入旋转角度的增量值。每单击右侧的 X +、X -、Y +、Y -、Z + 或 Z - 一次，视图将沿指定方向按"增量"指定值旋转相应的角度一次。

4）"重置"按钮。单击该按钮，恢复为前次所选择的视图方位。单击"反向"按钮将视图反向显示。

6.2.3　VERICUT 基础操作实例

本小节以 VERICUT 仿真加工过程监控的应用为例来讲述 VERICUT 的基础操作，以方便读者温习和更加熟悉 VERICUT 的基础操作。

1. 设置工作目录

启动 VERICUT 软件系统，选择"文件"→"工作目录"命令，系统弹出图 6-47 所示的"工作目录"对话框。然后将 D：\ cgtech70 \ library 文件夹设置为工作目录。

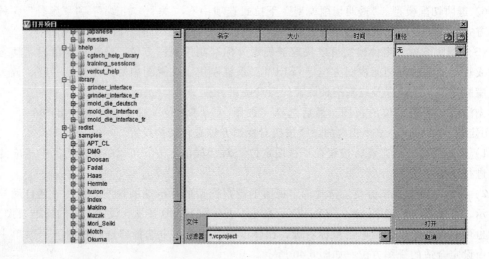

图 6-47　　"工作目录"对话框

2. 打开项目文件

选择"文件"→"打开"命令或单击工具栏中相应的命令按钮，系统弹出"打开项目"对话框。在"捷径"下拉式列表框中选择 vericut. VcProject 文件，单击"打开"按钮确认打开文件。单击工具栏中的"项目树"，系统弹出"项目树"对话框。

3. 显示驱动点坐标系

在机床图形窗口中单击鼠标右键，系统弹出图 6-48 所示的快捷菜单，然后选择"显示所有轴"→"显示轴"命令，系统弹出图 6-49 所示的"查看所有轴"对话框。选中"显示工作坐标系"单选框，然后在工具栏中选择"显示驱动点"命令，并显示 X、Y、Z 轴。全部线性坐标系位于零点，相对于当前毛坯，驱动点代表当前驱动点的位置，如图 6-50 所示。

4. 查看数控程序

在 VERICUT 系统中，选择"信息"→"数控程序"命令或单击工具栏中相应的命令按钮，系统弹出图 6-51 所示的"数控程序"对话框。

多次单击 VERICUT 软件主窗口的右下角的单步按钮，直到"N140T1"，刀具 T1 被加载到主轴中。

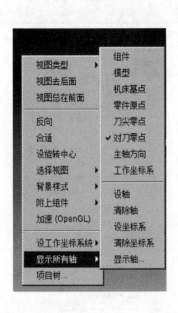

图 6-48　快捷菜单

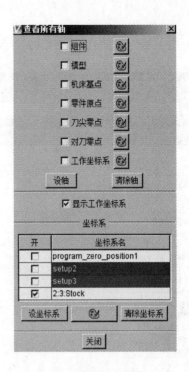

图 6-49　"查看所有轴"对话框

5. 设定 VERICUT 自动停止在每次换刀处

在图 6-52 所示的"项目"对话框中，单击项目按钮，然后单击右上角的配置按钮。在"配置项目"选项卡"开始在"下拉式列表框中选择"起点"，"停止在"下拉式列表框中选择"换刀"，如图 6-52 所示。

6. 系统仿真复位并从开始位置回放仿真

单击 VERICUT 系统右下角重置按钮，系统弹出图 6-53 所示的确认对话框，单击"是"按钮。单击主窗口右下角的"仿真到末端"按钮，仿真到 N140T1 段停止，再单击"仿真到末端"按钮，仿真到 N4500T3 段停止。

7. 不显示驱动点坐标

在图形区域中单击鼠标右键，系统弹出图6-48 所示的快捷菜单，选择"显示所有轴"→"清除坐标系"命令。

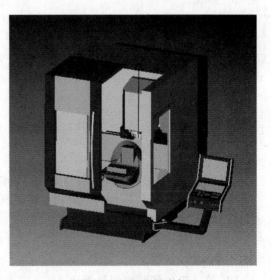

图 6-50　显示驱动点

8. 显示切削"状态"窗口

在 VERICUT 系统中，选择"信息"→"状态"命令或单击工具栏中的相应命令按钮，系统弹出图 6-54 所示的"状态"对话框。

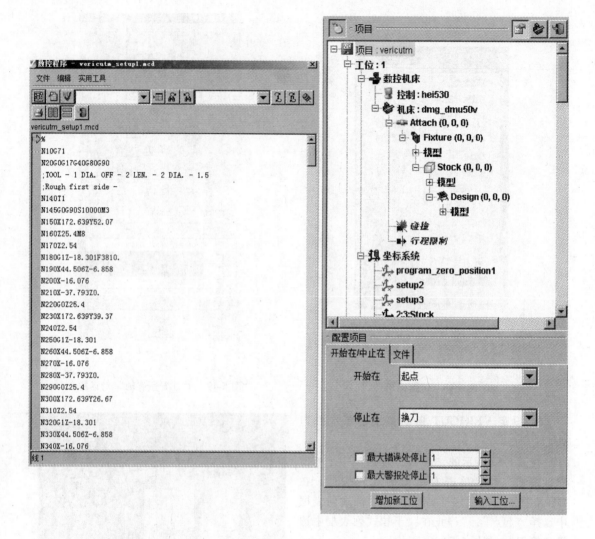

图 6-51　"数控程序"对话框　　　　　　　　图 6-52　"项目"对话框

9. 设置 VERICUT 使其在每个工位可以停止

在图 6-52 所示的"项目树"对话框中，单击"项目"对话框，然后单击右上角的"配置"按钮。在"配置项目"选项卡"开始在"下拉式列表框中选择"起点"，在"停止在"下拉式列表框中选择"各个工位的结束"。

图 6-53　"确认"对话框

10. 第一工位切削模型处停止

在 VERICUT 系统左边的图形窗口中单击鼠标右键，系统弹出图 6-48 所示快捷菜单，选择"视图类型"→"零件"命令，将视图改为零件视图显示。在右边的图形窗口中单击鼠标右键，系统弹出图 6-48 所示快捷菜单，选择"视图类型"→"机床/切削模型"命令，将视图改为机床/切削模型显示。

单击主窗口右下角的"仿真到末端"按钮，仿真结果如图 6-55 所示。

11. 第二工位切削模型处停止

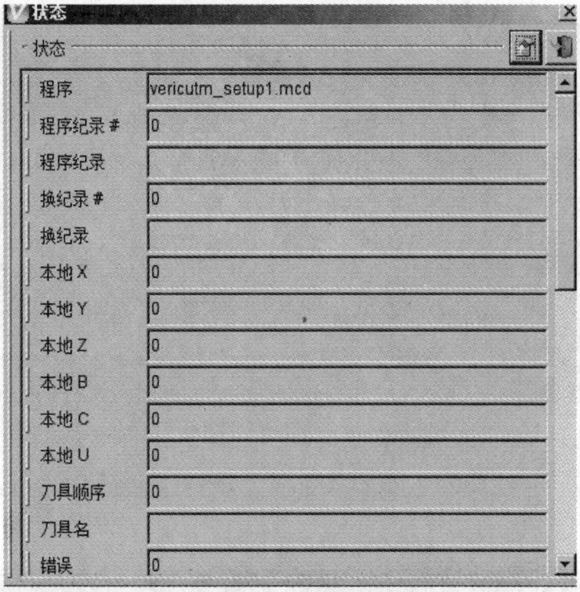

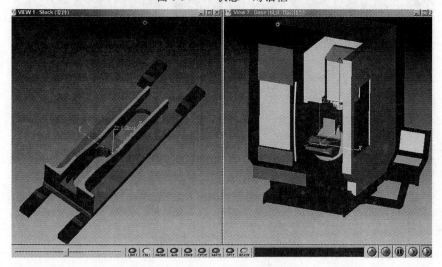

图 6-54　"状态"对话框

图 6-55　第一工位切削模型

单击主窗口右下角的"仿真到末端"按钮，仿真结果如图 6-56 所示。

12. 第三工位切削模型处停止

单击主窗口右下角的"仿真到末端"按钮，仿真结果如图 6-57 所示。

13. 在信息栏浏览错误信息

拖动 VERICUT 系统下方信息提示栏右侧的滚动条，全部的错误信息被临时记录，向上拖动滚动条检查全部的错误，如图 6-58 所示。

14. 在每个错误处停止仿真

在图 6-52 所示的"项目树"对话框中，单击项目按钮，然后单击右上角的"配置"按钮。在"配置项目"按钮中，选中"最大错误处停止"单选框。

15. 系统自动复位并从开始位置回放仿真

单击 VERICUT 右下角的重置按钮，系统弹出图 6-53 所示的"确认"对话框，单击"是"按

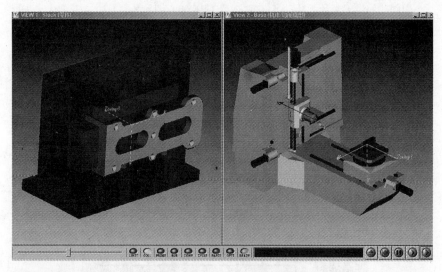

图 6-56　第二工位切削模型

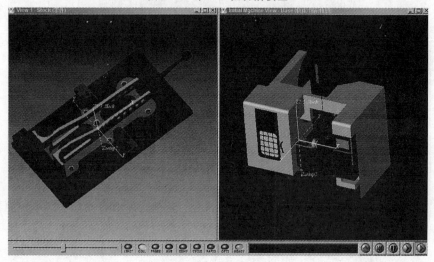

图 6-57　第三工位切削模型

```
Error: Holder "Holder1" of the tool "4" collided with stock at line 16. Collision volume: 95.3245
Fast feed rate removed 0.1237 units of material at line 17
Error: Cutter of the tool "5" collided with Fixture at line 29
Error: Cutter of the tool "5" collided with Fixture at line 30
Error: Cutter of the tool "5" collided with Fixture at line 31
Error: Cutter of the tool "5" collided with Fixture at line 32
Error: Cutter of the tool "5" collided with Fixture at line 33
Error: Cutter of the tool "5" collided with Fixture at line 34
Error: Cutter of the tool "5" collided with Fixture at line 35
Error: Holder "Holder1" of the tool "4" collided with fixture at line 64
Error: Holder "Holder1" of the tool "4" collided with fixture at line 65
Error: Holder "Holder1" of the tool "4" collided with stock at line 67. Collision volume: 0.5823
Error: Holder "Holder1" of the tool "4" collided with stock at line 68. Collision volume: 0.1662
Error: Holder "Holder1" of the tool "5" collided with fixture at line 80
```

图 6-58　在信息栏浏览错误信息

钮。单击主窗口右下角的 "仿真到末端" 按钮，仿真过程将停止，信息栏显示内容如图 6-59 所示。

```
Error: Holder "Holder1" of the tool "4" collided with fixture at line 131
Error: Holder "Holder1" of the tool "4" collided with fixture at line 132
Error: Holder "Holder1" of the tool "4" collided with stock at line 134. Collision volume: 0.6656
Error: Holder "Holder1" of the tool "4" collided with stock at line 134. Collision volume: 2.8839
Error: Holder "Holder1" of the tool "4" collided with stock at line 135. Collision volume: 0.6648
Error: Cutter of the tool "5" collided with Fixture at line 147
Error: Holder "Holder1" of the tool "5" collided with fixture at line 147
Error: Holder "Holder1" of the tool "6" collided with fixture at line 182
```

图 6-59　信息栏显示内容

16. 非动态切削

在图 6-60 所示的"项目树"对话框里，单击"工位：1"，然后单击右上角的"配置"按钮。在"配置工位：1"窗口中，选中"没有动态"复选框，如图 6-60 所示。

17. 系统仿真复位并从开始位置回放仿真

单击 VERICUT 系统右下角的重置按钮，系统会弹出 6-53 所示的"确认"对话框，单击"是"按钮。单击主窗口右下角的"仿真到末端"按钮，可以看到零件窗口或机床窗口中没有动态的显示，但仍然检查全部的错误。

18. 取消非动态切削

在图 6-60 所示的"项目树"对话框中，取消"没有动态"复选框。

19. 查阅数控程序错误

在 VERICUT 系统中，选择"信息"→"数控程序"命令，系统弹出图 6-51 所示的"数控程序"对话框。单击"数控程序"对话框左上角的"数控程序查阅"按钮，系统弹出"数控程序查阅"对话框，如图 6-61 所示。

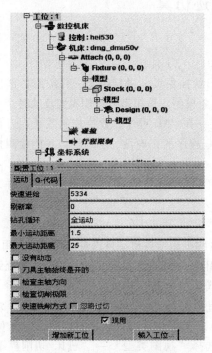

图 6-60　"项目树"对话框

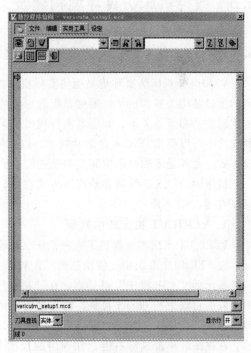

图 6-61　"数控程序检阅"对话框

在信息栏选择发生碰撞错误的一段，相应错误所在段的数控程序在数控程序检阅窗口高亮显示，同时在图形窗口中显示刀具和压板碰撞，如图 6-62 所示。

20. 预览数控程序

单击"数控程序"对话框左上角的"数控程序预览"按钮，单击主窗口右下角的"仿真到末端"按钮，可以看到图形窗口中数控程序直接仿真到数控程序尾部，并以刀轨显示在图形窗口中，如图 6-63 所示。

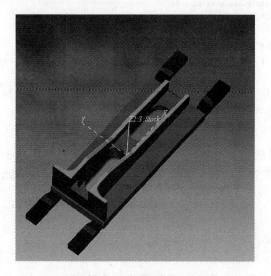
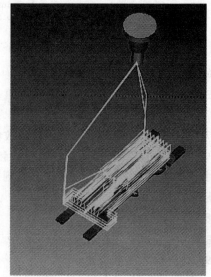

图 6-62　数据程序检阅错误　　　　　　　　图 6-63　预览数控程序的显示结果

6.3　数控机床仿真环境构建及刀具轨迹仿真

6.3.1　VERICUT 机床仿真环境构建

VERICUT 机床仿真环境是指将实际机床按一定形状抽象尺寸进行描绘，并按照各部件间一定的逻辑结构关系和运动依附关系组合而成的机床抽象模型。该模型应该能真实反映各个坐标轴的逻辑关系和运动关系，并能真实再现机床运动轨迹，在 CNC 程序、数控控制系统、刀具库等的支撑下可以模拟 CNC 程序运动轨迹，以此检测 CNC 程序的正确性、合理性，并能检测机床运动方式，尤其是多轴机床空间运动轨迹的正确性。

机床的结构及其设置存储在 mch 文件中，VERICUT 系统本身提供了 70 多个 mch 文件，用户可以直接打开使用。

1. VERICUT 机床结构模型

VERICUT 系统本身提供了多种机床结构模型，这些机床结构模型可以供用户直接调用。

在 VERICUT 系统中，依次选择"配置"→"机床"→"打开机床文件"命令，系统弹出图 6-64 所示的"打开机床"对话框。在"捷径"下拉式选项中选择"机床库"选项，选择 VERI-CUT 安装目录下的 library 目录，再选择需要的机床结构模型文件，单击"打开"按钮，系统加载机床文件，机床文件中带有机床结构模型，打开机床文件众多的机床结构模型，如图 6-65 所示。在视图区单击鼠标右键，在弹出的快捷菜单中选择"视图类型"→"机床/切削模型"命令，当前视图则可以显示机床的图形。

2. VERICUT 机床构建及配置

VERICUT 机床构建的过程就是将实际数控机床实体按照运动逻辑关系进行分解，并为各部

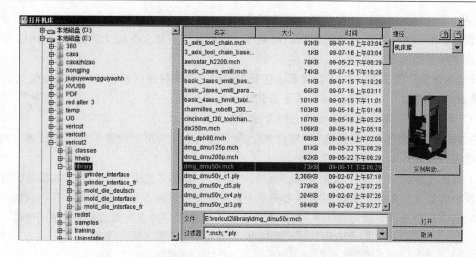

图 6-64　"打开机床"对话框

件构建较简单的数学模型，然后按照它们之间的
逻辑结构关系进行"装配"。在此基础上可以进
行简单的机床检测，如工作台的移动方式、*A/B*
轴的旋转运动方式等。

下面首先归纳 VERICUT 机床构建的一般流
程。

（1）建立机床运动轴组件拓扑结构　要建立
VERICUT 机床模型拓扑结构，必须先了解机床各
轴之间的相互运动关系及相关参数。尤其是 5 轴
机床，各组件之间的位置关系相对复杂，转动中
心之间的偏置、转动中心轴线到主轴轴线的偏置
和转动中心到主轴端面的距离，这些参数尤其重
要，参数结果的正确与否直接影响仿真结果的真
实性。

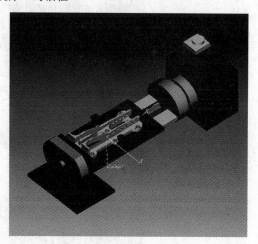

图 6-65　机床结构模型

（2）添加机床组件模型　拓扑结构建立好后，要相应地增加各机床组件模型，如 *X/Y/C/A*
轴、床身、主轴等。由于 5 轴数控机床的干涉和碰撞主要发生在旋转轴、主轴（或刀套）与工
件（或夹具）之间，所以组件模型的尺寸大小、坐标位置关系必须与实际机床结构完全相同，
作为干涉及碰撞检查的主要依据。而 *X*、*Y*、*Z* 轴的组件模型就可以做简化处理。由于数控模型
复杂，所以先在 UG 或 CATIA 等三维软件中构建机床三维模型，然后以组件为单位逐个输出 STL
格式模型文件，注意输出组件模型时的参考坐标系和 VERICUT 中相应坐标系匹配，再以组件为
单位导入 VERICUT。

（3）设置机床相关参数　机床运动结构定义完后，需要对机床进行初始化设置，例如机床
干涉检查、机床初始化位置、机床行程等。这些参数一般可以从机床厂家得到，如果没有这些参
数则可以通过一些实际操作来测量这些参数。

（4）设置机床基本状态　通过 VERICUT 的机床设置功能可以进行若干机床最基本状态的设
置，如碰撞检测、机床初始位置、换刀点、行程范围、各轴快速运动时的运动模型等。

3. 机床设置及实例

机床结构模型创建好后，还需要对机床进行初始化操作，依次选择"配置"→"机床设置"

命令或单击工具栏中的机床设置按钮，系统弹出图 6-66 所示的"机床设定"对话框。该对话框用于设置机床的初始位置及各轴的先后运动顺序、行程范围、加工时的干涉情况。其中对话框中的各个选项和参数的含义如下：

"开机床仿真"复选框：用于设置机床仿真加工时在机床视图区显示机床的运动情况。

"地板/墙壁定位"下拉式选项：该下拉式选项有"X +"、"X –"、"Y –"、"Y +"、"Z +"和"Z –"6 个选项，用于设置竖直向上的坐标轴及其方向。

"碰撞检测""表""行程极限""轴优先"四个选项卡分别用于设置机床干涉检查、机床初始化、机床行程和各轴运动分配等内容。

(1) 机床干涉检查设置　在图 6-66 所示的对话框中单击"碰撞检测"选项卡按钮，可进行机床干涉检查设置，用于检查机床组件之间是否发生干涉及发生干涉的临界值。在仿真加工时用红色表示运动发生干涉，同时在 LOG 文件中列出机床组件与工件或夹具之间发生的干涉。

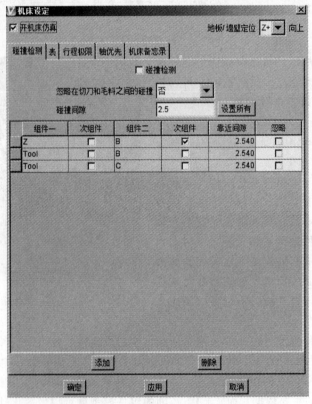

图 6-66　"机床设定"对话框

1)"碰撞检测"复选框用于设置机床仿真加工时，在 LOG 文件中所列出的组件之间发生的干涉。

2)"忽略在切刀和毛料之间的碰撞"下拉式选项用于设置是否在机床仿真加工时忽略工件与刀具上的非切削部分，如刀杆、刀柄等夹持部分发生的干涉，有"否"、"所有刀具"和"工作刀具"3 个选项。其中各选项的具体含义如下：

① 否：该选项表示不忽略刀具非切削部分与工件和机床之间发生的干涉，即所有干涉都将被检测到。

② 所有刀具：该选项表示忽略刀具库中所有的刀具非切削部分与工件之间的干涉，包括刀具库中那些在本次加工中并未采用的刀具。

③　工作刀具：该选项表示忽略刀具库中本次加工中采用的刀具非切削部分与工件之间发生的干涉，而不忽略刀具库中未被采用的刀具与工件之间发生的干涉。

3）"碰撞间隙"文本框用于设置发生间隙的临界值，单击右边的"设置所有"按钮将干涉检查列表中所有的干涉值设置为文本框中的默认值。

4）"添加"按钮用于设置在组件列表中增加一行。

5）"删除"按钮用于设置在组建列表中删除一行。

（2）机床初始化设置　在图 6-66 所示的对话框中单击"表"选项卡按钮，对话框如图 6-67 所示，用于设置机床位置和换刀等细节。

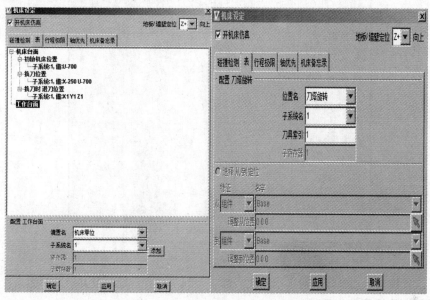

图 6-67　"机床设定"对话框中"表"选项卡

1）"偏置名"下拉式选项用于设置机床功能的名称，当在中间的列表框中选择"工作台面"时，有"机床零位""基本工作偏置""工作偏置""程序零点""输入程序零点（Special Z）""RTCP 旋转点设置""RPCP 旋转点偏置"7 个选项；当在中间的列表框中选择"机床台面"时，有"初始机床位置""机床参考位置""换刀位置""换刀时退刀位置""刀塔旋转"5 个选项。

2）"子系统名"下拉式选项用于设置机床子功能的序列号。

3）"寄存器"文本框用于设置工件偏移的序列号，当"偏置名"下拉式选项选择"机床参考位置"时被激活。

4）"刀具索引"文本框用于设置程序原点的索引号，当"偏置名"下拉式选项选择"刀塔旋转"时被激活。

5）"添加"按钮用于增加所设置的机床功能选项及其设置值。

（3）机床行程设置　在图 6-66 所示的对话框中单击"行程极限"选项卡按钮，对话框如图 6-68 所示，用于设置机床各移动部件的行程范围，以便在仿真加工中发现超程现象时进行提示。

1）"超行程颜色"选项的功能是设置出现超行程时机床执行部件显示的颜色。

2）"允许运动超出限制"复选框用于在仿真加工时出现超行程的时候，系统以"超行程颜色"下拉式选项里设置的颜色显示出现，并记录在 LOG 文件中。

3）"最大/最小"行程列表栏用于列出机床的全部运动轴及其相应的行程范围等信息。

（4）运动轴分配　在图 6-66 所示的对话框中单击"轴优先"选项卡按钮，对话框如图 6-69

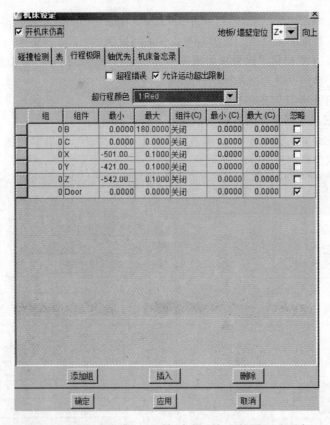

图 6-68　"机床设定"对话框中的"行程极限"选项卡

所示,用于设置快速运动时各轴的运动模式。列表中列出所有运动轴及其运动的先后次序。

4. VERICUT 机床控制系统

设置好数控机床的组成和结构后,机床还不能运动。要实现加工运动,还需要给机床配置数控系统,使机床具有解读数控代码、插补运算、仿真显示等基本功能。VERICUT 系统提供了支持 EIA RS-274 标准格式的数控代码及部分会话格式功能。此外用户还可以利用 VERICUT 的人机交换界面和机床开发工具箱,针对具体的机床设置一些特殊的非标准功能控制代码。

(1) 调用已有的机床控制系统文件　VERICUT 系统自带多种控制系统文件,在系统库中有 A-B、CINCINNATI、FANUC、PHILLIPS 和 SIEMENS 等控制系统,文件名为 *.ctl,用户可以直接打开使用。

在 VERICUT 系统中,选择"配置"→"控制"→"打开控制文件"命令,系统弹出图 6-70 所示的"打开控制系统"对话框。在"捷径"下拉式选项中选择"机床库",如图 6-70 所示,可以选择 VERICUT 系统中机床库中自带的控制文件,如单击"实例帮助..."按钮就可以查看所有机床控制文件的详细说明。

(2) 定制机床控制系统文件　如果 VERICUT 系统的控制文件库中没有符合要求的控制系统文件,用户也可以打开一个类似的控制系统文件,进行适当的修改并另存一个机床控制文件。用户也可以自己定制一个机床控制文件。定制机床控制文件需要对以下功能选项进行设置。

1) 符号及格式设置。符号及格式设置可以对机床的字符及格式进行设置,使机床能够识别数控程序中的字符及其格式。在 VERICUT 系统中,选择"配置"→"文字格式"命令,系统弹出图 6-71 所示的"字格式"对话框。该对话框中列出了数控程序文件所使用的字符及其格式。单击"添加"按钮,在"字格式"对话框中的列表栏中会添加一行字格式描述行,如图 6-72 所

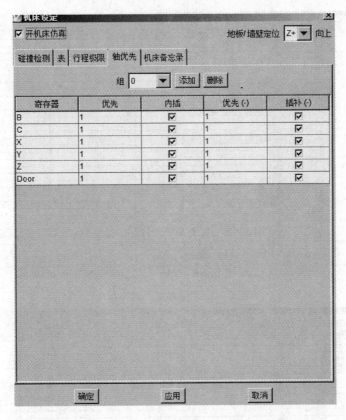

图 6-69 "机床设定"对话框中"轴优先"选项卡

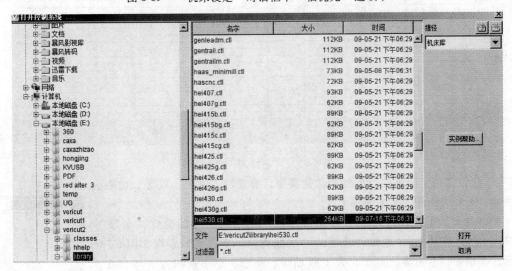

图 6-70 "打开控制系统"对话框

示。编辑字格式描述行时，只需单击需要编辑的栏目即可修改相应的对象。

"字格式"对话框中的各个选项和参数的含义和功能所示：

"名字"栏用于输入需要在"字格式"对话框中增加或修改的字符，该字符在数控文件中出现，表示某一确切含义，完成某一特定功能，在"名字"列表栏中不能出现重复的字符。

在"类型"栏单击需要编辑的类型栏目，系统弹出图 6-73 所示的下拉式列表框。用于设置

名字	类型	次级类型	英制	英寸格式	公制	公尺格式	乘	乘数	综合格式
	特定	被引述的文本							
#	宏	数字	小数		小数		否		
%S	特定	跳							
%	宏	字母-数字							
(	数学	左优先次序							
)	数学	右优先次序							
*	有条件的	HeldCondMultiply	小数		小数		否		
+	数学	加							
,	特定	分离器							
-	数学	减							
/	有条件的	HeldCondDivide	小数		小数		否		
:	特定	忽略							
;	特定	注释开始							
<	数学	分配							
=	数学	左优先次序							
>	特定	行尾							
IN	数学	右优先次序							
\	数学	结果							
_	特定	忽略							
A	宏	数字	小数	3.3	小数	3.3	否		
ABS	功能	abs							
ABST	宏	数字	小数	3.4	小数	4.3	否		
ACOS	功能	acos_d							
ALESAGE	特定	注解开始							
AND	逻辑	与							
ANGLE	宏	数字	小数	3.3	小数	3.3	否		
APPR	宏	数字	小数		小数				
ASIN	功能	asin_d							
ATAN	功能	atan_d							
AUGDREHEN	宏	无							

添加　　　删除

确定　　　应用　　　取消

图 6-71　"字格式"对话框 1

名字	类型	次级类型	英制	英寸格式	公制	公尺格式	乘	乘数	综合格式
TOLERANZ	宏	无							
TOOL	宏	无							
TRACE	宏	无							
TRAIN	宏	无							
TURN	宏	无							
TX	宏	数字	小数	3.4	小数	4.3	否		
TY	宏	数字	小数	3.4	小数	4.3	否		
TZ	宏	数字	小数	3.4	小数	4.3	否		
U	宏	数字	小数		小数				
UNBLANK	宏	字母-数字							
UNIVERSAL	宏	无							
UNIVERSAL-BOHREN	宏	无							
UNIVERSAL-TIEFBOHREN	宏	无							
UNIVERSEL	宏	无							
UP	宏	数字	小数	3.4	小数	4.3	否		
V	宏	数字	小数		小数		否		
V.ZEIT	宏	数字	小数		小数				
VECTOR	宏	无							
VERWEILZEIT	特定	忽略							
VZEIT	宏	数字	小数	3.4	小数	4.3	否		
W	宏	数字	小数		小数		否		
WHILE	宏	数字	小数		小数		否		
WINKEL	宏	数字	小数		小数		否		
WORKING	宏	无							
WZ-BRUCHKONTROLLE	特定	忽略							
X	宏	数字	小数	2.4	小数	4.3	是	1	
Y	宏	数字	小数	3.4	小数	4.3	否		
Z	宏	数字	小数	3.4	小数	4.3	否		
ZEIT	宏	数字	小数	3.4	小数	4.3	否		
ZUSTLG	宏	数字	小数	3.4	小数	4.3	否		

添加　　　删除

确定　　　应用　　　取消

图 6-72　"字格式"对话框 2

"名字"栏设置的字符所执行的控制功能类型，有逻辑、特定、数学、功能、类型Ⅱ、宏和有条件的 7 个选项。

在"类型"下拉式列表框中选择"逻辑"选项时，可以设置"名字"字符表示的逻辑功能。"逻辑"选项的"次级类型"下拉式列表框如图 6-74 所示，有相等、不相等、大于、大于或相等、小于、小于或相等、与、或、Bitwise AND、Bitwise OR 以及 Bitwise XOR 共 11 个选项。

在"类型"下拉式列表框中选择"特定"选项时，可以设置特定功能的类型。"特定"选项的"次级类型"下拉式列表框如图 6-75 所示，有跳、数据开始、数据结尾、注解开始、多线注释、注解结尾、类型Ⅱ开始、类型Ⅱ结尾、分离器、变量标识、变量名字、行尾、控制信息、被引述的文本、忽略等 19 个选项。

类型
宏 ▼
逻辑
特定
数学
功能
类型Ⅱ
宏
有条件的

图 6-73　"类型"下拉式列表框

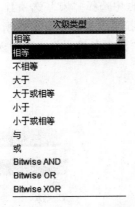

图 6-74　"逻辑"选项的
"次级类型"下拉式列表框

图 6-75　"特定"选项的
"次级类型"下拉式列表框

在"类型"下拉式列表框选择"数学"选项时，可以设置"名字"字符所表示的数学计算方法。"数学"选项的"次级类型"下拉式列表框如图 6-76 所示，有加、减、乘、除、倍率、左优先次序、右优先次序、分配、模数、并置字符串和连接结构共 11 个选项。

在"类型"下拉列表框中选择"功能"或"有条件的"选项时，可以设置控制功能。"功能"选项的"次级类型"下拉式列表框如图 6-77 所示。"有条件的"选项的"次级类型"下拉式列表框如图 6-78 所示。在"次级类型"下拉列表框列出了所有的可用功能，用户可根据需要在列表框中选择。

图 6-76　"数学"选项的
"次级类型"下拉式列表框

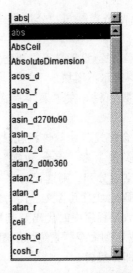

图 6-77　"功能"选项的
"次级类型"下拉式列表框

在"类型"下拉列表框中选择"类型Ⅱ"选项时，可在"次级类型"文本框中输入第二类型字符的格式，这种字符可以是由字母、数字、文本符号相互组合的多种表达式，两者之间用逗号分隔。"类型Ⅱ"选项的"次级类型"下拉式列表框如图 6-79 所示。

在"类型"下拉式列表框中选择"宏"选项时，用于设置坐标值或字符地址。"宏"选项的"次级类型"下拉式列表框如图 6-80 所示，共有数字、字母、字母-数字、综合-数字、列出-数字、列出-字母-数字、字母-数字＋引数、文本字符串和无共 9 个选项。

2）"英制"和"公制"栏。当在"类型"下拉式列表框中选择"宏"选项且"次级类型"为"数字"或"列出-数字"选项时有效，其中"英制"下拉式列表框如图 6-81 所示。有小数、前导或小数和追尾或小数 3 个选项，用于设置"英制"和"公制"输入栏中要输入的英制和公制格式数字的含义。

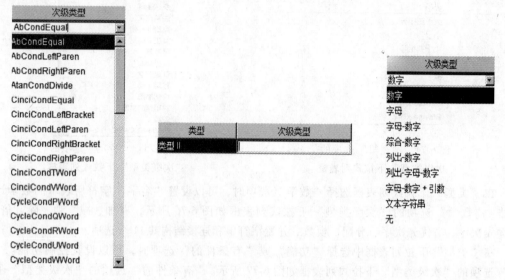

图 6-78　"有条件的"选项的　　　图 6-79　"类型Ⅱ"选项的　　　图 6-80　"宏"选项的
　"次级类型"下拉式列表框　　　　　"次级类型"下拉式列表框　　　　"次级类型"下拉式列表框

3）"英寸格式"和"公尺格式"栏。用于输入英制格式和公制格式的数字。

4）"乘"栏。设置是否需要增加"宏"设置符号的倍数。"是"表示增加，"否"表示不增加。

5）"乘数"栏。在"乘"栏选择"是"时有效，用于输入增加的倍数。

图 6-81　"英制"下拉式列表框

6）"综合格式"栏。该栏在"类型"下拉式列表框中选择"宏"选项且"次级类型"为"综合-数字"选项时有效，用于设置"综合-数字"的分配类型，输入一行数字，用空格分开，则这行数字分别表示每一组的位数。

（3）代码地址及其含义　代码地址功能用于对具体的数控代码及其含义进行设置，以使机床能够识别数控程序中的代码及其格式，完成特定的功能。在 VERICUT 系统中，选择"配置"→"文字/地址"命令，系统弹出图 6-82 所示的"字/地址"对话框。该对话框由菜单和分类树结构显示两部分组成。

在"字/地址"对话框中显示了分类名的树状结构，单击某一分类名前的展开按钮，可以展开该分类名所包含的字符。为了便于修改和管理，在"字/地址"对话框中可将功能类似的字符归为一类，安排在某一地址段内，分组命名，如图 6-82 所示的组名"Specials"，并将该组内的字符与控制机床动作的控制宏命令关联，其中每组可以设置为调动一个或几个动作控制命令。在树状结构中，分类名的列表顺序按照控制中断发生的时间先后顺序排列。

"字/地址"对话框中包含"文件""编辑""设施"3 个菜单，可以完成对控制文件打开、保存和关闭操作，分类列表的编辑操作，以及字符的查找和定位操作。

在"字/地址"对话框中选择"编辑"→"添加/修改"命令，系统弹出图 6-83 所示的"添

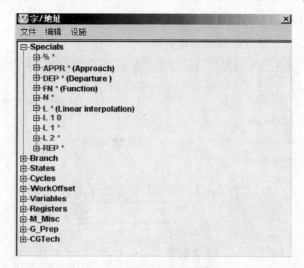

图 6-82　"字/地址"对话框

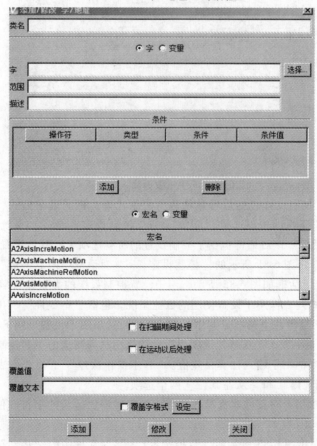

图 6-83　"添加/修改 字/地址"对话框

加/修改 字/地址"对话框，用于添加和修改某一数控代码。

（4）手动操作设置　设置好字符和代码后，控制系统就能解读数控程序了，用户可以通过该功能设置简单的代码，检查机床的执行情况。在 VERICUT 系统中，选择"项目"→"手工数据输入"命令，系统弹出图 6-84 所示的"手工数据输入"对话框。可以在"数控单行"文本框中输入数控指令，输入完成后按回车键，该数控指令出现在"数控多行"的列表框中，选择该指令，单击播放按钮，可以检查机床的运动情况。

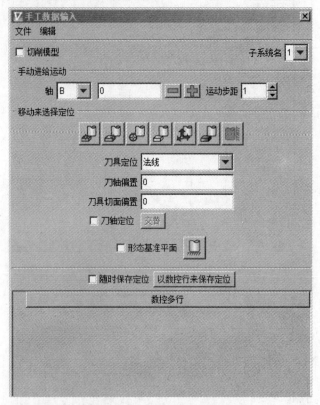

图 6-84　"手工数据输入"对话框

（5）控制设置　控制设置包括设置默认值、控制代码、机床运动模式、换刀方式、刀具补偿等内容。在 VERICUT 系统中，选择"配置"→"控制设定"命令，系统弹出图 6-85 所示的"控制设定…"对话框。该对话框包括了控制设置的所有选项卡，具体设置如下：

1）一般设置。单击图 6-85 所示的"控制设定…"对话框中的"一般"选项卡按钮，切换到"一般"选项卡，对话框如图 6-85 所示，用于设置控制系统的类型和数学计算方法。

"控制型"下拉式列表框用于设置使用的数控系统，包括"一般性""NUM""海德汉会话""西门子""日本东芝"等几个选项。其中，"一般性"选项用于设置采用 FANUC 和其他类似的标准控制器功能的控制系统，"NUM"选项用于设置采用法国制造的一些控制系统。

"演算公差"文本框用于输入计算公差值。"算术操作次序"下拉式列表框用于设置数学操作的顺序，有"优先规则"和"从左到右"两个选项。

"默认字"文本框用于对某些非标准数控格式的程序增加适当的字符，使之符合标准的数控程序。

2）运动设置。单击图 6-85 所示的"数控设定…"对话框中的"运动"选项卡按钮，切换到"运动"选项卡，对话框如图 6-86 所示，用于设置机床控制系统默认的运动状态信息。

"默认运动类型"下拉式列表框用于设置控制系统默认的运动形式，有"快速"和"线性"两个选项。

"默认平面选择"下拉式列表框用于设置控制系统默认的平面，有"XY""ZX""YZ"3 个选项。

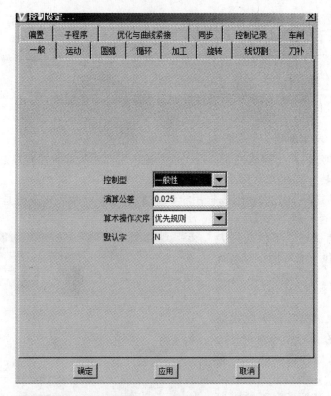

图 6-85   "控制设定 . . ."对话框的"一般"选项卡

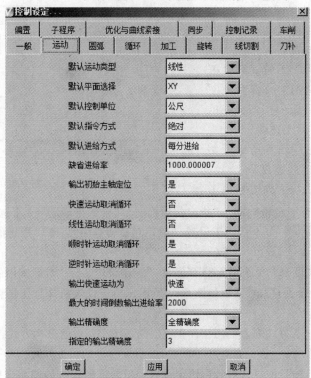

图 6-86   "控制设定 . . ."对话框的"运动"选项卡

"默认控制单位"下拉式列表框用于设置控制系统默认的度量单位,有"英尺"和"公尺"两个选项。

"默认指令方式"下拉式列表框用于设置控制系统默认的输入输出指令模式,有"绝对"和"递增"两个选项。

"默认进给方式"下拉式列表框用于设置控制系统的进给速度模式,有"每分进给"和"每转进给"两个选项。

"缺省进给率"文本框用于设置控制系统默认的进给速度值。

"输出初始主轴定位"下拉式列表框用于设置机床主轴在执行数控程序之前,是否返回到机床初始位置,有"是"和"否"两个选项。

"快速运动取消循环"下拉式列表框用于设置机床在执行循环指令时是否取消快速运动指令,有"是"和"否"两个选项。

"线性运动取消循环"下拉式列表框用于设置机床在执行循环指令时是否取消直线运动指令,有"是"和"否"两个选项。

"顺时针运动取消循环"下拉式列表框用于设置机床在执行循环指令时是否取消顺时针圆弧插补运动指令,有"是"和"否"两个选项。

"逆时针运动取消循环"下拉式列表框用于设置机床在执行循环命令时是否取消逆时针圆弧插补运动指令,有"是"和"否"两个选项。

"输出快速运动为"下拉式列表框用于设置机床在处理 APT 刀具路径文件时处理快速运动方式,有"mmFEE-DRATE"和"快速"两个选项。

"最大的时间倒数输出进给率"文本框用于设置进给率时间倒数。

"输出精确度"下拉式列表框用于设置计算值的精度,有"全精确度""指定的精确度""输入精确度"3 个选项。

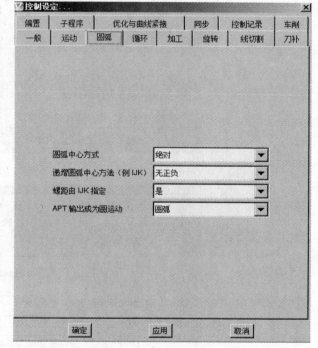

图 6-87 "控制设定..."对话框的"圆弧"选项卡

"指定的输出精确度"文本框用于设置"输出精确度"中选择"指定的精确度"时的有效数值位数。

3)圆弧运动方式设置。单击图 6-85 所示的"控制设定..."对话框中的"圆弧"选项卡按钮,切换到"圆弧"选项卡,对话框如图 6-87 所示,用于设置机床加工圆弧或螺旋线时的圆心及位置。

"圆弧中心方式"下拉式列表框用于设置圆心坐标 I、J、K 的表达方式,有"绝对""递增""根据 G 代码"3 个选项。

"递增圆弧中心方法"下拉式列表框用于设置采用递增模式时的圆心坐标,具体的增量方式有"从起点对圆心""从圆心对起点""无正负"3 个选项。

"螺距由 IJK 指定"下拉式列表框用于设置加工螺旋线时的进刀方法,有"是"和"否"两个选项。

"APT 输出成为圆运动"下拉式列表框用于设置 APT 表示刀具路径时刀具的转化格式，有"圆弧""圆弧 GOTO′S""GOTO′S"3 个选项。

4）循环功能设置。单击图 6-85 所示的"控制设定..."对话框中的"循环"选项卡按钮，切换到"循环"选项卡，对话框如图 6-88 所示，用于设置机床循环加工模式。

"循环回归水平"下拉式列表框用于设置执行完循环运动后刀尖返回位置，有"R 点""初始点""指定点""余隙+退刀"4 个选项。

"循环安全距离"文本框用于设置刀具返回时距工件表面的距离，在"循环回归水平"下拉式列表框选择"余隙+退刀"时有效。

"循环快速方法（例 R）"下拉式列表框用于设置两次循环之间快速运动位置，有"安全面（FANUC）"和"部件表面（CINCI）"两个选项。

"循环深度值（例 Z）"下拉式列表框用于设置每次循环的进给深度，有"绝对""递增""根据 G 代码"3 个选项。

当在"循环深度值（例 Z）"下拉式列表框选择"递增"选项时，"循环递增深度值"下拉式列表框用于确定相对坐标系的相对起点，有"相对于循环快速值""相对于循环初始水平""相对于部件表面"3 个选项。

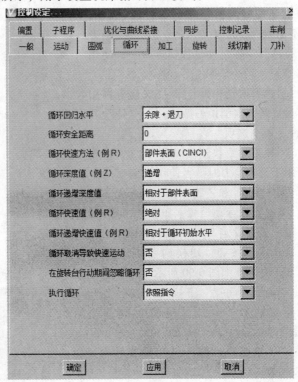

图 6-88　"控制设定..."对话框的"循环"选项卡

"循环快速值（例 R）"下拉式列表框用于设置循环的快速进给平面，有"绝对""递增""根据 G 代码"3 个选项。

当在"循环快速值（例 R）"下拉式列表框选择"递增"选项时，"循环递增快速值（例 R）"下拉式列表框用于确定相对坐标的相对起点，有"相对于循环快速值""相对于循环初始水平""相对于部件表面"3 个选项。

"循环取消导致快速运动"下拉式列表框用于设置快速运动是否取消循环操作，有"是"和"否"两个选项。

"在旋转台行动期间忽略循环"下拉式列表框用于设置在执行旋转运动中是否忽略循环操作，有"是"和"否"两个选项。

"执行循环"下拉式列表框用于控制循环运动的执行时间，有"在运动"和"依照指令"两个选项。

5）加工刀具设置。单击图 6-85 所示的"控制设定..."对话框中的"加工"选项卡按钮，切换到"加工"选项卡，对话框如图 6-89 所示，用于设置机床默认的加工条件和选用的刀具。

"初始刀具的组件名"文本框用于设置第一次换刀时的刀具组件号。

"刀具号码方法（例 T）"下拉式列表框用于控制"字/地址"中设置的刀具号，有"只选择"和"选择与改变"两个选项。

"换刀时退刀方法"下拉式列表框用于设置机床换刀后的返回方式，有"不退刀""退刀（只 Z–轴）""退刀所有轴""向刀具边各轴退刀""使用退刀表"5 个选项。

"换刀取消循环"下拉式列表框用于设置是否取消换刀循环，有"是"和"否"两个选项。

"换刀导致快速运动"下拉式列表框用于设置换刀时是否使用快速运动方式，有"是"和"否"两个选项。

6）旋转运动设置。单击图 6-85 所示的"控制设定 ..."对话框中的"旋转"选项卡按钮，切换到"旋转"选项卡，对话框如图 6-90 所示，用于设置机床默认的旋转运动指令。

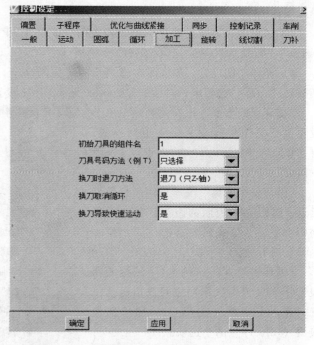

图 6-89　"控制设定 ..."对话框的"加工"选项卡

"输出中间点"下拉式列表框用于设置是否输出刀具位置中间坐标值，有"是"和"否"两个选项。

"A-轴旋转台型""B-轴旋转台型""C-轴旋转台型""A2-轴旋转台型""B2-轴旋转台型""C2-旋转台型"下拉式列表框分别用于设置第一和第二旋转轴 A、B、C 旋转角度的衡量方式，有"线性"和"EIA（360 绝对）"两个选项。

设置第一或第二旋转角度的度量方式为"EIA（360 绝对）"时，"绝对旋转式方向"下拉式列表框用于设置绝对坐标旋转的旋转方向，有"正亮->逆时针""正亮->顺时针""总是逆时针""总是顺时针""最短的距离""线性""最短的距离–180CW""最短的距离–180CCW"8 个选项。

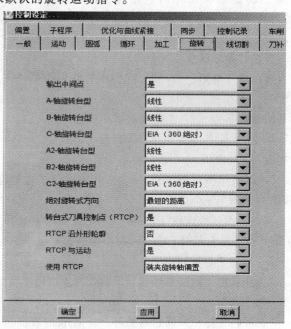

图 6-90　"控制设定 ..."对话框的"旋转"选项卡

"转台式刀具控制点（RTCP）"下拉式列表框用于设置刀具旋转时是否需要控制其旋转中心，有"是"和"否"两个选项。

"RTCP 沿外形轮廓"下拉式列表框用于设置刀具旋转时旋转中心是否沿外形轮廓，有"是"和"否"两个选项。

"RTCP 与运动"下拉式列表框用于设置刀具旋转中心是否为运动模式，有"是"和"否"

两个选项。

"使用 RTCP"下拉式列表框用于设置何种类型的枢轴偏置补偿，有"默认旋转轴偏置""装夹旋转轴偏置""RTCP 旋转轴偏置""只装夹偏置"4 个选项。

7）线切割加工装置。单击图 6-85 所示的"控制设定..."对话框中的"线切割"选项卡按钮，切换到"线切割"选项卡，对话框如图 6-91 所示，用于设置线切割机床默认的初始化位置。

"最大线角度"文本框用于设置对电极丝的最大倾斜角度。

"初始电压"下拉式列表框用于设置开始处理刀具路径轨迹时电极丝的电压。

"UV 相对于 XY"下拉式列表框用于设置四轴线切割 U、V 轴的坐标是否相对于当前 X、Y 的坐标值。

"XY 也移动 UV"下拉式列表框用于设置 U、V 轴是否随同 X、Y 轴的控制指令一起移动。

"工作台到 XY 输出面"文本框用于设置工作台面到 Z 轴 0 平面的距离，其通常设置为 0 值。

8）刀具补偿设置。单击图 6-85 所示的"控制设定"对话框中的"刀补"选项卡按钮，切换到"刀补"选项卡，对话框如图 6-92 所示，用于设置刀具补偿形式，是采用刀具直径补偿，还是采用 CDC 补偿。

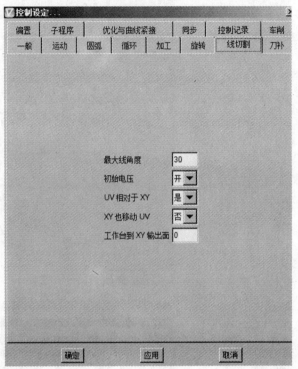

图 6-91　"控制设定..."对话框的"线切割"选项卡

"CDC 开/关方法"下拉式列表框用于控制如何使用 CDC 的开关来控制补偿的建立与取消，有"倾斜下刀开/关"和"直接的"两个选项。

"CDC 倾斜下刀开/关与"下拉式列表框用于设置建立或取消 CDC 补偿类型，有"工作面运动"和"任何运动"两个选项。

9）制作坐标系偏置设置。单击图 6-85 所示的"控制设定..."对话框中的"偏置"选项卡按钮，切换到"偏置"选项卡，对话框如图 6-93 所示，用于设置制作坐标系在机床坐标系中的位置。

"初始工件偏置"下拉式列表框用于设置是否通过"初始工件索引"文本框设置机床的初始偏移状态，以确定工件坐标系在机床坐标系中的位置。

"初始工件索引"文本框用于输入包含机床初始偏移状态的偏移指令。

10）子程序名称设置。单击图 6-85 所示的"控制设定..."对话框中的"子程序"选项卡按钮，切换到"子程序"选项卡，对话框如图 6-94 所示，用于设置控制系统应用的子程序名称。

"子程序名字的类型"下拉式列表框用于设置子程序名字的类型，有"数字"和"文本"两个选项。

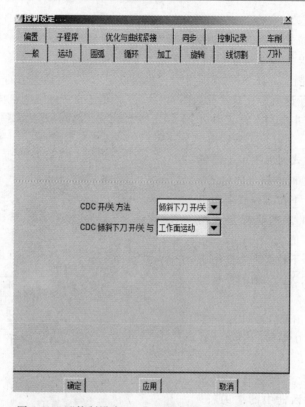

图 6-92 "控制设定..."对话框的"刀补"选项卡

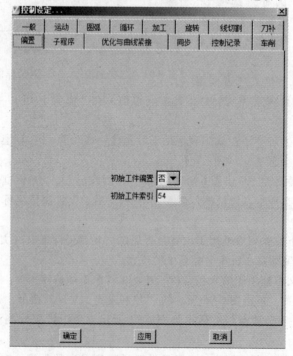

图 6-93 "控制设定..."对话框的"偏置"选项卡

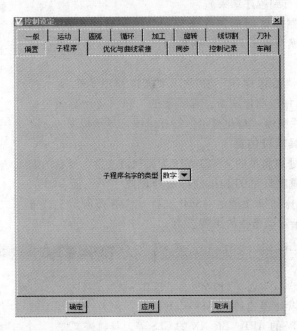

图 6-94　"控制设定 …"对话框的"子程序"选项卡

6.3.2　VERICUT 刀具轨迹仿真

刀具轨迹生成后可以在图形窗口以线框形式模拟刀具路径，使用户可以在图形方式下更直接观察刀具的运动过程，以验证各种加工参数定义的合理性。本小节将详细介绍 VERICUT 刀具轨迹仿真过程及方法。

1. VERICUT 刀具轨迹概述

刀具轨迹包含说明切削刀具及其位置，以及使用机床进行 NC 加工所需要信息的一个 ASCII 格式文本文件。刀具轨迹文件可分为两类：APT-CLS 刀具轨迹文件和 G-代码刀具轨迹文件。

1) APT-CLS 刀具轨迹文件的典型扩展名为 .apt，包含刀位轨迹记录所必需的信息，它是 CAM 软件系统输出的，易于被数控编程人员读懂的 ASCII 格式文本文件，但它是一个中间过渡文件。

2) G-代码刀具轨迹文件的典型扩展名是 .mcd，是可以直接用于数控机床、通过将 APT-CLS 刀具轨迹文件经过处理后生成的针对具体的数控机床所识别的 ASCII 格式文本文件。

2. 刀具轨迹文件的加载

VERICUT 支持通用的 ASCII 格式的 APT 代码刀具轨迹文件和 G-代码刀具轨迹文件，这些文件在进行刀具轨迹仿真前必须加装到 VERICUT 的项目文件中。

在图 6-95 所示的"项目树"对话框中单击"数控程序"按钮，然后在"数控程序类型"下拉式列表中选择刀具轨迹文件的格式和对应文件。

3. 刀具轨迹仿真控制工具栏

"仿真控制"工具栏位于 VERICUT 软件工作界面的中下方，如图 6-96 所示，借助这些控制按钮可以进行各种操作。该工具栏最左侧是控制仿真动画速度滑动条，用于设置仿真运动速度，中间是系统状态的指示等，右侧依次是进度条、重置模型（返回到仿真前的初始模型和状态）、回转数控程序（返回到文件开头）、暂停、单步（仅处理一个刀具轨迹记录语句）、仿真到末端

（开始刀具轨迹仿真运行到程序结束）。

VERICUT 通过控制图像刷新速度来控制切削模型的显示精度，显示精度越高，切削模型的外观显示越精细，占用的计算资源也越多。

选择"视图"→"图像刷新"命令，系统打开图 6-97 所示的"图像刷新"子菜单，用于图像刷新，有"手工"和"自动"两个命令。还可以通过工具栏中的"精化显示"按钮来提高显示精度。

4. APT-CLS 刀具轨迹仿真

VERICUT 系统能处理简单的 ASCII-APT 刀具轨迹文件，所有的宏文件、运动命令和多重循环的刀具运动都被处理成一个包括 GOTO、CIRCLE、CYCLE 和机床辅助功能的 ASCII 文件，没有几何定义、符号代替、宏指令或复杂运动指令的出现。

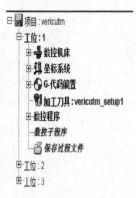

图 6-95　　"项目树"
对话框

图 6-96　　"仿真控制"工具栏

VERICUT 系统可以处理的通用 APT-CLS 包括：ACL、CADRA 的 CL、CATIA 的 APT、CV 的 APT、UG NX 的 CLS 等刀具轨迹文件。

5. 轨迹设置

在 VERICUT 系统中，选择"项目"→"APT 设定"命令，系统弹出图 6-98 所示的"APT 设定"对话框。

（1）设定运动选项　单击图 6-98 所示的"APT 设定"对话框中的"运动"选项卡按钮，对话框如图 6-98 所示。

1）"默认数控程序单位"下拉式列表框用于设置默认的刀具轨迹运动单位，有"英寸"和"毫米"两个选项。

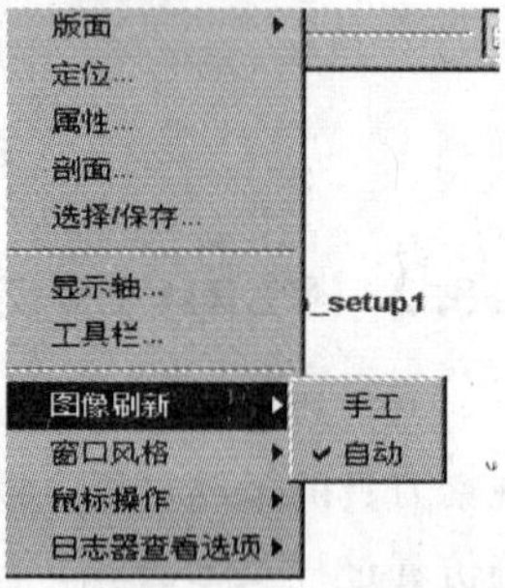

图 6-97　　"图像
刷新"子菜单

2）"MULTAX"复选框，当激活时，将 GOTO 指令转换成 GOTO/X、Y、Z、I、J、K，其中 I、J、K 为刀轴位置；未激活时，将 GOTO 指令转换成 GOTO/X1、Y1、Z1、X2、Y2、Z2 两点坐标方式。

3）"最大刀具轴角度"文本框用于设置多轴运动时轴的最大转动角度，对于多轴运动，显示其中间位置；使用默认值时，不显示其位置，但切削模型不受其影响。

4）"刀具轴重置角度"文本框用于设置运动的最小角度，当多轴运动的角度等于或远大于该角度时，刀具显示被关掉，而当达到目的位置时，刀具才会显示出来。

（2）设定旋转运动选项　VERICUT 仿真的第四轴的旋转运动，依据机床/工件作为参数坐标系的视角的不同而不同。当从工件的视角看时，相当于工件被固定，刀具在转动。这对于仿真转到切削路径和取出材料、碰撞检测都是很明显的标记。

单击图 6-98 所示的"APT 设定"对话框中的"旋转台"选项卡按钮，切换到"旋转台"选项卡，对话框如图 6-99 所示。

1）"旋转""ROTABL""ROTHED"下拉式列表框用于控制如何仿真对应的转动刀具轴的运动轨迹记录，未定义时，系统默认的转动轴为 B 轴，转动中心由"回转中心"文本框输入。

2）"哲学"下拉式列表框用于设置旋转运动的主体，有"刀具"和"表"两个选项。

3）"角度值"下拉式列表框用于控制旋转运动命令的角度，有"相对"和"绝对"两个选项。

图 6-98　"APT 设定"对话框　　　　图 6-99　"APT 设定"对话框的"旋转台"选项卡

4）"方向"下拉式列表框用于设置刀具轴旋转运动的方向，有"最短""顺时针""逆时针""线性"4 个选项。

（3）设定车削选项　单击图 6-98 所示的"APT 设定"对话框的"车削"选项卡按钮，切换到"车削"选项卡，对话框如图 6-100 所示。

"GOTO 格式"文本框用于设置从工件视角看车削的 GOTO 指令如何被显示。在这个视角中，VERICUT 在 X-Z 平面仿真切削运动。其中 Z 轴为主轴方向，X 轴为横向滑板运动方向，该选项作用类似于车削刀具运动位置数据的后处理器。

（4）设定循环选项　单击图 6-98 所示的"APT 设定"对话框中的"循环"选项卡按钮，切换到"循环"选项卡按钮，对话框如图 6-101 所示。

图 6-100　"APT 设定"对话框的　　　　图 6-101　"APT 设定"对话框的
"车削"选项卡　　　　　　　　　　　"循环"选项卡

"循环设置"下拉式列表框用于设置处理 APT 刀具轨迹时所采用的循环定义组，但对于不同的 APT 或后处理器，当增加了新的循环定义组时，需要在这里对其定义一个名称，如果选择"所有"，则认为所有的循环组都可以用。单击"循环定义"按钮，系统弹出一个窗口，用于进行循环定义。

6. APT 格式转化

运用 CL 转换器可将二进制的 APT-CL 刀具轨迹数据转换成 ASCII 格式的 APT 数据，也可以通过批处理程序将二进制 APT 数据转换为 ASCII APT 数据。

将二进制格式的 APT 数据转换为 ASCII 格式数据的基本操作步骤如下：

1）在 VERICUT 系统中，选择"文件"→"转换"→"二进制 CL"命令，系统弹出图 6-102 所示的"Binary to ASCII CL Converter"对话框。

2）在"输入文件"选项栏中输入或通过单击"浏览"按钮选择要转换的二进制数据文件。

3）在"输出文件"选项栏中输入或通过单击"浏览"按钮来选择接收被转换的 APT 刀具轨迹记录文件。

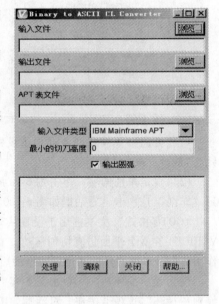

4）在"APT 表文件"选项中输入或通过单击"浏览"按钮来选择 tab 文件，该文件包含将二进制刀具轨迹 APT-CL 数据转换为 ASCII APT 刀具轨迹文件的信息。

5）在"输入文件类型"下拉式列表框中选择输入的文件类型。

6）在"最小的切刀高度"文本框中输入一个参数作为刀具最小高度值，否则，如果在二进制 CL 数据里未设置刀具长度，系统将会使用默认的刀具最小高度。

7）选中"输出圆弧"复选框，刀具圆弧运动以圆弧运动的方式输出；不选中该选项，圆弧运动则以点-直线插补运动的方式输出。

8）单击"处理"按钮，即可进行数据处理。

9）单击"清除"按钮，则可以清除二进制转换器窗口的信息区域。

图 6-102 "Binary to ASCII CL Converter"对话框

6.4　VERICUT 数控仿真综合实例

本节将介绍实际零件的加工仿真过程，包括数控车、数控铣的仿真，读者通过学习，可以实现从入门到提高，进一步提高仿真应用能力。

本节主要介绍两轴、三轴、五轴数控机床仿真的过程。

6.4.1　两轴数控车削仿真

本例任务：通过建立一台带有一把外圆车刀、一把内圆车刀和一把切断车刀的转塔式刀库的数控车床，完成一个仿形件的外圆、内孔车削加工和切槽加工的零件 G-代码原始程序的仿真加工工作。具体操作如下：

1. 项目初始化

（1）建立新项目文件

1）使用任务栏命令或双击桌面快捷方式，进入 VERICUT 系统。

2）选择"文件"→"新项目"→"毫米"命令，新建一个毫米制的 VERICUT 项目文件。

（2）设置工作目录　选择"文件"→"工作目录"命令，设置工作目录。

（3）设置视图数量级类型

1）选择"视图"→"版面"→"标准"→"两个水平视图"命令，在工作区内创建两个视图。

2）在右侧视图窗口中单击鼠标右键，在弹出的快捷菜单中选择"视图类型"→"机床/切削模型"命令，在当前视图将会显示机床/切削毛坯的图形。

以上操作完成后，VERICUT 软件界面如图 6-103 所示。

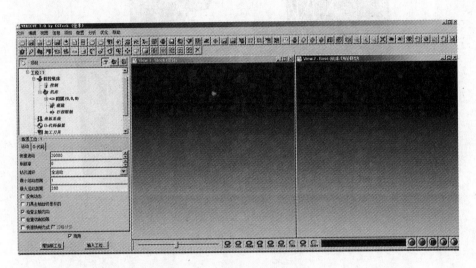

图 6-103　VERICUT 软件界面

2. 加载机床文件和控制系统文件

（1）加载机床文件　选择"配置"→"机床"→"打开机床文件"命令，在"捷径"下拉式列表框中选择"样本"文件夹，选择其中的"turn_2ax. fanuc. mch"文件，这是一个两轴回转刀架的数控车床通用文件。

（2）加载控制系统文件　选择"配置"→"控制"→"打开控制文件"命令，在"捷径"下拉式列表框中选择"机床库"文件夹，选择其中的"fan15t_t. ctl"文件，这是一个 FANUC 15T 数控车床控制系统文件。

完成以上操作后，机床模型如图 6-104 所示。

3. 安装机床夹具和仿形毛坯

（1）安装车床夹具　本例中采用普通自定心卡盘装夹工件，具体操作如下：

1）在组件树中点选 Fixture（0，0，0）图标，如图 6-105 所示。

2）在"添加模型"中选择"模型文件"选项，如图 6-106 所示。

3）在弹出的"选择文件"对话框中，在"捷径"下拉式列表框中选择"样本"文件夹，在此文件夹中选择"turn_2ax_fanuc_fix. ply"文件，这是一个自定心卡盘文件。经过适当的移动、旋转和组合后，放置于机床的主轴端面上。

（2）安装仿形毛坯

1）在组件树中点选 stock（0，0，0）图标，如图 6-105 所示。

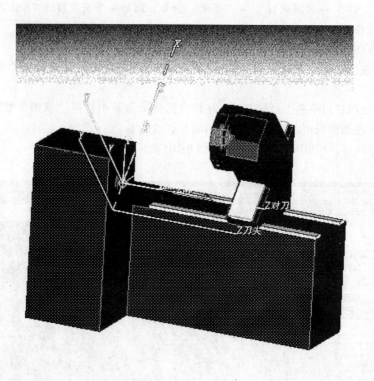

图 6-104　机床模型

图 6-105　添加夹具

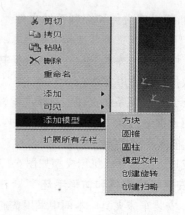

图 6-106　夹具类型

2）在"添加模型"中选择"模型文件"选项，如图 6-107 所示。

3）在弹出的"选择文件"对话框中，在"捷径"下拉式列表框中选择"样本"文件夹，在其中选择"turn_2ax_fanuc_stk. ply"文件，这是一个仿形毛坯文件。经过适当的移动、旋转和组合后，放置于自定心卡盘上。

以上操作完成后，显示结果如图 6-108 所示。

4. 安装刀具和载入程序

（1）安装刀具   在项目树中单击"加工刀具"选项，在下面的"配置刀具"选项栏中单击刀具库文件的"打开文件"按钮。在"捷径"下拉式列表框中选择"样本"文件夹，在其中选取"turn_2ax_fanuc.tls"文件，这是一个已建好的刀具库文件，如图 6-109 所示。

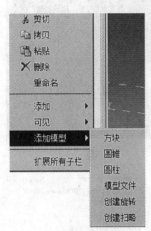

图 6-107   毛坯类型

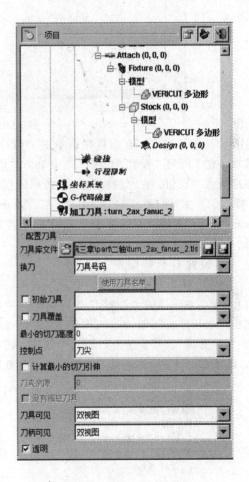

图 6-109   安装刀具

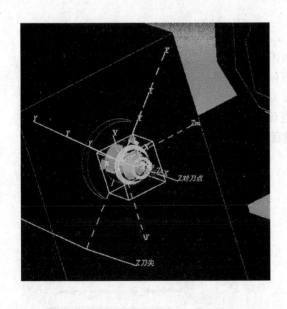

图 6-108   安装夹具、毛坯后的显示结果

在项目树双击"加工刀具"选项，系统弹出"刀具管理器"对话框，可看到本例中已建好的三把刀具：一把外圆车刀（1 号刀）、一把内圆车刀（2 号刀）和一把切断车刀（3 号刀），如图 6-110 所示。读者也可根据需要自己建立刀具。

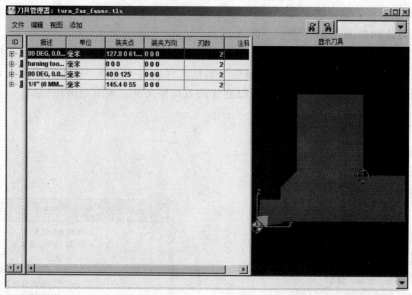

图 6-110　刀具管理器

（2）载入程序　在项目树中单击"数控程序"选项，在下面的"配置 NC 程序"中单击"添加 NC 程序文件"按钮，在"捷径"下拉式列表框中选择"样本"文件夹，在其中选取"turn_2ax_fanuc. mcd"文件，这是一个已建好的数控程序文件，如图 6-111 所示。

5. 设置 G-代码偏置

在项目树中单击"G-代码偏置"选项，如图 6-112 所示，在下面的"配置 G-代码偏置"中将偏置名由"机床零位"改为"工作偏置"，将寄存器值由"1"改为"54"，单击"添加"按钮，再进行图 6-113 所示的设置，即完成了数控车床的对刀过程。

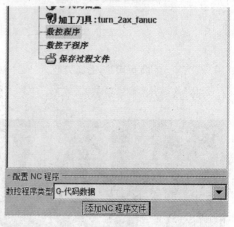

图 6-111　载入程序

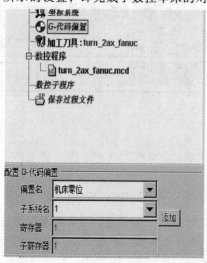

图 6-112　配置 G-代码偏置 1

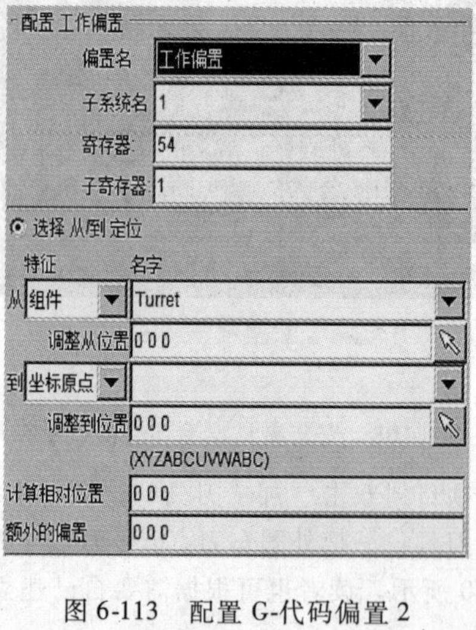

图 6-113　配置 G-代码偏置 2

6. 仿真演示

通过上面步骤的设置，完成了演示的准备工作。单击软件下面的"重置模型"按钮，完成了零件的重置工作，再单击"单步"按钮，开始零件的仿真加工。演示完成后零件图如图 6-114 所示。

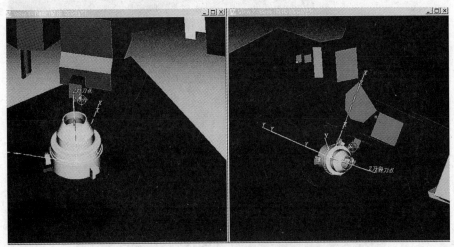

图 6-114　演示完成后零件图

6.4.2　三轴数控铣削仿真

1. 建立新项目文件

1）使用任务栏命令或双击桌面快捷方式，进入 VERICUT 系统。

2）选择"文件"→"新项目"→"毫米"命令，新建一个毫米制的 VERICUT 项目文件。

2. 设置工作目录

选择"文件"→"工作目录"命令，设置工作目录。

3. 设置视图数量级类型

1）选择"视图"→"版面"→"标准"→"2 个水平视图"命令，在工作区内创建两个视图。

2）在右侧视图窗口中单击鼠标右键，在弹出的快捷菜单中选择"视图类型"→"机床/切削"命令，在当前视图将会显示机床/切削毛坯图形。

以上操作完成后，VERICUT 软件界面如图 6-115 所示。

4. 加载机床文件和控制系统文件

（1）加载机床文件　选择"配置"→"机床"→"打开机床文件"命令，在"捷径"下拉式列表框中选择"机床库"文件夹，在其中选择"basic_3axes_vmill. mch"文件，这是一个基本的三轴立式数控铣床通用文件。

（2）加载控制系统文件　选择"配置"→"控制"→"打开控制文件"命令，选择"捷径"下拉式列表框中的"机床库"文件夹，在其中选择"fan0m. ctl"文件，这是一个 FANUC 0m 数控铣床控制系统文件。

完成以上操作后，机床模型如图 6-116 所示。

5. 安装方形毛坯

1）在组件树中点选 stock（0, 0, 0）图标，如图 6-117 所示。

2）在"添加模型"中选择"方块"选项，如图 6-118 所示。

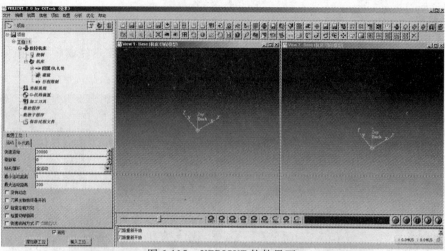

图 6-115　VERICUT 软件界面

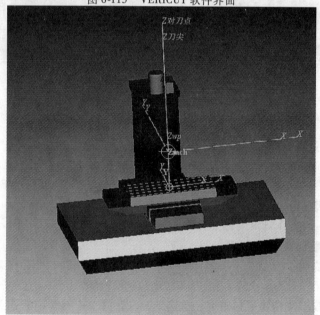

图 6-116　三轴数控铣床模型

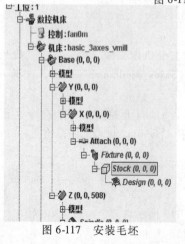

图 6-117　安装毛坯

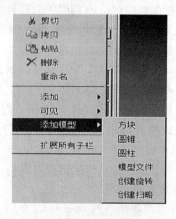

图 6-118　添加方形毛坯

3）在弹出的"配置模型"对话框中选择"模型"选项卡，输入方块的高为 70mm，长为 110mm，宽为 110mm，如图 6-119 所示。

以上操作完成后，机床及毛坯模型如图 6-120 所示。

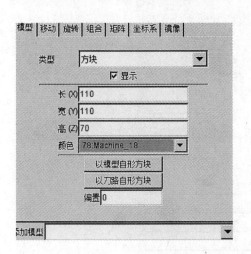

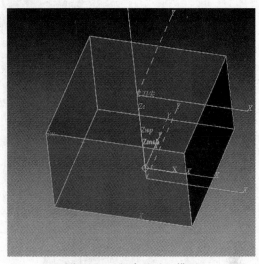

图 6-119　方形毛坯设置　　　　　　　图 6-120　机床及毛坯模型

6. 新建刀具

本例中需建立一把直径为 10mm 的立铣刀，在 VERICUT 中建立刀具的过程如下：

1）在项目树中双击"加工刀具"选项，弹出"刀具管理器"对话框，如图 6-121 所示。

2）选取"添加"→"铣刀向导"命令，弹出"铣刀向导"对话框，如图 6-122 所示。

图 6-121　"刀具管理器"对话框

3）在"切刀"右侧的"无"下拉菜单中选取"新的旋转型切刀 ..."选项，弹出图 6-123

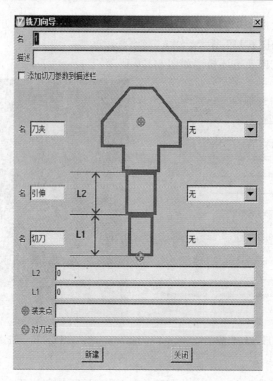

图 6-122　"铣刀向导"对话框

所示的对话框，选择圆底铣刀，并按图 6-123 中的参数进行切刀的设置。

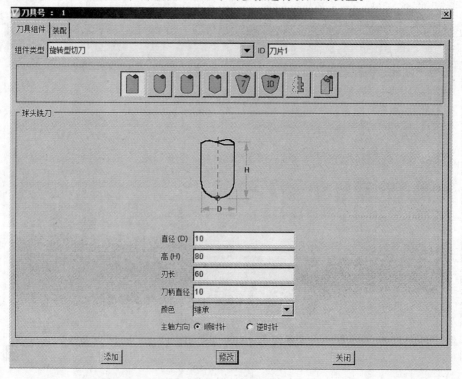

图 6-123　切刀设置

单击"添加"按钮，则返回"铣刀向导..."对话框，完成"切刀"部分的设置。"引伸"

部分可不作设置。单击"关闭"按钮。

完成以上设置后，"刀具管理器"对话框如图 6-124 所示。

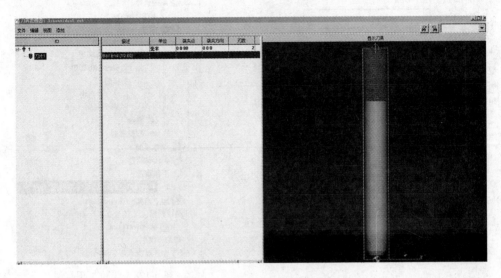

图 6-124　"刀具管理器"对话框

4）单击"文件"→"保存"命令，将刀具文件保存为"3zhouxidao1.tls"。单击"关闭"按钮，此处注意要将刀具应用在接下来的对话框中单击"是"按钮。

7. 载入程序

在项目树中单击"数控程序"选项，如图 6-125 所示，在下面的"配置 NC 程序"中单击"添加 NC 程序文件"按钮，选取文件夹中的"gongwei1"文件，这是一个由 CAXA 自动生成的数控程序文件。

8. 设置 G-代码偏置

1）在项目树中选择"G-代码偏置"按钮，如图 6-126 所示。

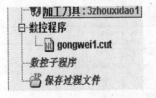

图 6-125　添加程序

图 6-126　G-代码偏置

2）单击"添加"按钮，按图 6-127 所示进行相应的设置，并在"调整到位置"文本框中输入"0 0 70"。

9. 设置完成的工位 1 项目树

进行以上设置完以后项目树如图 6-128 所示，此时工位 1 设置完成。

10. 进行工位 2 的设置

打开项目树右上方的"配置"按钮，并单击项目树中的"工位 1"按钮，单击弹出对话框中的"增加新工位"按钮，如图 6-129 所示。接下来进行工位 2 的各项配置。机床文件和系统控制文件不用更改，下面分别对"G-代码偏置""加工刀具""数控程序"进行配置。

1）配置 G-代码偏置。按图 6-130 所示进行工位 2 的 G-代码配置。

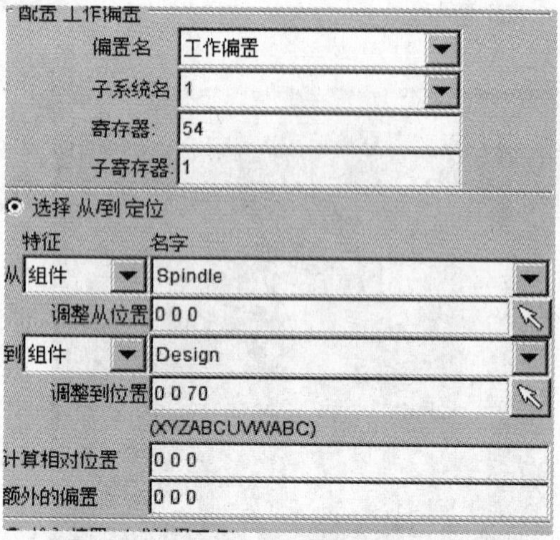

图 6-127　G-代码偏置设置

图 6-128　工位 1 项目树

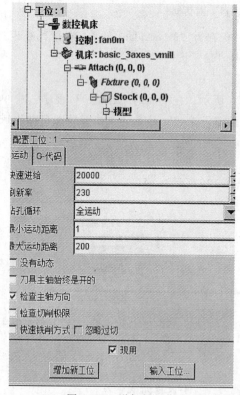

图 6-129　增加新工位

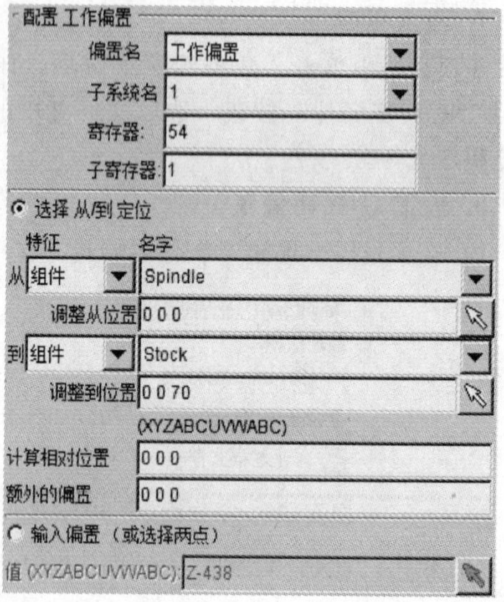

图 6-130　工位 2 G-代码配置

2）配置加工刀具。选择圆底铣刀，并按图 6-131 所示进行参数设定，加工设定后的刀具图形如图 6-132 所示。

3）配置数控程序。如工位 1 所示，在"数控程序"选项中单击"添加 NC 程序文件"，并选择添加"gongwei2"数控程序，结果如图 6-133 所示。

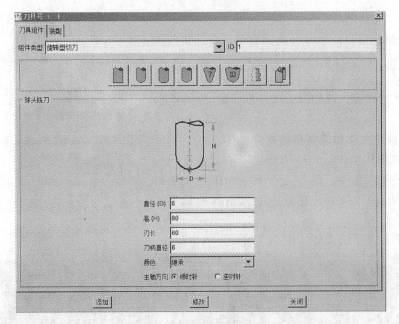

图 6-131　刀具参数设定

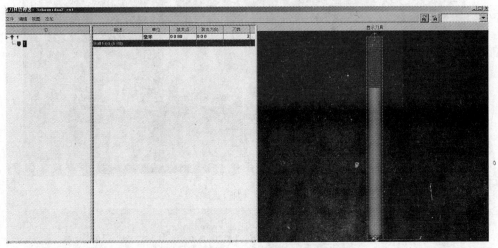

图 6-132　工位 2 刀具

4）按以上顺序配置工位 3 和工位 4，工位 2、工位 3、工位 4 的加工刀具一样，只需配置各自的"G-代码偏置"和"数控程序"即可，最后的加工结果如图 6-134 所示。

6.4.3　五轴数控加工仿真

1. 项目初始化

（1）建立新项目文件

1）使用任务栏命令或双击桌面快捷方式，进入 VERICUT 系统。

2）选择"文件"→"新项目"→"毫米"命令，新建一个毫米制的 VERICUT 项目文件。

（2）设置工作目录　选择"文件"→"工作目录"命令，设置工作目录。

（3）设置视图数量级类型

1）选择"视图"→"版面"→"标准"→"两个水平视图"命令，在工作区内创建两个视图。

2）在右侧视图窗口中单击鼠标右键，在弹出的快捷菜单中选择"视图类型"→"机床/切削模型"命令，在当前视图将会显示机床/切削毛坯的图形。

以上操作完成后，VERICUT 软件界面如图 6-135 所示。

2. 加载机床文件和控制系统文件

（1）加载机床文件　选择"配置"→"机床"→"打开机床文件"命令，选择工作目录，在其中选择"dmg_dmu50v.mch"文件，这是一个五轴数控铣床文件。

（2）加载控制系统文件　选择"配置"→"控制"

图 6-133　添加"gongwei2"数控程序

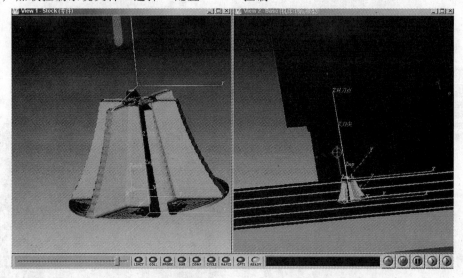

图 6-134　加工结果

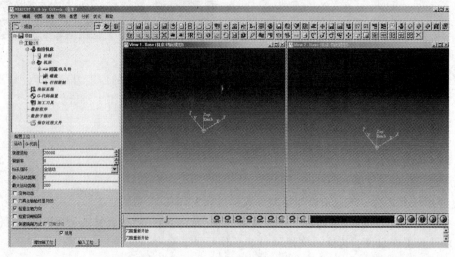

图 6-135　VERICUT 软件界面

→"打开控制文件"命令，选择工作目录文件夹，在其中选择"hei530.ctl"文件，这是 HEI-DENHAIN 数控铣床控制系统文件。

完成以上操作后，机床如图 6-136 所示。

3. 安装圆形毛坯

1）在组件树中点选 stock（0，0，0）图标，如图 6-137 所示。

2）在"添加模型"中选择"圆柱"选项。

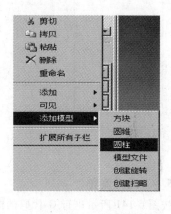

图 6-136 数控机床   图 6-137 点选 stock（0，0，0）图标

3）对毛坯的参数进行如图 6-138 所示的设置，毛坯如图 6-139 所示。

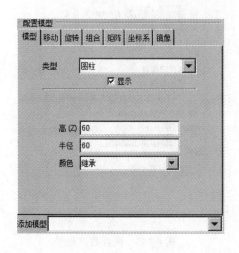

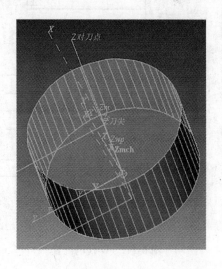

图 6-138 圆柱参数设置   图 6-139 毛坯

4. 刀具设置

在项目树中双击"加工刀具"选项，弹出"刀具管理器"系统，选择打开工作目录下的"5

zhouxi"刀具，如图 6-140 所示。

图 6-140　应用的刀具

5. G-代码偏置

按图 6-141 所示进行 G-代码的配置。

6. 配置数控程序

如图 6-142 所示，添加 NC 代码"5zhoujiagong"作为数控程序。

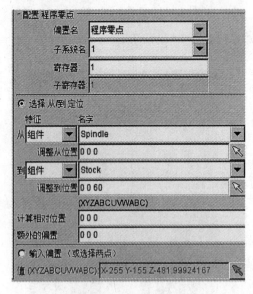

图 6-141　G-代码配置　　　　　　　图 6-142　配置数控程序

7. 加工结果

本加工的产品应为一个叶轮，但为了节省加工时间，所以只加工其中的一个叶片，加工结果如图 6-143 所示。

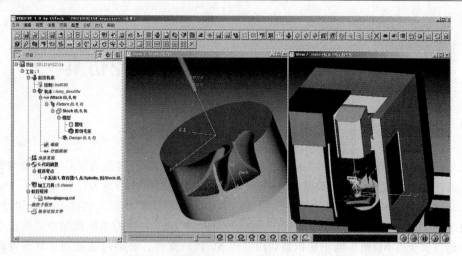

图 6-143　加工结果

习　题

1. 使用 VERICUT 数控仿真软件时，如何让仿真过程在每个工位结束处停止？

2. 一个完整的仿真需要预先进行哪些必要的设定？以及如何配置这些设定？

3. 怎样预览数控程序的显示结果？

4. 如何在 VERICUT 环境里进行方形和圆柱形及回转毛坯的生成？

5. 怎样将毛坯正确地安装于夹具上？

6. G-代码偏置的作用是什么？

7. 如何在仿真加工前选择正确的对刀零点？

8. 三轴及五轴加工中如何进行 G-代码的配置？

9. 如何进行多个工位的配置？

第 7 章　后处理及刀具路径仿真

7.1　后处理简介

后处理是 NC 自动编程的一项关键技术。NC 编程中,将 CAD 模型通过 CAM 软件模块计算产生刀位轨迹的整个过程称为前处理(Pre-Processing)。前处理生成的是刀位轨迹文件(Cutter Location File,CLF),CLF 中给出的是在工件坐标系中刀具的位置数据,包括刀心点和刀轴矢量,而不是 NC 程序。CLF 不能直接驱动机床,由于不同数控机床的数控系统程序格式和指令方式不同,因此,要获得 NC 机床能正确识别和加工的 NC 代码文件,必须将前处理计算所得的刀位轨迹数据,根据机床运动结构及控制指令格式,进行坐标运动变换和指令格式转换,变成具体机床的程序代码,这个过程称为后处理(Post-Processing)。

对于不同类型运动关系的数控机床,其后处理也是不同的,因此有必要针对不同结构的数控机床建立其相应的后处理程序。

7.2　后处理编辑器

NX 软件提供两种后处理:一种是用图形后处理器(Graphics Postprocessor Module,GPM)进行后置处理,另一种是用 NX/Post 后处理器进行后置处理。

GPM 后处理方法是一种传统方法。由于现代数控机床的复杂性和特殊性越来越多,采用 GPM 方法难以适应新的数控机床,而 NX/Post 通过建立与机床数控系统相匹配的事件处理文件(.tcl)和事件定义文件(.def),来完成任何一种机床数控系统的后处理,方便进行用户化后置处理。

NX/Post 由以下几部分组成:

(1)事件生成器(Event Generator)　事件是后处理的一个数据集,用来控制数控机床的动作。

(2)事件处理文件(.tcl)　该文件是用 TCL(Tool Command Language)语言编写的,定义了每个事件的处理方式。

(3)事件定义文件(.def)　该文件定义事件处理后输出的数据格式。

(4)输出文件　输出 NC 程序。

(5)后处理用户界面(.pui)　用户通过 Post Builder 来修改事件处理文件和事件定义文件。

7.3　后处理创建过程

7.3.1　Post Builder 思想

NX/Post Builder 是一个非常方便的后处理创建和修改工具,用户可以通过 NX/Post Builder 灵活定义 NC 程序的格式和内容,包含程序头尾、操作头尾、换刀和循环等每一个事件的处理方式。

用 Post Builder 制作后处理会生成 3 个文件：第一个是机床定义文件（后缀名是 def），它用来描述机床和数控系统的各种功能以及程序段的格式；另一个是机床的事件处理文件（后缀名是 tcl），它用来定义 NC 机床对每个事件的处理方式；最后一个是 Post Builder 的参数文件（后缀名是 pui），它并没有实际意义，该文件包含在 Post Builder 内给定的所有参数信息，用来被 Post Builder 打开并修改机床定义文件和事件处理文件。

Post Builder 的后处理过程如图 7-1 所示。

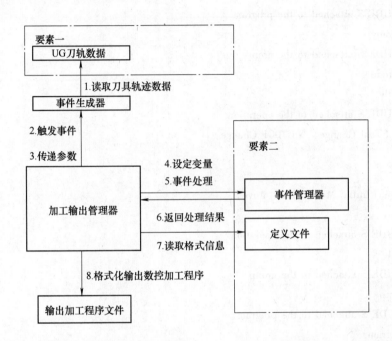

图 7-1　Post Builder 的后处理过程

事件生成器、事件处理器和定义文件是相关联的，它们一起把 UG 刀轨数据处理成机床可以接受的加工程序。

由图 7-1 可见，后置处理必须具备两个要素：刀轨数据和后置处理器文件。刀轨数据在 UG CAM 中自动生成；后置处理器由事件管理器和定义文件构成。Post Builder 进行后置处理时，首先由事件生成器提取刀轨信息，并将刀轨信息整理成事件和变量后，传递到加工输出管理器（Manufacturing Output Manager，MOM）进行处理，MOM 把带有相关数据信息的事件传递到事件管理器，由事件管理器对事件进行处理，处理结果再返回到 MOM，MOM 再根据定义文件来决定要输出的 NC 程序的格式并输出，直到结束。

Post Builder 后置处理构建器含有如下几个功能块：

1. 事件生成器（Event Generator）

它是从 part 文件中提取刀具运动路径数据信息，并把这些信息当成动作事件和参数传递到 MOM。例如，MOM 会对直线运动 GOTO 生成直线运动事件，并且把终点的坐标 X、Y、Z 作为该事件的参数信息一并传递到 MOM。任何特定的事件都将在机床运行时的特定运动产生一个相应机床动作，并储存在跟这个事件相联系的数据信息中，它可进一步指定特殊的机床动作。比如，直线运动（Linear-Move）会使数控机床驱动刀具沿直线方向运动（一般是相互垂直的），但是刀具最终运动到哪个位置，则是由寄存在 MOM 中且与此事件相联系的参数 X、Y、Z 来限定。这个例子中，MOM 触发直线事件"Linear-Move"，将最终到达的坐标输送到相关的参数 X、Y、Z 中，最后把这些信息传送到 MOM 中处理。

Post Builder 规定的事件相当多，大体上可以分成五大类，即加工过程设置事件（Setup E-vent）、机床控制事件（Machine Control Event）、运动事件（Move Event）、固定循环事件（Cycle Event）和用户定义事件（User Defined Event）。制作后处理的过程中，Event Generator 产生事件是按照一定的顺序，并且这些顺序不能够改变。一般来说，这个顺序大致如下：

Start of Program

Start Post UDE'S attached to the program

Start of Group

Start Post UDE'S attached to the group

Machine Mode

Start of Path

Start Post UDE'S attached to the operation

First Tool（Tool Change，No T001 Change）

Load Tool

MSYS

Initial Move（Initial Move，First Move）

Tool Path

End Post UDE'S attached to the operation

End of Path

End Post UDE'S attached to the group

End of group

End Post UDE'S attached to the program

End of program

2. 加工输出管理器（MOM）

MOM 是一个应用程序，Post Builder 用它来启动后处理，将内部刀轨数据加载给解释程序，并打开 .tcl 文件和 .def 文件。

事件生成器循环读取刀轨源文件中每一个事件及其相关信息，将其交给 MOM，由它再将其数据和相关信息加载给事件处理文件，来分类处理每一个事件。

事件处理器将经过处理的每个事件结果传回 MOM，与此同时 MOM 收到的结果交给事件定义文件，由它来决定最终输出的数据格式。

3. 事件处理器（Event Handle）

事件处理器中每个事件处理指令必须符合机床控制器的要求，同时刀轨源文件中的每个事件必须在事件处理文件中有处理方式。它将决定刀轨源文件中每个事件如何处理，并决定反馈什么变量和数据给加工输出管理器 MOM。

事件处理的文件结构是由 TCL 语言编写而成的，每个事件处理过程都是一个 TCL 程序，一旦事件处理器处理每个事件时，加工输出管理器就会调用相关程序。每个 TCL 程序必须是唯一的，以方便事件处理器调用。例如换刀名称必须是 MOM_tool_change。Post Builder 提供 TCL 程序编译服务。

对于某些特殊机床，用 Post Builder 构建其特殊后处理很困难，特别是部分老式数控机床，由于发达国家的技术封锁，1990 年前向我国销售的五轴数控机床全部都不包含联动模块，因此要想发挥五轴联动功能，就必须制作专用后置处理器，实现其目标的有效工具就是 TCL 语言。

4. 事件定义文件（Definition File）

事件定义文件包含了指定机床的静态信息，每个机床都有不同的事件定义文件。大多数数控系统使用变量地址存储值来控制机床。例如，机床数控系统将 X 变量地址存储值用于线性移动指令 X 方向终点坐标值。改变相关地址中的数值将改变 NC 程序命令行中的数值。Post Builder 将利用定义文件中的格式生成 NC 程序。

定义文件扩展了后处理中 TCL 语言的功能，在定义文件中主要包含：机床主要参数、控制器的变量地址、变量地址的属性（如格式、最大值、最小值）等。

5. 刀位源文件（CLSF）

CLSF 包含刀路轨迹数据信息，里面有机床对加工过程进行控制所需要的每个刀位点的坐标和刀轴矢量以及零件设计的工艺参数等内容。它使用的是相对运动方式，刀轨的路径运算均在 WCS 中进行，无需针对特定的数控机床结构和编程指令格式。

通常的 CAD/CAM 输出的 CLSF 大多使用 APT 语言格式，它很接近英语的自然语言习惯，它的语句格式能够分成刀具运动语句和零件几何定义语句，前者是用来描述刀具运动状态的，通过它生成刀位轨迹等数据，后者属于描述性的语句。

图 7-2 所示是用 UG 生成的刀位源文件实例（部分语句省略）。

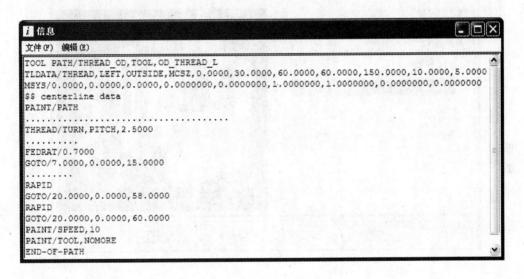

图 7-2　用 UG 生成的刀位源文件实例

7.3.2　Post Builder 后处理创建

启动 Post Builder：选择桌面上的 Start/Programs/UGS NX4.0/Post Tools/Post Builder 命令。系统显示 NX/Post Builder 主菜单条，如图 7-3 所示。

单击新建图标，新建一个后处理，系统弹出 "Create New Post Processor" 对话框，用户根据实际机床的情况输入后处理名称、描述、测量单位、机床类型以及控制器，其中控制器 Controller 有 3 种选择：Generic 默认为通用 ISO 格式的控制系统，Library 可以从 Post Builder 提供的控制系统列表中选择，User's 可以通过浏览器选择已存在的后处理文件的控制系统，如图 7-4 所示。

通过对机床和控制系统的选择，确定了后处理中相关的事件变量、指令和程序主要格式。单

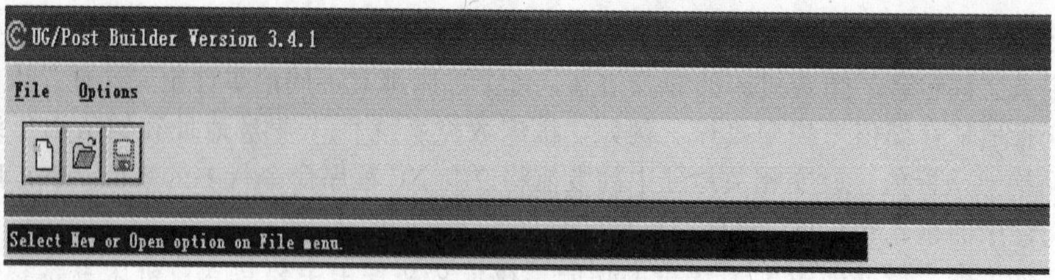

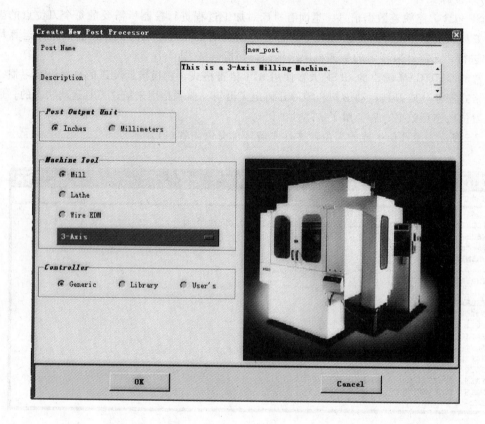

图 7-3　NX/Post Builder 主菜单条

图 7-4　"新建后处理"对话框

击"OK"按钮，进入用户编辑界面。

1. Post 信息界面

在图 7-5 所示对话框的 Machine Tool 属性页的左面结构窗口中单击机床类型时，在右面的窗口中会显示 Post Information 内容。

2. 编辑后处理模版文件

当后处理文件创建完成后，需将该后处理加到 template_post. dat 文件中。后处理模版有许多后处理供 NX/Post 使用。用户可通过 Post Builder 主菜单上的 Utilities 选项下的 "Edit Template Posts Data File" 将新建的后处理加入，这样在 NX/Post 中就可以选择刚刚新建的后处理文件进行刀轨的后处理，如图 7-6 所示。

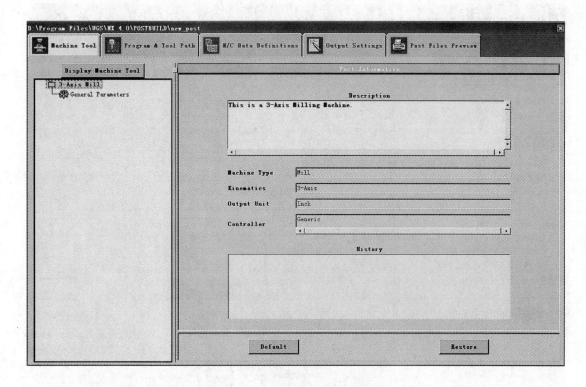

图 7-5　　"后处理信息"对话框

图 7-6　后处理编辑模版

7.3.3　Post Builder 主要参数

在图 7-5 中，有 Machine Tool（机床参数）、Program & Tool Path（程序和刀轨参数）、N/C Data Definition（NC 数据格式定义）、Output Settings（输出设定参数）和 Post Files Preview（后处理文件预览）5 个属性页，每个属性页的具体参数解释如下：

1. 机床参数属性页

由于机床类型不同，机床参数属性页的内容也有所不同，如图 7-7 所示。

2. 程序和刀轨参数属性页

程序和刀轨参数属性页主要设定机床运动事件的处理过程，其中又有许多子参数页，如图 7-8 所示。

Program 子程序页主要定义程序头、操作头、刀轨、操作尾、程序尾的结构和特定输出。将每个选项中的程式格式设定为符合机床数控系统要求即可，特别要注意程序头和程序尾的格式，因为一般只有这两处格式不一定符合要求。

G Codes（G 代码）子参数页定义后处理中所用到的所有 G 代码，如图 7-9 所示。

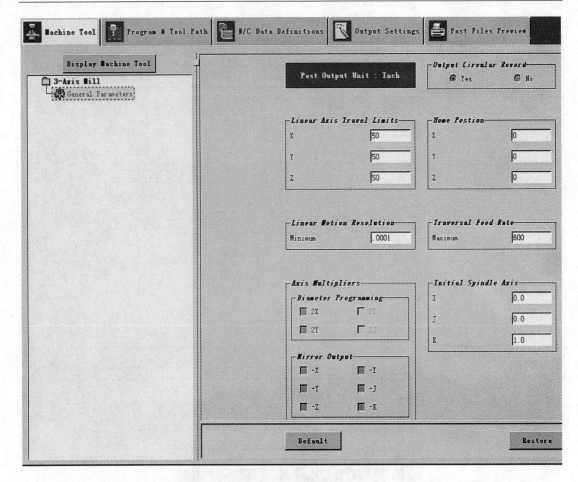

图 7-7　机床参数属性页

M Codes（M 代码）子参数页定义后处理中相应事件所用到的所有 M 代码，如图 7-10 所示。

Word Summary 子参数页定义后处理中用到的所有字地址，如图 7-11 所示，可以修改格式相同的一组字地址或其格式；如果要修改一组里某个字地址的格式，建议在 NC Date Definition 页的 Format 子页定义。在这里有下列主要参数定义：

Word（字地址）：定义字的输出格式，包括字头和后面的参数的格式、最大值、最小值、模态、前缀后缀字符。字由字头加数字或文字，再加后缀组成。字头可以是任何字母，一般是一个字母，如 G、M、X、Y、Z 等，后缀一般是一个空格。定义格式可以直接修改，或者从格式列表里选取。

Leader/Code（头码）：修改字地址的头码。头码就是每个字地址中数字前面的字母部分，可以输入新的字母或单击鼠标右键旋转字母。如 G01 中的 G 就是头码。

Date Type（数据类型）：可以是文本或数字。

Plus（＋）："＋"号输出开关。打上勾，则正数前面输出"＋"号；反之，则不输出。

Lead Zero：前零输出开关。如 G01 在选择了头零不输出时，G01 变成 G1。

Integer：设定输出整数部分的位数，数据若超出整数位数限制，会有错误提示。

Decimal（.）：小数点输出开关。小数点不输出时前零和后零不能不输出。

Fraction：小数位数设定。

Trail Zero：后零输出开关。

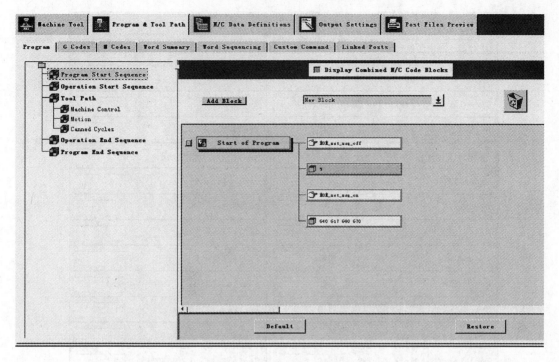

图 7-8　程序和刀轨参数页

Word Sequencing 子参数页定义字地址在同一行 NC 程序中输出的先后次序，如图 7-12 所示。例如要使主轴转速"S"在主轴正转指令"M03"之后输出，只需要用鼠标拖拽，使"S"和"M03"的位置互换即可。

Custom Command 子参数页建立和编辑用户化命令，如图 7-13 所示。它是用 TCL 语言来编写的，由事件处理器来执行。主菜单上的 Option/Validate Custom Commands 中的选项全部选中时，Post Builder 会检查用户命令语法、用词是否正确等，如图 7-14 所示。

Linked Posts（链接后处理）子参数页用于管理其他后处理链接到这个后处理，如图 7-15 所示。

3. Post Builder 程序结构

从 Post Builder 的 Program 中的左侧窗口可以看出，NC 程序是由 5 个节点中的一系列事件组成的。

（1）Program Start Sequence（程序开始）　定义程序开始时输出哪些程序行，一个 NC 程序只有一个程序开始事件，如图 7-16 所示。

（2）Operation Start Sequence（操作开始）　定义从单个操作开始到刀轨运动之间的事件。一个 NC 程序可以有一个或多个操作开始，这取决于合并多少个操作，如图 7-17 所示。

1）Start of Path：当后处理执行一个操作时，系统最初处理的事件或生成特定的格式。

2）From Move：仅在操作中有起点设定时才会执行。

3）First Tool：仅在程序的第一个刀具时有效。

4）Auto Tool Change：在操作中包含了刀具的改变。

5）Manual Tool Change：当操作中设定换刀事件为人工时执行。

6）Initial Move：当操作中有了换刀事件时执行。

7）First Move：当操作中没有换刀事件时执行。

Motion Rapid	0	Cycle Drill Deep	83
Motion Linear	1	Cycle Drill Break Chip	73
Circular Interperlation CLW	2	Cycle Tap	84
Circular Interperlation CCLW	3	Cycle Bore	85
Delay (Sec)	4	Cycle Bore Drag	86
Delay (Rev)	4	Cycle Bore No Drag	76
Plane XY	17	Cycle Bore Dwell	89
Plane ZX	18	Cycle Bore Manual	88
Plane YZ	19	Cycle Bore Back	87
Cutcom Off	40	Cycle Bore Manual Dwell	88
Cutcom Left	41	Absolute Mode	90
Cutcom Right	42	Incremental Mode	91
Tool Length Adjust Plus	43	Cycle Retract (AUTO)	98
Tool Length Adjust Minus	44	Cycle Retract (MANUAL)	99
Tool Length Adjust Off	49	Reset	92
Inch Mode	70	Feedrate Mode IPM	94
Metric Mode	71	Feedrate Mode IPR	95
Cycle Start Code	79	Feedrate Mode FRN	93
Cycle Off	80	Spindle CSS	96
Cycle Drill	81	Spindle RPM	97
Cycle Drill Dwell	82	Return Home	28

图 7-9　G 代码子参数页

8）Approach Move：当操作中包含了逼近运动时执行。

9）Engage Move：当操作中包含了进刀运动时执行。

10）First Cut：在操作中第一次切削运动前执行。

11）Start of Pass：在线切割操作中的每一刀粗割或精割前被执行。可以利用这个标记在每一刀加工前加入一些机床信息（如电源、偏置、切削液等）。

12）Cutcom Move：当径向补偿被设定，在 Start of Pass 后执行。

13）Lead In Move：当 NX 操作中指定了引入运动，该标记执行。

14）First Linear Move：在操作中第一次直线运动前执行。

（3）Tool Path（刀轨）　定义加工运动、快速移动、钻循环和机床控制事件，如图 7-18 所示。

1）Machine Control（机床控制事件）：主要定义如进给、换刀、切削液、米制、英制等事件中相应字代码的格式和组成。

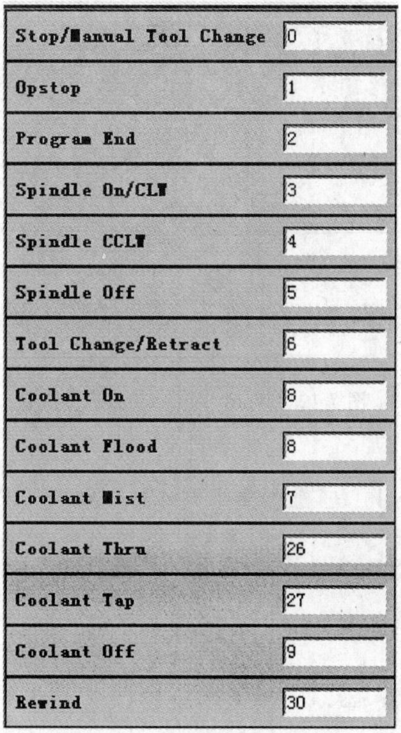

Stop/Manual Tool Change	0
Opstop	1
Program End	2
Spindle On/CLW	3
Spindle CCLW	4
Spindle Off	5
Tool Change/Retract	6
Coolant On	8
Coolant Flood	8
Coolant Mist	7
Coolant Thru	26
Coolant Tap	27
Coolant Off	9
Rewind	30

图 7-10 M 代码子参数页

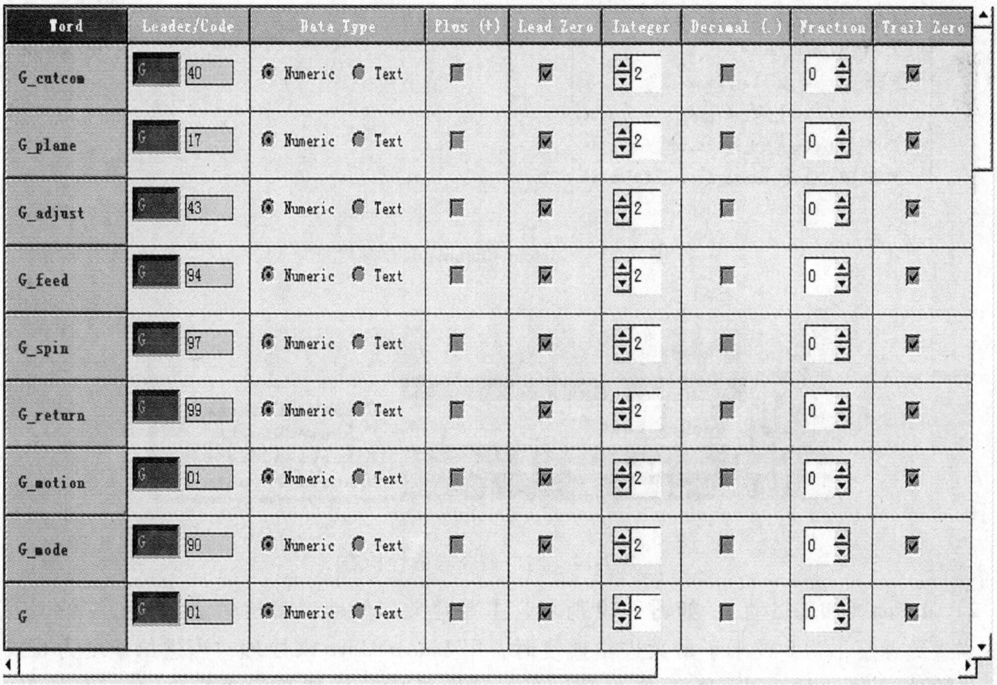

Word	Leader/Code	Data Type	Plus (+)	Lead Zero	Integer	Decimal (.)	Fraction	Trail Zero
G_cutcom	G 40	● Numeric ○ Text	☐	☑	2	☐	0	☑
G_plane	G 17	● Numeric ○ Text	☐	☑	2	☐	0	☑
G_adjust	G 43	● Numeric ○ Text	☐	☑	2	☐	0	☑
G_feed	G 94	● Numeric ○ Text	☐	☑	2	☐	0	☑
G_spin	G 97	● Numeric ○ Text	☐	☑	2	☐	0	☑
G_return	G 99	● Numeric ○ Text	☐	☑	2	☐	0	☑
G_motion	G 01	● Numeric ○ Text	☐	☑	2	☐	0	☑
G_mode	G 90	● Numeric ○ Text	☐	☑	2	☐	0	☑
G	G 01	● Numeric ○ Text	☐	☑	2	☐	0	☑

图 7-11 Word Summary 子参数页

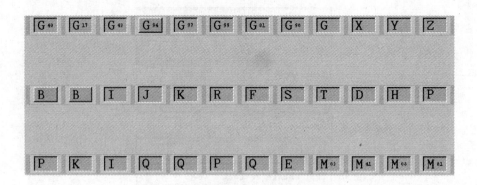

图 7-12　Word Sequencing 子参数页

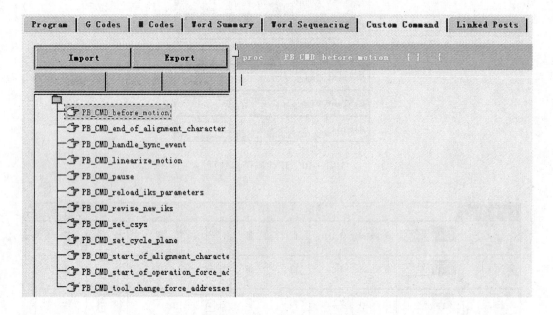

图 7-13　Custom Command 子参数页

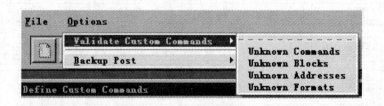

图 7-14　用户命令有效性检查

2）Motion（加工运动）：如图 7-19 所示，主要定义如何处理刀位轨迹源文件中的 GOTO 语句。当进给速度不为 0 或小于最大进给速度时，用 Linear Move 来处理；当进给速度为 0 或大于最大进给速度时，用 Rapid Move 来处理；当出现圆弧插补或圆弧运动事件时，Circle Move 生效。

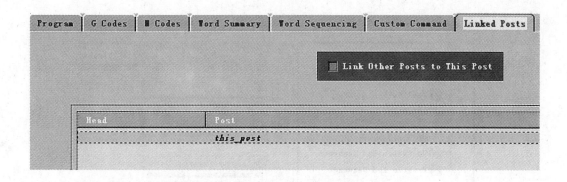

图 7-15　链接后处理子参数页

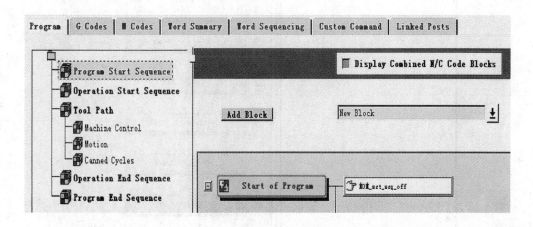

图 7-16　Program 属性页

3）Canned Cycles（钻循环）：主要定义当进行孔加工循环时，系统如何处理这类事件。Post Builder 可以让用户针对机床数控系统定义钻循环全部变量所需格式。图 7-20 所示是允许用户定义每一个钻循环事件中通用循环参数的钻循环通用参数属性页。

（4）Operation End Sequence（操作结尾）　定义从最后退刀到操作结束之间的事件，如图 7-21 所示。

（5）Program End Sequence（程序结尾）　定义程序结束时需要输出哪些程序行，如图 7-22 所示。

4. NC 数据格式定义属性页

NC Date Definition（NC 数据格式定义）参数页主要定义 NC 输出格式，包含程序行格式、字地址格式，以及与机床操作系统相关的程序行之间的格式等，如图 7-23 所示。

该页面有 4 个子参数页面：

（1）Block（程序行）子参数页　定义一行程序中输出哪些字地址，以及字地址的输出顺序。

（2）Word（字地址）子参数页　与 Program and Tool Path 页中的 Word Summary 子页的 Word 项相同。

（3）Format（格式）子参数页　定义数据输出是实数、整数或字符串。数据格式取决于数

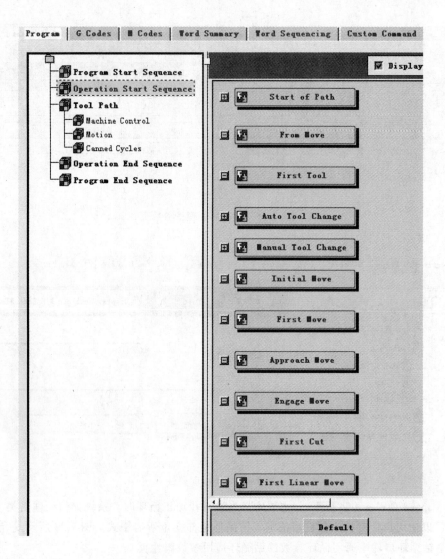

图 7-17　Post Builder 操作起始顺序

据类型，坐标值用实数，寄存器用整数，注释和一些特殊类型用字符串。

（4）Other Date Elements（其他数据）了参数页　定义其他数据格式，如程序行号和词间隔符、行结束符、信息始末符等一些特殊符号。

5. 输出设定属性页

Output Setting（输出设定）属性页包括两个子页面：Listing File（列表文件）和 Other Options（其他选项）。

（1）Listing File（列表文件）子参数页　如图 7-24 所示，控制列表文件是否输出和输出内容。输出的项目有 X、Y、Z 坐标值，第四、第五轴角度值，还有转速和进给量。在"Listing Files Extension"文本框中输入字符，可以自定义输出列表文件的后缀名。在 ☑ Generate Listing File 上面打勾，系统在输出 NC 程序的同时输出列表文件。

（2）Other Options（其他选项）子参数页　如图 7-25 所示，该子参数页的主要参数包括：

1）N/C Output Files Extension：设定输出 NC 程序的后缀名。

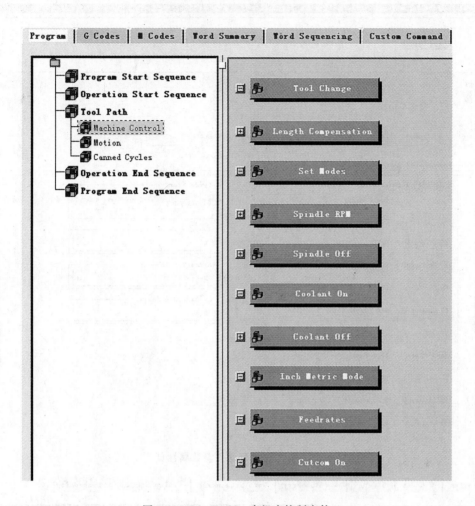

图 7-18 Post Builder 中机床控制事件

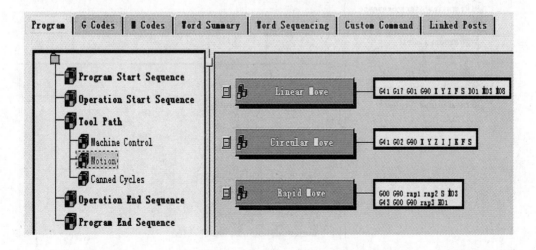

图 7-19 Post Builder 中加工运动事件

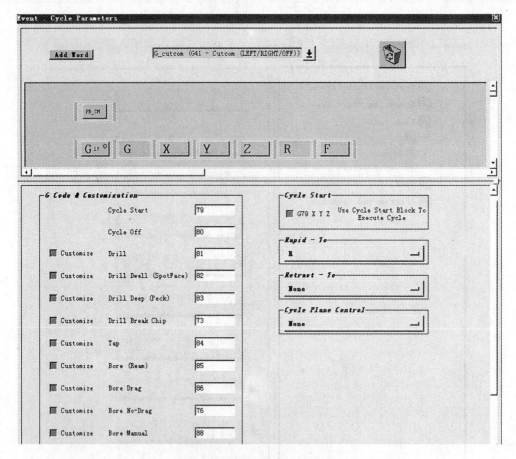

图 7-20　钻循环通用参数属性页

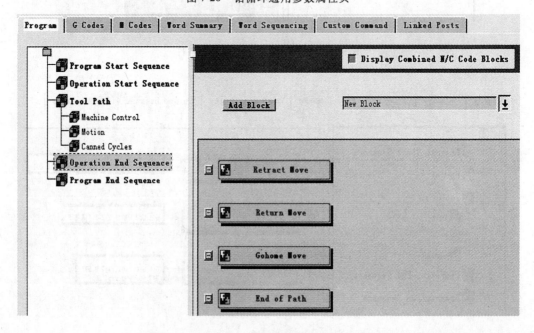

图 7-21　Post Builder 中铣和车模式操作结束顺序

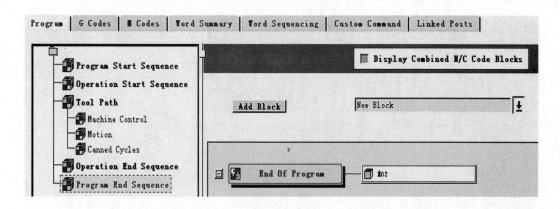

图 7-22　Post Builder 中程序结束顺序

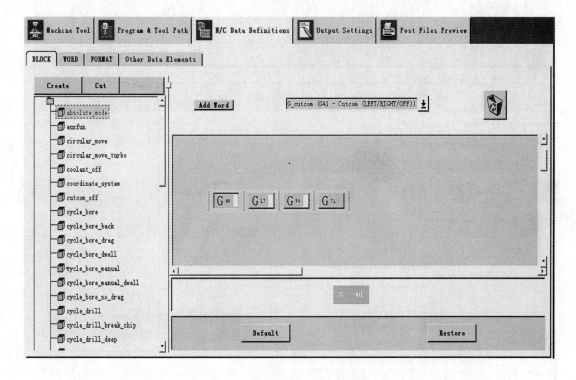

图 7-23　NC 数据格式定义属性页

2）Generate Group Output：操作分组输出，生成几个 NC 程序。默认值是 OFF（关）。当设为 ON 时，在 UG CAM 中选取一组刀轨进行后处理时，会将组中的每个刀轨分别生成为一个 NC 程序。

3）Output Warning Messages：产生错误信息 log 文件。

4）Display Verbose Error Messages：在后处理过程中，显示详细错误信息。

5）Activate Review Tool：激活后处理调试工具 Review Tool，用于 debugging 后处理。

6. 后处理文件预览

Post Files Preview（后处理文件预览）可以在文件保存之前浏览定义文件（.def）和事件处

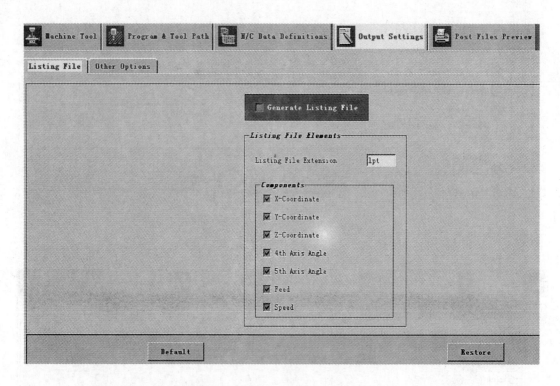

图 7-24　Output Settings（输出设定）中 Listing File（列表文件）子参数页

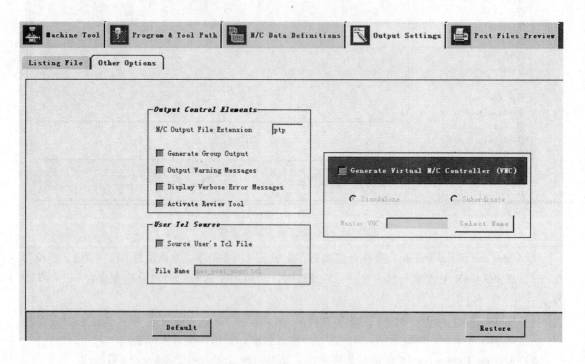

图 7-25　Output Settings（输出设定）中 Other Options（其他选项）子参数页

理文件（. tcl）。新的内容在上面窗口，旧的内容在下面窗口，如图 7-26 所示。

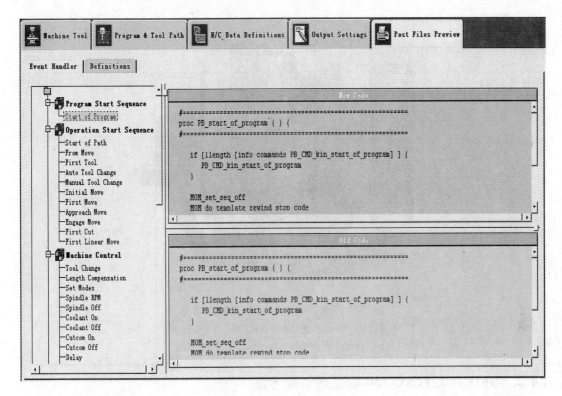

图 7-26　后处理文件预览参数页

7.4　多轴后处理创建实例

7.4.1　DMU100 机床及控制系统

为了能够输出与指定机床 NC 系统要求相符的 NC 程序，收集数控机床及控制系统必要数据成为创建其后处理器的关键。本小节主要针对 DMU100 monoBLOCK 机床及其控制系统来说明多轴后处理的创建过程。

DMU100 monoBLOCK 是德国德马吉公司（DECKEL MAHO）生产的一台一摆头一转台的五轴数控镗铣加工中心，其外观如图 7-27 所示。

该机床的主要参数见表 7-1。

表 7-1　DMU100 monoBLOCK 机床的主要参数

X 轴行程	1150 mm	刀柄	SK40	B 轴摆动时间	1.5s
Y 轴行程	710 mm	刀库	盘式	C 轴	回转
Z 轴行程	710 mm	刀库刀位数	32	数控系统	iTNC530
最大快移速度	30 mm/min	换刀时间	12s	编程格式	对话式
最大进给速度	30000 mm/min	主轴转速	12000r/min	联动轴数	5
$X/Y/Z$ 最大加速度/（m/s²）	5/5/5	B 轴摆角	+30°～-120°	旋转轴	B、C

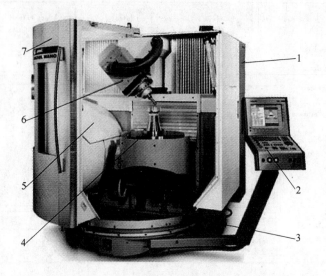

图 7-27　DMU100 monoBLOCK 机床结构
1—控制柜　2—带控制部分的操作面板　3—切削液箱
4—工作台　5—刀具库　6—铣削头　7—机床门

7.4.2　DMU100_iTNC 530 后处理创建方法

1. 设定 DMU100 的结构

（1）启动 NX/Post Builder　选择桌面 Start→Programs→UGS NX 4.0→Post Tools→Post Builder 命令。

（2）选择控制系统　单击 Post Builder→File，选择新建命令，出现"Create New Post Processor"（建立新的后处理）对话框，在"Post Name"文本框中输入后处理器的名称 DMU_100_iTNC530。

如图 7-28 所示，在"Post Output Unit"选项区域中选中"Millimeters"单选按钮。在"Machine Tool"选项区域中选中"Mill"单选按钮。选择"3-Axis"选项，再选择"5-Axis With Rotary Head and Table"选项。在"Controller"选项区域中选中"Library"单选按钮，并在下拉列表中选择"Heidenhain_conversational"选项。单击"OK"按钮退出。

（3）显示五轴机床的简图　单击"Display Machine Tool"按钮，显示出五轴机床的简图。

（4）设定机床行程极限　将机床行程极限根据机床说明书设为：$X = 1150$、$Y = 710$、$Z = 710$。在"Traversal Feed Rate"选项区域中的"Maximum"文本框中输入"30000"。

（5）定义机床旋转轴配置　如图 7-29 所示，选择左侧结构窗中的"Fourth Axis"节点。单击"Configure"按钮，在"5th Axis"选项区域中的"Plane of Rotation"下拉列表中选择"XY"。在"Word Leader"文本框中输入字母"C"，单击"OK"按钮退出。

（6）设定 B 轴主要参数　将"Max. Feed Rate（Deg/Min）"设定为足够大，输入"3600"。根据机床说明书上的介绍，在"Axis Limits"选项区域中的"Minimum"文本框中输入"-120"，在"Maximum"文本框中输入"30"。

（7）设定第五旋转轴的主要参数　选择"Fifth Axis"节点。在右侧窗口中根据机床说明书上的介绍，在"Axis Limits"选项区域中的"Minimum"文本框中输入"-99999.999"，在

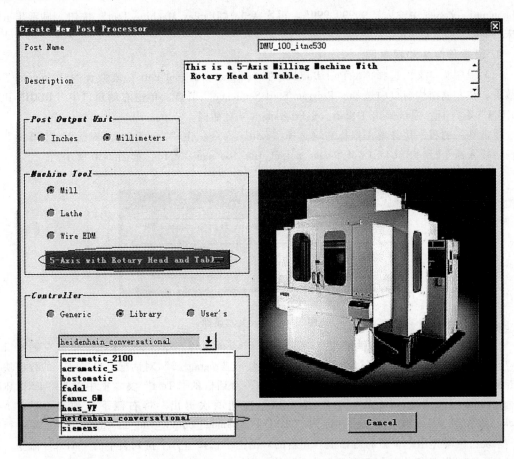

图 7-28 "Create New Post Processor"对话框

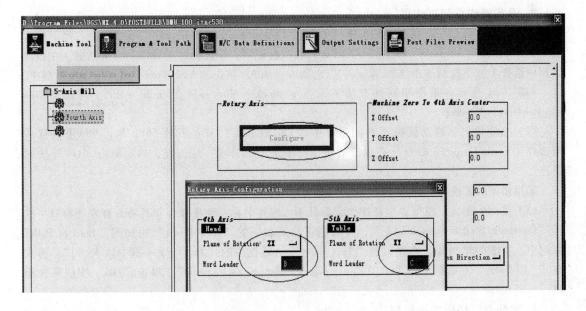

图 7-29 定义机床旋转轴配置

"Maximum"文本框中输入"99999.999"。再次单击"Display Machine Tool"按钮，显示出五轴机床的简图。

2. 设定程序头和程序尾

（1）程序头定义　选择 NX/Post Builder 的"Programs & Tool Path"属性页的"Program"子参数页。在左侧结构窗口中选择"Program Start Sequence"节点。单击右侧窗口中"BEGIN PGM 100 MM"程序行，系统弹出"Start_of_Program_1"对话框。

单击唯一的程序块并单击鼠标右键选择"Edit"命令。在"Text Entry"对话框的"Text"文本框中输入命令行"BEGIN PGM $mom_output_file_basename MM"，如图 7-30 所示。

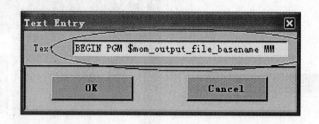

图 7-30　更改文本属性

（2）程序尾定义　在左侧结构窗口中选择"Program End Sequence"节点。单击右侧窗口中的"END PGM 100 MM"程序行，系统弹出"End_of_Program_3"对话框。单击唯一的程序块并单击鼠标右键选择"Edit"命令。在"Text Entry"对话框的"Text"文本框中输入"END PGM $mom_output_file_basename MM"，单击"OK"按钮两次退出。将右侧下拉列表中的"New Block"添加到"End of Program"标记中"END PGM $mom_output_file_basename MM"程序行前面。系统会自动弹出一个新的对话框。在新的对话框中选择上方下拉列表中的"Text"命令。单击"Add Word"按钮将其拖至对话框中。在弹出的"Text Entry"对话框的"Text"文本框中输入"Stop M30"。单击"OK"按钮两次退出。

3. 设定操作头和操作尾

（1）操作结束命令　在左侧结构窗口中选择"Operation End Sequence"节点。将右侧下拉列表中的"Custom Command"添加到"End of Path"标记中。系统会自动弹出一个对话框。在该对话框中选择上方下拉列表中选择 More→M_Spindle→M09。单击"Add Word"将其拖至对话框中。

如图 7-31 所示，采用相同的方法加入 New Block→More→M_Spindle→M05。再添加 New Block→More→M→M01。

（2）强制输出　移动鼠标至右侧窗口中"End of Path"节点下的 M09 块上，单击鼠标右键选择"Force Output"命令，在弹出的对话框中选中"M09"复选框，然后单击"OK"按钮退出。

采用相同的方法对 M05 和 M01 块进行处理。

（3）操作头定义　根据要求在操作起始处加入操作名称，便于操作员检查。在左侧窗口中选择"Operation Start Sequence"节点，将右侧下拉列表中的"New Block"添加到"Start of Path"标记中。如图 7-32 所示，在弹出的"Text Entry"对话框中的"Text"文本框中输入";"。再次在"Text Entry"对话框中的 Text 文本框中输入"$mom_path_name"。单击"OK"按钮两次退出。

4. 验证 NC 代码的头和尾

（1）打开后处理模版文件　单击程序窗口上主菜单条的"Utilities"，选择"Edit Template

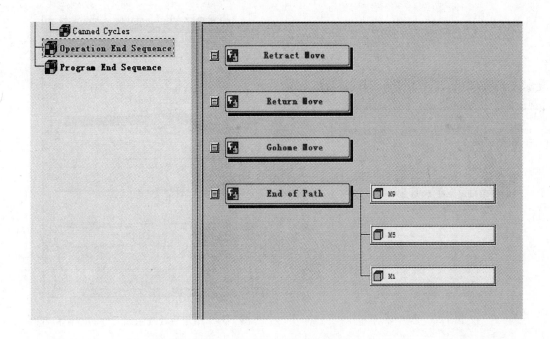

图 7-31 添加操作尾指定格式

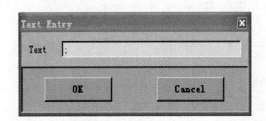

图 7-32 定制文本属性

Posts Data File"，系统将显示可用的后处理文件列表。

（2）添加后处理文件 选择"Install Posts"对话框中的最后一行文本。单击"New"按钮，选择用户目录下刚建立的 pui 文件，单击"OK"按钮返回。单击"Edit"按钮编辑文本，将"$｛ugii_cam_post_dir｝"内容更改为用户目录，单击"OK"按钮。再次单击"OK"按钮，在弹出的对话框中单击"Save"命令，替换已有的文件。

（3）启动 NX 启动 NX，打开"pbt_5_axis_test. prt"文件，进入加工环境，如图 7-33 所示，打开操作导航器"Operation Navigator"。在"Postprocess"对话框中拖动右侧滚动条，可看到刚刚建立起来的后处理已经在列表框中。单击列表中刚刚建立起来的后处理，如图 7-34 所示，可以通过单击第二个"Browser"按钮，指定后处理生成文件的路径和名称。在"Output"→"Units"下拉列表中选择"Metric"选项，单击"OK"按钮保存。

（4）检查程序 如图 7-35 所示，在弹出的"Information"对话框中，检查程序头和程序尾是否如同在 Post Builder 中设定的一样，如果不一样，可以重复前面的步骤进行检查。

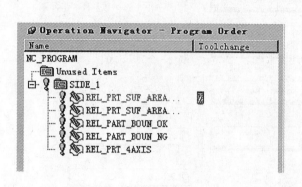

图 7-33 操作导航树

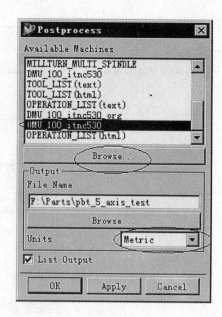

图 7-34 指定后处理生成文件的路径和名称

```
;
BEGIN PGM pbt_5_axis_test MM
BLK FORM 0.1 Z X0.0 Y0.0 Z-20.
BLK FORM 0.2 X100. Y100. Z0.0
; REL_PRT_SUF_AREA_STP
TOOL DEF  T1 L0 R0
TOOL CALL T1 Z S0
L X89.485 Y492.807 B11.71 C-1.882 M3 F MAX
L Z152.4 F MAX
L Z94.925 F254. M8
.................................|
L X180.148 Y183.86 Z70.003
L Z101.6 F MAX
L X181.137 F MAX
M9
M5
M1
STOP M30
END PGM pbt_5_axis_test MM
```

图 7-35 校验输出文件

5. 设置刀具补偿和信息

（1）设置刀具信息 在这个机床操作系统中，刀具重复调用机床不会报警，所以可以在后处理中将每个操作的刀具信息都显示出来，这样便于操作人员检查和程序分段执行。确认 Post Builder 是否位于"Program & Tool Path"属性页中的"Program"子参数页。在左侧结构窗口中选择"Operation Start Sequence"节点。将右侧窗口中的"Initial Move"标记下的"PB_CMD_start_operation_force"程序行移至"Start of Path"标记中的"$mom_Path_Name"程序行后面，如图 7-36 所示。

删除"From Move"标记下的所有内容，将程序行拖至回收桶。将右侧窗口中的"Initial Move"标记下的"Tool Call T Z S"程序行拖动到"Start of Path"程序行下的"PB_CMD_start_

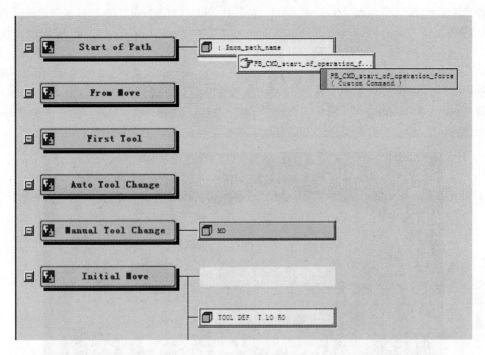

图 7-36　"PB_CMD_start_operation_force"程序行移至"Start of Path"标记中

operation_force"后面。单击"Tool Call T Z S"程序行，在弹出的对话框中加入两个 Text 块，分别是 DL + 0 和 DR + 0。这样便于操作员进行实际刀具微调。删除"Initial Move"下的所有内容。根据需要加入刀具的基本信息。将右侧下拉窗口中"Custom Command"添加到"Start of Path"标记中的"Tool Call T Z S DL + 0 DR + 0"程序行之后，系统会自动弹出"Custom Command"对话框。将"Custom Command"名称改为"tool_info"，如图 7-37 所示。添加下列文本到对话框中，用于显示刀具信息，如图 7-38 所示。单击"OK"按钮退出该对话框。根据要求加入预调刀。

图 7-37　更改"PB_CMD_"文本框中的内容

```
Custom Command
proc     PB_CMD tool_info                                      {  }   {

global mom_tool_name mom_tool_type
global mom_tool_diameter mom_tool_cornerl_radius mom_tool_flute_length
global mom_tool_length

MOM_output_literal ";(ToolName=$mom_tool_name DESCRIPTION=$mom_tool_type)"
MOM_output_literal ";(    D=[format "%.2f" $mom_tool_diameter]
                          R=[format "%.2f" $mom_tool_cornerl_radius]
                          F=[format "%.2f" $mom_tool_flute_length]
                          L=[format "%.2f" $mom_tool_length])"
```

图 7-38　添加刀具信息文本

将"New Block"添加到"Start of Path"标记中"PB_CMD_tool_info"程序行后面。在弹出的对话框中加入"Text→TOOL DEF"和"More→T（T-Tool Pre-Select）"。单击"OK"按钮退出。

（2）保存后处理文件　激活 NX4，打开"pbt_mill_test. prt"文件，如图 7-39 所示。确认操作导航树位于 Program 子参数页。选择 T12345-A 程序节点。单击"Manufacturing Operation"工具条上的"UG/Post Postprocess"图标。单击"OK"按钮。如图 7-40 所示，在弹出的"Information"对话框中，检查程序中关于刀具信息显示是否正确。

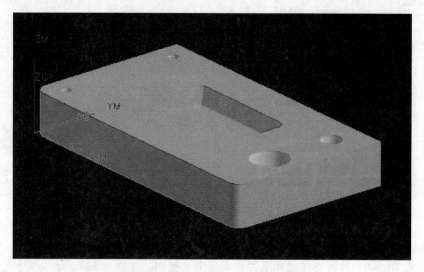

图 7-39　　"pdt_mill_test. prt"文件

```
BEGIN PGM pbt_mill_test MM
BLK FORM 0.1 Z X0.0 Y0.0 Z-20
BLK FORM 0.2 X100. Y100 Z0.0
;FACE_MILLING
TOOL CALL T30 Z S50 DL+0 DR+0
;(ToolName=FACEMILL_100 DESCRIPTION=Milling Tool-5 Parameters)
;(D=100.00 R=0.40 F=50.00 L=75.00)
TOOL DEF T40
L X40.1 Y=5.4 B0.0 C0.0 F MAX M3
L Z101.5 F MAX
L Z44.34 F MAX
L Z53.34 F MAX
L Z50.8 F300. M8
L X424.6
```

图 7-40　校验输出文件

6. 设置运动指令

（1）线性加工指令设定　确认 Post Builder 是否位于"Program & Tool Path"属性页中的"Program"子参数页。在左侧结构窗口中选择"Tool Path"下的"Motion"节点。单击右侧窗口的"Linear Move"标记，系统弹出"Event：Linear Move"对话框。删除窗口中的 S 块，将其拖至回收桶。机床的操作系统不支持在运动指令中直接改变主轴转速。

选择窗口中 M8 块，单击鼠标右键取消"Optional"选项。用户一般希望在加工中自动产生切削液指令，而不希望在机床指令中再次添加相应指令。调整 R1 块在程序行中的位置，单击"OK"按钮退出。

选择"Word Sequencing"子参数页。将 R0 块拖至 R 和 F 之间，单击"OK"按钮退出。如图 7-41 所示，再次选择"Program"子参数页，检查 RL 块是否已经改变位置。

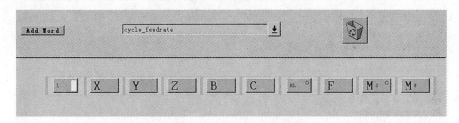

图 7-41　检查 R1 块的位置

（2）调整圆弧运动指令　单击右侧窗口中的"Circular Move"标记，弹出"Event：Circular Move"对话框。由于 HEIDENHAIN 操作系统只支持在 3 个主平面内进行圆弧运动，这样就要求写一个"Custom Command"来保证程序正确。如图 7-42 所示，选择 Command→Custom Command 加到"CC X Y Z"程序行前面。更改对话框上方"PB_CMD_"文本框中的内容，将其改为"circle_init"。如图 7-43 所示，添加下列文本到对话框。确认无误后，单击"OK"按钮。如图 7-44 所示，删除 F 块和 S 块，将其拖至回收桶。更改对话框下方的参数，使其符合机床操作系统的要求。在"Motion G Code"选项区域中的"Clockwise（CLW）"和"Counter-Clockwise（CCLW）"文本框中分别输入"DR－"和"DR＋"。单击"OK"按钮退出对话框。

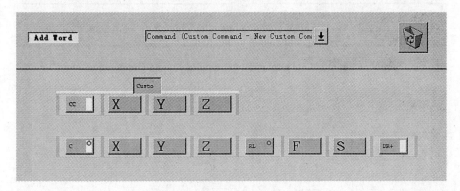

图 7-42　移动"Custom Command"

（3）调整快速运动指令　单击右侧窗口的"Rapid Move"标记，弹出"Event：Rapid Move"对话框。删除 S 块，将其拖至回收桶。拖动第一行中的 FMAX 块到 M3 块前面。单击"OK"按钮退出对话框。

（4）调整径向补偿开关　如图 7-45 所示，单击左侧窗口的"Machine Control"节点。单击右侧窗口中的"Cutcom Off"标记。在弹出的对话框中将 R0 块删除。单击"OK"按钮退出对话框。

（5）保存后处理文件　保存后处理文件，选择 File→Save 命令。

7. 验证刀具指令

（1）刀轨回放　激活 NX4，双击"planar_profile_fin"操作选项，弹出该操作对话框。单击刀轨生成按钮观察这个操作的加工过程，如图 7-46 所示。为了便于验证后处理结果的正确性，将更改这个操作便于校验。

（2）后处理　选择操作导航树上的"planar_profile_fin"操作选项。单击"Manufacturing Op-

```
Custom Command                                                          ☒

proc   PB_CMD_circle_init                              { }  {

global mom_pos_arc_center(0) mom_pos_arc_center(1) mom_pos_arc_center(2)
global mom_pos(0) mom_pos(1) mom_pos(2)
global mom_pos_arc_plane
if { $mom_pos_arc_plane == "XY"} {
MOM_force Always X,Y
MOM_suppress Always Z
}
if { $mom_pos_arc_plane == "ZX"} {
MOM_force Always X,Z
MOM_suppress Always Y
}
if { $mom_pos_arc_plane == "YZ"} {
MOM_force Always Y,Z
MOM_suppress Always X
}
```

| Default | Restore | | OK | Cancel |

图 7-43　添加圆弧平面控制的用户自定义指令

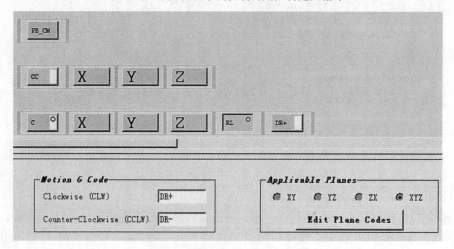

图 7-44　删除 F 块、S 块及修改参数

eration"工具条上的"UG/Post Postprocess"图标。如图 7-47 所示，单击"OK"按钮直接出现"Information"对话框。在弹出的"Information"对话框中检查程序中关于快速移动、直线加工和圆弧加工格式是否正确。确认无误后关闭"Information"对话框。

8. 设置刀具补偿

（1）设定刀径补偿　双击"planar_profile_fin"操作选项，弹出该操作对话框。如图 7-48 所示，单击"Machine"按钮，在弹出的"Machine Control"对话框中再单击"Cutter Compensation"

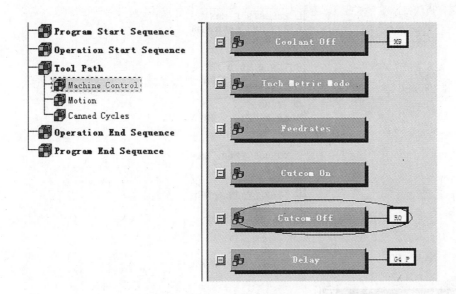

图 7-45 删除 "Cutcom Off" 标记

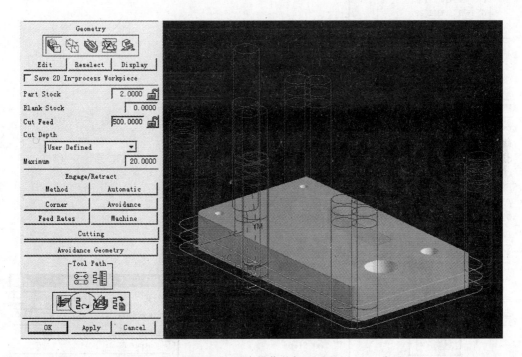

图 7-46 观察操作的加工过程

按钮,弹出 "Cutter Compensation" 对话框。在该对话框中的 "Cutcom" 下拉列表中选择 "Engage/Retract" 选项。选中 "Output Plane" 复选框,单击 "OK" 按钮两次,返回操作主界面。

(2)产生刀轨 单击 "Generate" 图标,重新计算刀轨,并注意观察刀轨(刀轨沿顺时针方向加工)。单击 "OK" 按钮接受更改,并返回操作主界面。

(3)后处理 选择操作导航树中的 "planar_profile_fin" 操作选项。单击 "Manufacturing Operation" 工具条上的 "UG/Post Postprocess" 图标。如图 7-49 所示,单击 "OK" 按钮直至出现

```
L Z35.873 F MAX
L Z23.333 F450. M8
L Y-19.5
L X0.0 F500.
CC X0.0 Y0.0
C X-19.5 Y0.0 DR-
L Y200.
CC 7200.
C X0.0 Y219.5 DR-
L X350.
CC X350.
C X350.5 Y200. DR-
L Y0.0
CC Y0.0
C X370. Y-19.5 DR-
L X140.000
L Z35.129 F MAX|
```

图 7-47　校验输出文件

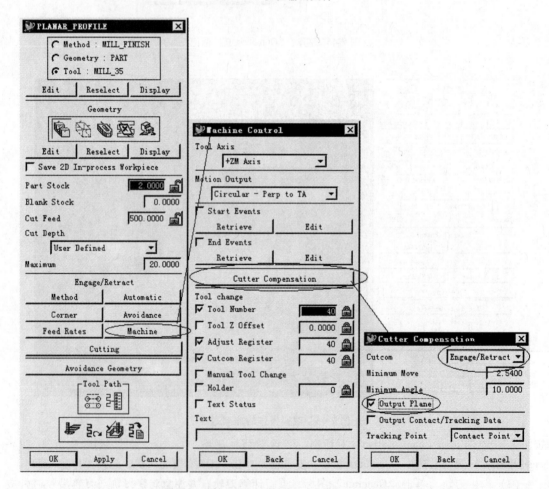

图 7-48　更改 "Cutter Compensation" 中的参数

"Information" 对话框。在弹出的 "Information" 对话框中检查程序中关于刀具径向补偿显示是否正确。确认无误后关闭 "Information" 对话框。

```
L Z34.782 F MAX
L Z22.323 F430. M8
L Y-19.5 RL
L X0.0 F500
CC X0.0 Y0.0
C X-18.5 Y0.0 DR-
L Y200.
CC Y200.
C X0.0 Y219.5 DR-
L X350.
CC X350.
C X350.5 Y200. DR-
L Y0.0
CC Y0.0
C X350. Y-19.5 DR-
L X140 345
L Z35.128 R0 F MAX
L7 21.238 F MAX
```

图 7-49 校验输出文件

9. 设置切削方向

（1）指定切削方向 双击"planar_profile_fin"操作选项，弹出该操作对话框。单击"Cutting"按钮，弹出"Cut Parameters"对话框。如图 7-50 所示，在"Cut Direction"下拉列表中选择"Conventional Cut"选项。单击"OK"按钮返回操作主界面。单击"Generate"图标，重新计算刀轨，并注意观察刀轨（刀轨沿逆时针方向加工）。单击"OK"按钮接受更改，并返回操作主界面。

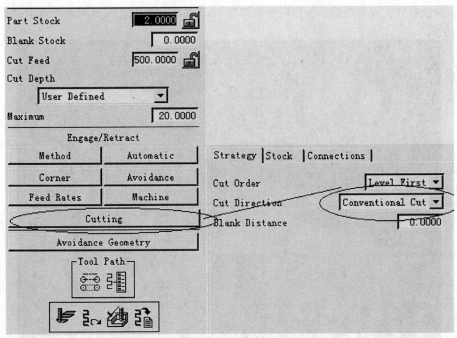

图 7-50 选择"Conventional Cut"选项

（2）后处理 选择操作导航树上的"planar_profile_fin"操作选项。单击"Manufacturing Operation"工具条上的"UG/Post Postprocess"图标。如图 7-51 所示，单击"OK"按钮直到出现"Information"对话框。在弹出的"Information"对话框中检查程序中关于刀具径向补偿和圆弧加工程序显示是否正确。确认无误后关闭"Information"对话框。

```
L X140.333 Y-34.74 F MAX
L Z101.4 F MAX
L Z34.782 F MAX
L Z22,323 F430. M8
L Y-19.5 RR
L X0.0 F500
CC X0.0 Y0.0
C X-18.5 Y0.0 DR+
L Y200.
CC Y200.
C X0.0 Y219.5 DR+
L X350.
CC X350
C X350.5 Y200. DR+
L Y0.0
CC Y0.0
C X350. Y-19.5 DR+
L X140.345
C Z35.128 R0 F MAX
L7 21.238 F MAX
```

图 7-51 校验输出文件

10. 验证旋转轴地址的正确性

（1）验证 B、C 地址正确性 1 五轴机床在制作后处理时一定要注意后处理时旋转轴的地址数是否正确。

激活 NX4，并打开"pbt_mill_test. prt"文件。双击"Variable_Contour"操作选项。如图 7-52 所示，回放操作，发现在这个操作中所有刀轴与 Z 轴方向相同，故可判断处理出来的程序中 B、C 应为 0。

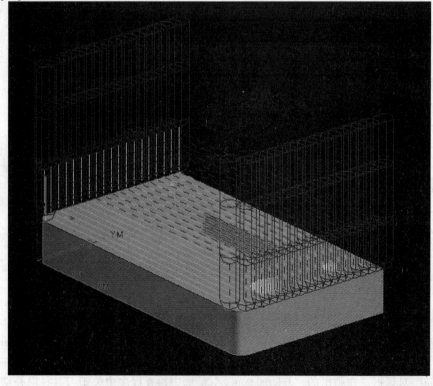

图 7-52 回放并观察刀轨

将"Variable_Contour"操作选项后处理。如图7-53所示，在弹出的"Information"对话框中检查 B、C 显示是否正确：B、C 为 0，且只出现一次。确认无误后关闭"Information"对话框。

```
BEGIN PGM pbt_mill_test MM
BLK FORM 0.1 Z X0.0 Y0.0 Z-20
BLK FORM 0.2 X100 Y100. Z0.0
;VARIABLE_COUTOUR
TOOL CALL T20 Z S0 DL+0 DR+0
;(ToolName=BALLMILL_22 DESCRIPTION=Milling Tool-5 Parameters)
;(D=22.00 R=11.00 F=100.00 L=120)
TOOL DEF T20
L X0.0 Y200 B0.0 C0.0 F MAX M3
L Z101.5 F MAX
L Z50. F253. M8
L X350.
L Z101.5 F MAX
```

图 7-53　校验输出文件

（2）验证 B、C 地址正确性 2　双击"Variable_Contour"操作选项。如图7-54所示，在"Tool Axis"下拉列表中选择"Relative to Vector"选项，在"Lead"文本框中输入"20"。单击"OK"按钮退出。

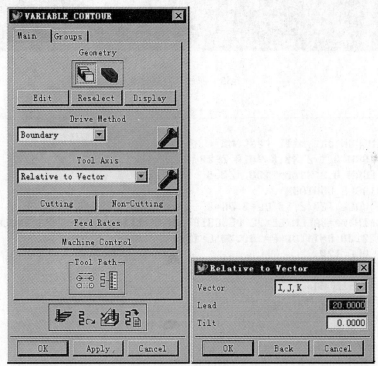

图 7-54　编辑刀轴控制

如图7-55所示，重新生成操作，发现在这个操作中所有刀轴与 Z 轴方向成20°夹角，且在 Y 轴方向上倾斜，故可以判断处理出来的程序中 B 应为20、C 应为90。

将"Variable_Contour"操作选项后处理。如图7-56所示，在弹出的"Information"对话框中检查 B、C 显示是否正确：B 为20、C 为90，且只出现一次。确认无误后关闭"Information"对话框。

（3）验证 B、C 地址正确性 3　双击 Variable_Contour 操作选项。如图7-57所示，在"Tool

图 7-55　回放并观察刀轨

```
;
BEGIN PGM pbt_mill_test MM
BLK FORM 0.1 Z X0.0 Y0.0 Z-20
BLK FORM 0.2 X100 Y100. Z0.0
;VARIABLE_COUTOUR
TOOL CALL T20 Z S0 DL+0 DR+0
;(ToolName=BALLMILL_22 DESCRIPTION=Milling Tool-5 Parameters)
;(D=22.00 R=11.00 F=100.00 L=120)
TOOL DEF T20
L X200 Y17.238 B20. C90. F MAX M3
L Z101.5 F MAX
L Z50. F253. M8
L X350.
L Z101.5 F MAX
```

图 7-56　校验输出文件

Axis"下拉列表中选择"Away from Point"选项。在弹出的"Point Constructor"对话框中的 XC、YC 和 ZC 文本框中分别输入 175、100 和 -500。单击"OK"按钮退出。

如图 7-58 所示，编辑"Boundary"驱动方法，在"Pattern"下拉列表中选中"Follow Periphery"图标。

如图 7-59 所示，重新生成操作，发现这个操作中所有刀轴都离开一个点，整个操作中刀具方向一直在不断变化，可以判断程序中 B、C 在不断变化；且加工轨迹是向内顺时针方向加工，根据机床结构，故也可以判断程序中 C 值不断减小（台面顺时针转动）。

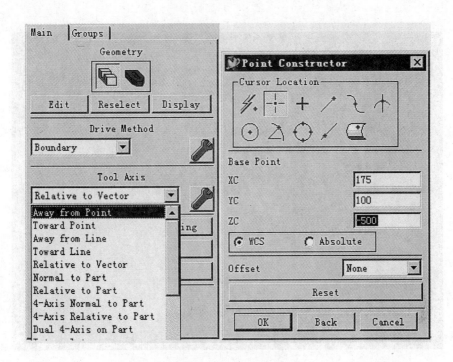

图 7-57　编辑刀轴控制

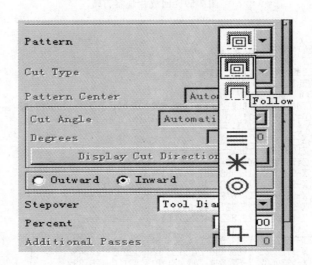

图 7-58　将 "Pattern" 改为 "Follow Periphery"

将 Variable_Contour 操作选项后处理。如图 7-60 所示，在弹出的 "Information" 对话框中检查 B、C 显示是否正确：B、C 不断变化，且 C 值不断减小。确认无误后关闭 "Information" 对话框。

（4）验证 B、C 地址正确性 4　双击 Variable_Contour 操作选项。如图 7-61 所示，编辑 "Boundary" 驱动方法，将加工方向由 "Climb Cut" 改为 "Conventional Cut"。

重新生成操作，发现在这个操作中所有刀轴都离开一个点，整个操作中刀轴方向一直在不断变化，可以判断程序中 B、C 在不断变化；加工轨迹是向内逆时针方向加工，故判断程序中 C 值不断变大（台面顺时针转动）。

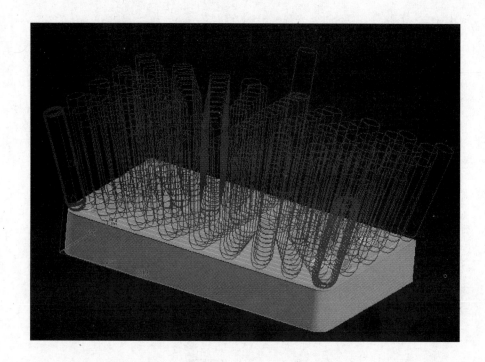

图 7-59 回放并观察刀轨

```
BEGIN PGM pbt_mill_test MM
BLK FORM 0.1 Z X0.0 Y0.0 Z-20
BLK FORM 0.2 X100 Y100. Z0.0
;VBRIBBLE_COUTOUR
TOOL CBLL T20 Z S0 DL+0 DR+0
; (ToolNBme=BBLLMILL_22 DESCRIPTION=Milling Tool-5 PBrBmeters)
; (D=22.00 R=11.00 F=100.00 L=120)
TOOL DEF T20
L X-98.979 Y18.783 B17.318 C-89.666 F MBX
L Z100.568 F MBX
L Z47.04 F254. M8
L X-98.978 Y18.858 Z47.017 B17.31
L X-98.974 Y19.462 Z46.83 B17.245 C-89.665
L X-98.966 Y20.672 Z46.461 B17.114 C-89.662
L X-98.931 Y25.527 Z45.044 B15.591 C-89.651
L X-121.899 Y9.842 Z49.737 B16.741 C-97.496
L X-141.932 Y-10.622 Z56.122 B17.143 C-105.018
L X-158.431 Y-34.397 Z64.131 B17.82 C-112.072
L X-171.362 Y-59.986 Z73.733 B18.722 C-118.488
L X-193.602 Y-52.794 Z66.481 B15.421 C-125.889
L X-196.461 Y-63.413 Z65.403 B12.403 C-137.344
L X-200.786 Y-105.006 Z69.663 B10.099 C-155.266
L X-175. Y-178.566 Z79.683 B9.19 C-180
L X-117.105 Y-249.18 Z95.341 B10.099 C-204.734
L X-60.941 Y-295.036 Z116.342 B12.403 C-222.656
L X-21.573 Y-326.139 Z142.241 B15.421 C-234.111
L X4.421 Y-351.33 Z172.477 B18.722 C-241.512
L X49.344 Y-334.433 Z156.286 B17.186 C-254.423
L X97.385 Y-311.9 Z145.584 B16.592 C-269.148
L X139.392 Y-295.98 Z140.614 B17.049 C-283.095
```

图 7-60 校验输出文件

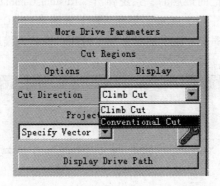

图 7-61　加工方向由 "Climb Cut" 改为 "Conventional Cut"

将 "Variable_Contour" 操作选项后处理。如图 7-62 所示，在弹出的 "Information" 对话框中检查 B、C 显示是否正确：B、C 不断变化，且 C 不断变大。确认无误后关闭 "Information" 对话框。

```
;
BEGIN PGM pbt_mill_test MM
BLK FORM 0.1 Z X0.0 Y0.0 Z-20
BLK FORM 0.2 X100 Y100. Z0.0
;VBRIBBLE_COUTOUR
TOOL CBLL T20 Z S0 DL+0 DR+0
;(ToolNBme=BBLLMILL_22 DESCRIPTION=Milling Tool-5 PBr8meters)
;(D=22.00 R=11.00 F=100.00 L=120)
TOOL DEF T20
L X77.028 Y71.754 B12.703 C-37.787 F MBX M3
L Z287.375 F MBX
L X71.753 Y35.365 Z254. M8
L X76.948 Y71.848 Z35.342 B12.696 C-37.812
L X76.312 Y72.598 Z35.232 B12.462 C-38.001
L X73.7 Y75.592 Z34.804 B12.492 C-38.807
L X68.143 Y81.517 Z34.026 B12.008 C-40.495
L X108.634 Y77.196 Z36.912 B10.349 C-27.641
L X152.819 Y48.381 Z42.85 B9.357 C-10.95
L X186.936 Y-6.195 Z51.819 B9.274 C-7.788
L X200.976 Y-71.577 Z63.744 B10.123 C25.032
L X199.174 Y-131.545 Z78.502 B11.687 C38.563
L X190.933 Y-181.131 Z95.93 B13.697 C48.429
L X181459 Y-221.177 Z115.833 B15.952 C55.549
L X172.703 Y-255.835 Z137.981 B18.232 C60.781
L X172.392 Y-256.891 Z136.721 B18.396 C60.952
L X172.001 Y-257.979 Z139.422 B18.459 C61.166
L X171.543 Y-259.065 Z140.044 B18.507 C61.415
L X171.032 Y-260.102 Z140.576 B18.541 C61.69
L X170.488 Y-261.059 Z140.989 B18.558 C61.981
L X169.931 Y-261.984 Z141.275 B18.559 C62.177
L X169.379 Y-262.585 Z141.414 B18.542 C62.586
```

图 7-62　校验输出文件

11. 设置后缀和加工计时

（1）定制文件后缀　最后定制 NC 程序文件名特定后缀（．H）和总加工时间辅助信息。

激活 Post Builder。单击 "Output Settings" 属性页中的 "Other Options" 子参数页。在 "N/C Output File Extension" 文本框中输入 H。

（2）选择客户化指令　选择 "Program & Tool Path" 属性页中的 "Program" 子参数页。选择左侧结构树中的 "Program End Sequence" 节点。从上方的下拉列表中选择 "Custom Command"

添加到"End of Program"标记的最后面，系统弹出"Custom Command"对话框。

（3）计算加工时间　如图 7-63 所示，在对话框上方的"PB_CMD_"文本框中输入"total_time"。添加下列文本到对话框中，用于显示总加工时间。确认无误后，单击"OK"按钮。

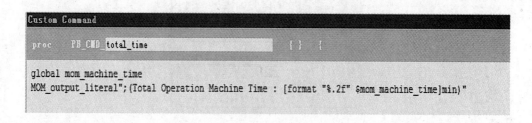

图 7-63　计算加工时间

选择 T12345-A 节点。单击"Manufacturing Operation"工具条上的"UG/Post Postprocess"图标。单击"OK"按钮直至出现"Information"对话框。

（4）检查总加工时间　如图 7-64 所示，在弹出的"Information"对话框中检查程序尾关于总加工时间是否显示正确。确认无误后关闭"Information"对话框。

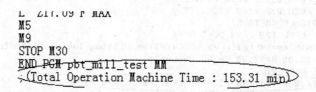

图 7-64　校验输出文件

（5）检查文件后缀　在操作系统下检查刚刚生成的文件后缀名是否为 .H。

12. 设置辅助功能代码

HEIDENHAIN 系统的主要辅助功能有：停止/手工换刀 M0，选项停止 M1，程序结束 M2，主轴开/CLW M3，主轴 CCLW M4，主轴关 M5，换刀/退刀 M6，冷却液开 M8，液态冷却液 M8，雾状冷却液 M7，冷却液通孔 M26，冷却液攻丝 M8，冷却液关 M9，倒回 M30。

在"Program & Tool Path"参数页下的"M Code"子参数页下按 HEIDENHAIN 系统要求填入图 7-65 所示的参数。

13. 设置 G 代码

在"Program & Tool Path"参数页下的"G Code"子参数页下按 HEIDENHAIN 系统要求填入图 7-66 所示的参数。

14. 设定钻削循环和其他循环

1）在这一步里设置 Drilling、Reaming、Boring、Rigid Tapping 等。

确定打开了 Program & Tool Path→Program 子选项卡，在左侧窗口中选择单击左侧的 Canned Cycles 标记，单击右侧 Common Parameters 标记，添加一个自定义程序代码，命名为 pb_cmd_cycle_init。写入以下代码：

```
global cycle_init_flag mom_cycle_delay
    global mom_motion_event mom_cycle_feed_to
    global mom_tool_diameter mom_cycle_step1
```

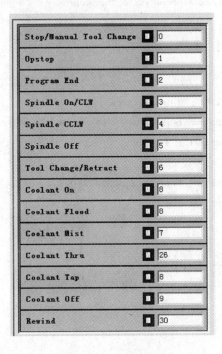

图 7-65　M 代码

Motion Rapid	L	
Motion Linear	L	
Circular Interperlation CLW	DR+	
Circular Interperlation CCLW	DR-	
Delay (Sec)	G	4
Delay (Rev)	G	4
Plane XY	G	17
Plane ZX	G	18
Plane YZ	G	19
Cutcom Off	RO	
Cutcom Left	RL	
Cutcom Right	RR	
Tool Length Adjust Plus	G	43

Cycle Drill Break Chip	L	
Cycle Tap	L	
Cycle Bore	L	
Cycle Bore Drag	L	
Cycle Bore No Drag	L	
Cycle Bore Dwell	L	
Cycle Bore Manual	L	
Cycle Bore Back	L	
Cycle Bore Manual Dwell	L	
Absolute Mode	G	90
Incremental Mode	G	91
Cycle Retract (AUTO)	G	98
Cycle Retract (MANUAL)	G	99

图 7-66　G 代码

```
global cycle_peck_size cycle_type_number; # js
global js_prev_pos; # diy previous Z height
global js_return_pos ; # return Z incremental from top of hole
```

```
    global mom_pos ; # xy and especially Z of this hole
    global mom_prev_pos ; # ditto - previous hole
    global mom_cycle_retract_mode


# Heidenhain cycle types
    set cycle_type_number 200 ; # drill & peck
    if { $mom_motion_event == "bore_move"} {
      set cycle_type_number 201 ; # ream
    }

    if { $mom_motion_event == "bore_drag_move"} {
      set cycle_type_number 202 ; # bore
    }


    if { $mom_motion_event == "tap_move"} {
      set cycle_type_number 207; # rigid tapping
    }


# peck sizes
    set cycle_peck_size [ expr ( $mom_cycle_feed_to * ( - 1.0 ) ) ] ; # single peck size most cy-
cles


    if { $mom_motion_event == "drill_deep_move" | | $mom_motion_event == " drill_break_
chip_move"} {


        if { ( $mom_cycle_step1 == 0 ) } {
          set cycle_peck_size $mom_tool_diameter ; # default peck if not set
        } else {
          set cycle_peck_size $mom_cycle_step1; # real peck

        }
    }


# normally cycle_init_flag is only set if this is a new cycle
# it is specifically unset in cycle_plane_change event, which
# happens when a drilling operation goes uphill,
# ( drills a hole at a higher Z than the previous hole)
# it is _not_ set when drilling downhill.
# this next bit of code sets the variable for up or downhill
# so that the new hole is defined - this is absolutely required
# to ensure the hole Z height Q203 is set correctly.

    if { $mom_pos ( 2 ) ! = $mom_prev_pos ( 2 ) } {
```

```
        set cycle_init_flag "TRUE"
    }

    if {$cycle_init_flag == "TRUE"} {

        if {! [info exists mom_cycle_delay]} {set mom_cycle_delay 0.0}

        MOM_do_template cycle_block;    # cycle def 200/201 etc
        MOM_do_template cycle_block_1;  # Q200 setup (engage) ht
        MOM_do_template cycle_block_2;  # Q201 hole depth (incremental)

        if {$cycle_type_number == 207} {;    # only tapping
            MOM_do_template cycle_block_239;  # Q239 thread lead
        } else {
            MOM_do_template cycle_block_3;    # Q206 feedrate units/min
        }

        if {$cycle_type_number == 200} {;    # only drilling
        MOM_do_template cycle_block_4;    # Q202 peck size
        MOM_do_template cycle_block_5;    # Q210 dwell above hole hardwired to zero
        }

        MOM_do_template cycle_block_6;    # Q203 Z of top of hole (absolute)
        MOM_do_template cycle_block_7;    # Q211 cycle dwell

        if {$mom_cycle_retract_mode == "AUTO"} {
            set js_return_pos [expr $js_prev_pos_$mom_pos (2)];    # calc incr retract
            MOM_do_template cycle_block_8;    # Q204 Zreturn after cycle (incremental)
        }
    }
```

在第二行加入以下两个标记：

① More→Fourth_Axis→B-4th-Axis Angle。

② More→Fifth_Axis→C-5th-Axis Angle。

在第三行插入四个标记：

① X→X-User Defined Expression，在 Expression 框中写入代码$mom_sys_cycle_reps_code。

② X→X-Coordinate。

③ More→Y→Y-Coordinate。

④ Text→R0 F MAX。

最终结果如图 7-67 所示。

在 cycle plane change 标记中加入以下自定义代码（名称 pb_cmd_cycle_plane_change）：

plane change happens when drilling operation goes uphill

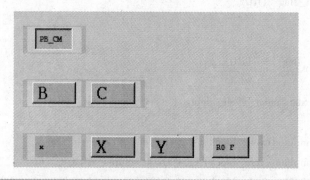

```
proc     PB_CMD_cycle_init

  global cycle_init_flag mom_cycle_delay

  global mom_motion_event    mom_cycle_feed_to
  global mom_tool_diameter    mom_cycle_step1
  global cycle_peck_size cycle_type_number ;# js
  global js_prev_pos                       ;# diy previous Z he
  global js_return_pos                     ;# returnZ increment

  global mom_pos            ;# xy and especially Z of this
  global mom_prev_pos  ;# ditto - previous hole
  global mom_cycle_retract_mode

# Heidenhain cycle types
  set cycle_type_number 200      ;# drill & peck

  if { $mom_motion_event == "bore_move" } {
    set cycle_type_number 201    ;# ream
  }

  if { $mom_motion_event == "bore_drag_move" } {
    set cycle_type_number 202    ;# bore
  }
```

图 7-67　Common Parameters 标记

ie - when new hole is higher in Z than prev hole

retract mode AUTO is return to clearance plane using

Q204 (which is like G98) so this next bit is only for

case where cycles stay down

　global mom_cycle_retract_mode mom_cycle_rapid_to_pos mom_pos

　if { $mom_cycle_retract_mode ! = "AUTO"} {

　　MOM_force Once G_motion ; # not sure why i need this

　　MOM_do_template cycle_rapidtoZ

　}

依照上面的方法，按照图 7-68 所示的 Drill 标记涉及的内容项进行相应代码添加。

2）打开"pbt_mill_test. prt"文件，右键选择钻操作"DRILL_12"，如图 7-69 所示。

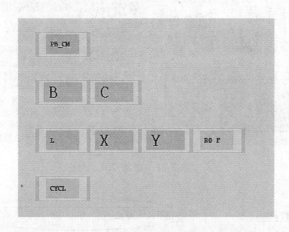

图 7-68　Drill 标记

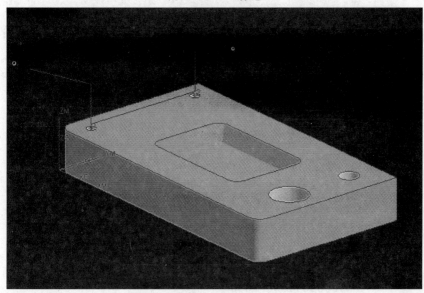

图 7-69　钻操作"DRILL_12"

对该操作进行后处理，得到如图 7-70 的 NC 代码。

图 7-70 所示程序中各代码的详解如图 7-71 所示。

从代码可以看出，循环代码符合 iTNC 530 系统的要求。

15. 设定 NC 程序行号

如图 7-72 所示，将"Add Block"中的"MOM_set_seq_on—（MOM command）"添加至标记"Start of Program"后面，可使 NC 代码显示程序的行号。

16. 设定刀尖点跟随功能 M128

M128——TCPM，刀尖点编程，就是常说的 APT 方式。

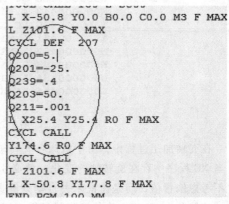

图 7-70　钻操作的 NC 代码

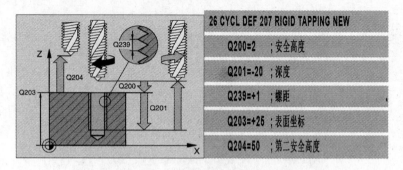

图 7-71　循环 207

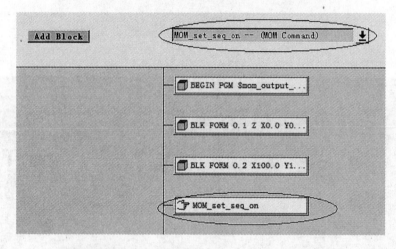

图 7-72　NC 程序的行号

　　在五轴加工过程中，由于机床各旋转轴之间存在偏置，或加工原点的定义不在转盘中心，此时当 NC 程序中存在旋转轴的变化，势必引起直线轴真实位置的变化。M128 的作用就是在编程时不考虑偏置值，而是让机床去自动计算此偏置值引起的直线轴的偏移。如图 7-73 所示，当刀具轴旋转角度 dB 后，为使刀尖仍保持在工件的同一点上，机床旋转中心点需移动 dx 和 dz。

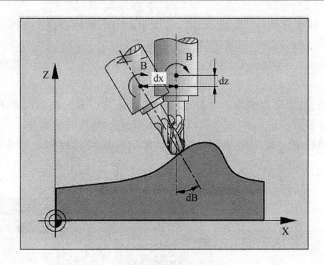

图 7-73　M128 图解

按照前文的方法，添加一行文本 M128 至标记 "Start of Program" 后面，如图 7-74 所示。

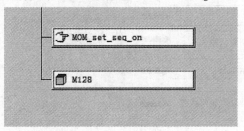

图 7-74　M128

17. 结束

关闭 NX，关闭 Post Builder。

7.5　刀具路径仿真

刀具路径的可视化，就是指使用不同显示模式对刀具路径进行动画模拟切削，可以形象地观察到刀具的运动和材料的动态切削。在刀具路径动态模拟切削过程中，可以控制刀具的显示、检查刀具是否干涉工件几何体和毛坯材料。刀具路径可视化功能提供了一种图形反馈并报告刀具路径动态模拟中不能接受的条件，很好地运用刀具路径可视化模拟功能，可以检查出刀具路径的错误之处。

可视化模拟只是对刀具路径中的刀具运动轨迹进行模拟切削仿真，不考虑机床运动的实际情况。在编写刀具路径尤其是形状复杂的工件和多轴刀具路径时，经常需要对刀具路径进行可视化动画模拟切削验证，确定完全正确后，再进行刀具轨迹的后处理。

1. 进入刀具路径可视化动画模拟界面的方法

1）从工具条进入刀具路径动画模拟可视化界面。在编程模块中，打开操作导航器，选择一个或多个操作，或者选择一个包含操作的父级组，在工具条中单击"确认刀轨"图标，会弹出如图 7-75 所示的"刀轨可视化"对话框。

2）从操作导航器进入刀具路径动画模拟可视化界面。在编程模块中，打开操作导航器，选择一个或多个操作，或者选择一个包含操作的父级组，单击鼠标右键，选择"刀轨"→"确认"命令，会弹出如图 7-75 所示的"刀轨可视化"对话框。

3）在操作对话框中，生成刀具路径后，单击"确认"按钮，进入刀具路径动画模拟可视化界面。

"刀轨可视化"对话框可以由以上 3 种方法种的任意一种方法进入，对话框由刀具点列表显示窗、运动事件页码显示、进给率、动态切削显示模式、刀具显示状态、切削运动过程显示状态、过切和碰撞运动检查、模拟切削动画速度、模拟切削动画控制几部分组成，如图 7-75 所示。

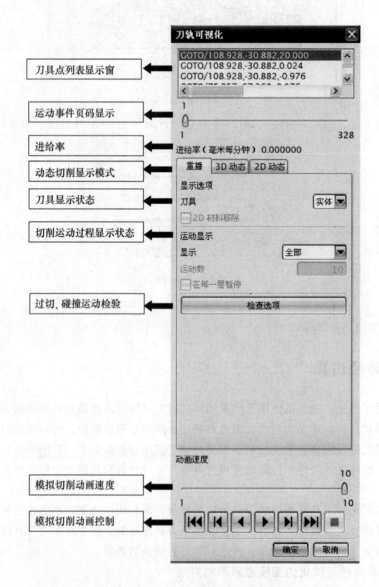

图 7-75 "刀轨可视化"对话框

2. 各功能模块详细说明

（1）刀具点列表显示窗　刀具点列表显示窗列出了当前刀具位置点，在该列表中选择一个运动时，图形显示窗口中将高亮显示与之对应的刀具路径，刀具也将快速移动到该位置。

（2）运动事件页码显示 在刀具点列表显示窗中无法显示所有刀具轨迹点，系统将刀轨分成多页，操作者可以拖动滑块浏览所有的页码。

（3）进给率 显示当前运动的进给速度，在本窗口中一般显示速度为 0，表示该运动为快速线性运动。

（4）动态切削显示模式 系统提供了 3 种显示模式：重播、3D 动态、2D 动态，操作人员可以根据自己的需要选择合适的显示模式。

1）"重播"显示模式。"重播"通过显示刀具路径中刀具的位置来查看 NC 程序，允许在刀具路径重播时控制刀具和机构运动的显示。

2）"3D 动态"显示模式。通过显示沿刀具路径中移动的刀具和夹持器来模拟材料的切削过程，允许在切削过程中对图形进行缩放、旋转、平移，同时也提供了许多功能选项允许控制刀具路径的切削过程，如图 7-76 所示。

① IPW 分辨率。

IPW 分辨率：有粗糙、中等、精细 3 种精度等级，动画模拟时可以选择不同的分辨率，系统将按照指定的分辨率生成 IPW。

显示选项：显示选项中的"动画等级"有"粗糙"和"精细"两个精度等级，"动画精度"是控制刀具路径在动画播放时 IPW 的显示精度。

IPW 颜色：指定刀具路径动画播放时 IPW 的显示颜色。

② IPW 的处理方式。IPW 处理方式有 3 种：无、保存、另存为组件，在操作时一般选取"保存"。

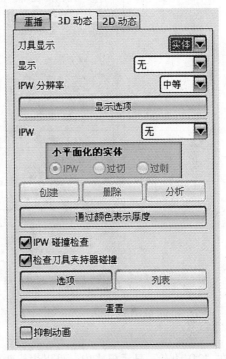

图 7-76 "3D 动态"显示模式

③ 小平面化的实体。刀具路径动画模拟结束后，系统允许 IPW、过切和过剩的材料生产小平面体，为后续操作做好准备。IPW 指的是一个毛坯在执行了一个刀具路径后的结果，与真实的部件之间还有一定的差距，通常称为过程毛坯。想要创建 IPW，要先指定创建的类型，然后选择"创建"，系统会创建指定类型的小平面体，创建的小平面体能够显示在屏幕中。想要删除已创建的小平面体，也要先指定类型，再选择"删除"，小平面体会被删除掉。分析，系统允许在小平面体上指定一个位置进行分析，能够分析过剩材料的厚度、过切的深度、侧壁间的距离和侧壁的厚度。

④ 通过颜色表示厚度。可以选择颜色计算小平面体的厚度。

⑤ 碰撞检查。选中"IPW 碰撞检查"复选框，系统能够对刀具路径中的快速运动进行干涉检查并汇报。如果选中"检查刀具路径夹持器碰撞"复选框，系统能够对刀具夹持器干涉现象进行检查汇报。

⑥ 抑制动画。控制是否对刀具路径进行切削模拟动画播放，打开检查符，系统不显示刀具路径动画播放过程，直接显示动画的最终结果，并且能够显示出过切和欠切的结果，同时能够生产小平面体。

3）"2D 动态"显示模式。通过显示刀具路径中刀具来模拟材料的切削过程，"2D 动态"显示模式的可视化过程和结果是一个基于像素的视图，不能对模拟演示的动画进行放大、旋转和平移。在该显示模式下，模拟动画过程和模拟动画结果都能够观察到切除材料、残留材料和过切、欠切的情况。也可以把未切削的材料生产独立的几何体，再对未切削的部分编制刀具路径。

"2D 动态"显示模式与"3D 动态"显示模式基本相同，下面只说明它们的不同之处。"2D 动态"显示模式如图 7-77 所示：

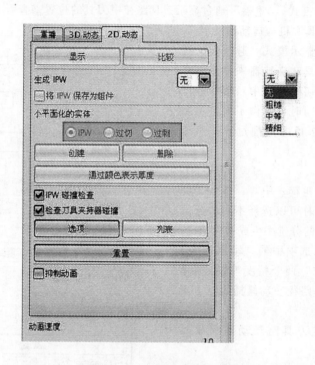

图 7-77　"2D 动态"显示模式

在"2D 动态"显示模式中，可以生成两种类型的 IPW："可视化 IPW"和"小平面 IPW"，两种 IPW 都随部件一起保存。"可视化 IPW"仅用于后续刀具路径动画查看，也可以作为后续刀具路径的自动毛坯。"可视化 IPW"在系统内部，不能对其进行人工选择等操作。"小平面 IPW"可以进行手工选择等操作。

在"2D 动态"显示模式中，提供了 3 种精度等级：粗糙、中等、精细，只有在模拟切削之前选择一种精度等级，刀具路径模拟动画结束后，才能为 IPW、过切、过剩的材料生成小平面体，或将 IPW 保存成组件。

① 显示功能。刀具路径动画结束后，用不同颜色显示未加工区域和已加工区域。

② 比较功能。当刀具路径动画模拟结束后，系统对模拟切削部件和设计部件进行比较，并在图形显示区域以不同的颜色显示模拟结果。默认情况下，绿色显示的是切削掉材料的区域，灰色显示的是未切削材料的区域，红色显示的是刀具过切部件的区域。

（5）刀具显示状态　系统提供了 5 种显示刀具的状态：开、点、轴、实体、装配，操作人员可以根据自己的需要选择合适的显示模式。

（6）切削运动过程显示状态　系统提供了 6 种切削运动过程显示状态：全部、当前层、下 n 个运动、+／-n 运动、警告、过切，操作人员可以根据自己的需要选择显示状态。

（7）过切、碰撞运动检查　检查过切和刀具夹持器的碰撞，如果选择了检查过切，在刀具路径模拟时发现过切现象，系统会以高亮显示过切部分的刀路，播放完成后，在信息窗口中报告过切情况。操作人员可根据需要选择相应功能。

（8）模拟切削动画速度　动画速度可以由滑块调节，数字从 1～10，播放速度由数字大小来定，数字小，速度慢；数字大，速度快。

（9）模拟切削动画控制模拟切削　动画控制部分提供了播放动画的基本功能项：退回到上一步操作、单步向后、反向播放、播放、步进、前进到下一步操作、停止。操作人员可根据需要进行选择。

7.6　编程及仿真实例

7.6.1　多面体零件编程及仿真

多面体零件图形如图 7-78 所示。

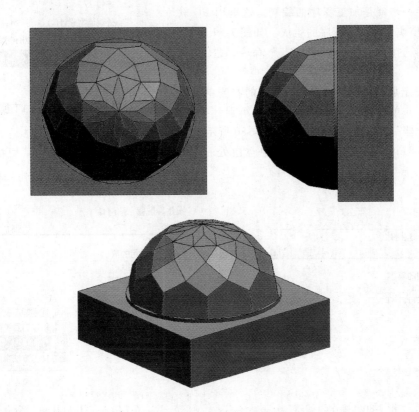

图 7-78　多面体零件图形

1. 加工顺序

一般情况下，零件的加工步骤按加工顺序可分为粗加工、半精加工和精加工，这个多面体零件也可以按照这 3 个步骤来加工。

（1）粗加工效率优先　可以用较大直径的刀具快速去除多余材料，切深也可以尽量大。根据零件的尺寸，选用直径 10mm 的平刀，采用 Z 轴层切方法对零件上所有区域粗加工，考虑刀具与零件材料因素，切深定为 0.5mm。

（2）半精加工效率和加工质量兼顾　使用的刀具要求零件各个部位都能加工到，不产生较多的残料，切深不能过大，使半精加工后零件的余量均匀。对于本例中的零件，使用直径10mm的平刀就可以保证半精加工余量均匀，采用等高精加工的方法，切深0.2mm。

（3）精加工质量优先　要求选用刀具能保证加工后各曲面所有部位都能加工到位，切深和切削间距较小，可以用较高的切削速度，较高的切削速度可以提高零件的表面质量，也可以提高加工效率。这里，若采用一般三轴加工方法来进行精加工也可行，但是加工效率较低。因为该零件是由多层小的平面组成的，对所有的面都进行精加工，需要用球头铣刀精铣，切削间距要很小才能达到表面粗糙度的要求，且不同角度的面加工效果不一致，会影响加工质量。若采用五轴加工，则可以使用直径较大的面铣刀对每个平面分别法向加工，切削间距较大就可以达到很好的表面质量，所有面的加工效果一致性也很好，既提升了加工质量，也提高了加工效率。

2. 生成加工程序

数控机床加工的过程受加工程序的控制，数控加工的最重要一步就是加工程序的编制。这里用UG软件的CAM模块实现加工程序的生成。如图7-79所示，在主菜单中选择"应用"→"加工"命令，进入UG加工模块。

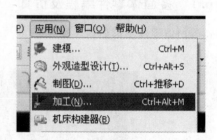

图7-79　进入UG加工模块

（1）设定加工几何体　在UG界面的右侧单击操作导航器，并单击操作导航器右上角的小别针按钮，使操作导航器一直处于显示状态，如图7-80所示。

如图7-81所示，在操作导航器中空白处右击，选择"几何视图"命令，切换到几何视图。

图7-80　操作导航器　　　　　　　　　图7-81　"几何视图"命令

1）设定加工坐标系。双击加工坐标系"MCS_MILL"，确认加工坐标系原点是否在毛坯工件的顶面中心，如果不是，将坐标系原点移至顶面中心点，如图7-82所示。

2）设定工件几何体。双击工件几何体"WORKPIECE"，"部件" 选择零件体，"隐藏" 选择毛坯体（中文版UG一般错将"毛坯"翻译为"隐藏"），"检查" 为干涉体，在此例中没有，因此不选，如图7-83所示。

（2）设定加工刀具　如图7-84所示，在操作导航器中空白处右击，选择"机床刀具视图"命令，切换到机床刀具视图。

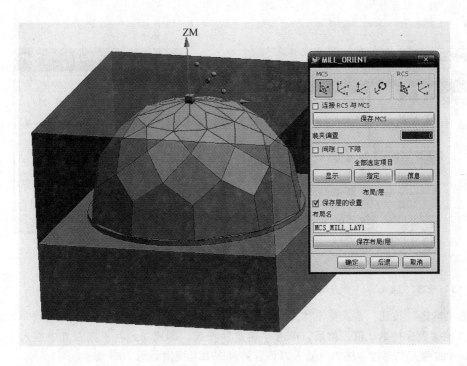

图 7-82　设定加工坐标系

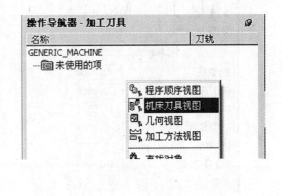

图 7-83　设定工件几何体　　　　　　　　图 7-84　选择"机床刀具视图"命令

如图 7-85 所示，在机床刀具视图的根节点"GENERIC_MACHINE"上右击，选择"插入"→"刀具..."命令。

在弹出的"创建刀具组"对话框中，子类型选择"MILL" ，将名称设为"D10R0"，意为直径 10mm 底角半径 0mm 的刀具，如图 7-86 所示。

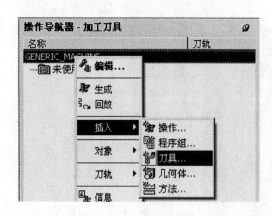

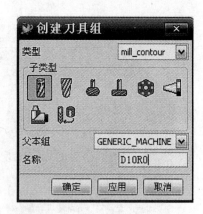

图 7-85　选择"插入"→"刀具..."命令　　　　　　　图 7-86　创建刀具组

单击"确定"按钮，系统弹出"刀具参数设定"对话框，如图 7-87 所示，将（D）直径设为 10，其他参数保持默认值，然后，单击"确定"按钮，即成功地在机床刀具中插入了一把直径为 10mm 的两刃平底键槽铣刀。插入刀具后的机床刀具视图如图 7-88 所示。

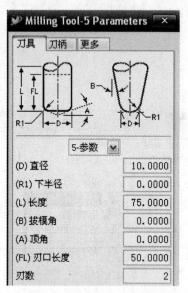

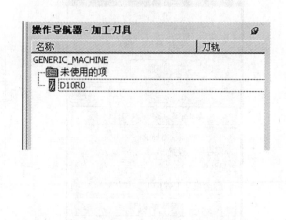

图 7-87　刀具参数设定　　　　　　　　　　　图 7-88　插入刀具后的机床刀具视图

（3）设定加工方法　如图 7-89 所示，在操作导航器中空白处右击，选择"加工方法视图"命令，切换到加工方法视图。

双击粗加工"MILL_ROUGH"，在弹出的对话框中设定参数，按照工艺分析后确定的参数，将部件余量设为 0.5，内公差和切出公差设为 0.05，如图 7-90 所示。

再单击进给图标 ，弹出"进给和速度"对话框，将"进刀"设为 500，"剪切"设为 4000，其余速度为 0，所有单位均为"毫米/分钟"，如图 7-91 所示；单击"确定"按钮，回到加工方法参数设定界面，再单击"确定"按钮退出，粗加工方法的参数设定就完成了。

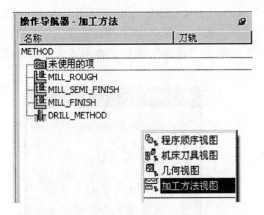

图 7-89　选择"加工方法视图"命令　　　　　　图 7-90　加工方法参数设定

双击半精加工"MILL_SEMI_FINISH",与粗加工参数设定一样的方法,将部件余量设为 0.2,内公差和切出公差设为 0.02;将"进刀"设为 500,"剪切"设为 4000。

双击精加工"MILL_ FINISH",将部件余量设为 0,内公差和切出公差设为 0.01;将"进刀"设为 300,"剪切"设为 3000。

(4)创建加工操作并产生加工刀路　加工几何体、刀具、方法现已经设定完成,这些都是创建加工操作的准备工作。接下来,按照加工工步安排,依次创建加工操作,产生加工刀路。

如图 7-92 所示,在操作导航器中空白处右击,选择"程序顺序视图"命令,切换到程序顺序视图。

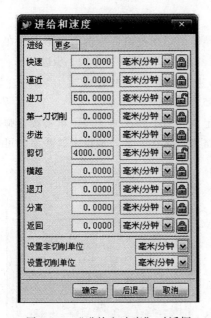

图 7-91　"进给和速度"对话框

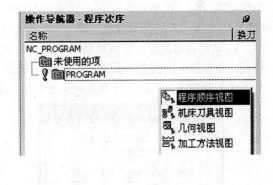

图 7-92　选择"程序顺序视图"命令

1)粗加工。按照工步安排,粗加工只有一步:对所有区域进行 Z 轴层粗铣。

① 插入操作。如图 7-93 所示,在程序顺序视图中程序组"PROGRAM"节点上右击,选择"插入"→"操作"指令。

在弹出的"创建操作"对话框中,"类型"选择型腔铣"mill_contour","子类型"选择 Z

轴层粗铣"CAVITY_MILL"图标 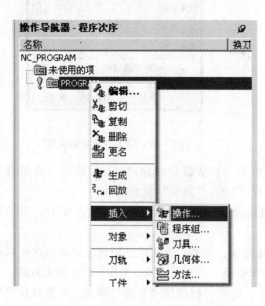，"程序"选择"PROGRAM"，"使用几何体"选择"WORKPIECE"，"使用刀具"选择"D10R0"，"使用方法"选择"MILL_ROUGH"，"名称"自动生成，不需要修改，如图7-94所示。都选择好之后单击"确定"按钮，弹出Z轴层粗铣的参数设定主界面。

图7-93 选择"插入"→"操作"指令

图7-94 "创建操作"对话框

② 设定参数

a. 设定加工的主要参数。主要参数决定了这个操作中切削进给部分的刀路形式。在Z轴层粗铣的参数设定主界面上，列出了这种类型加工的主要参数，包括切削方式、步进和每一刀的全局深度等。将"切削方式"选择跟随工件 ，"步进"选择"刀具直径"，"百分比"设为"65%"，"每一刀的全局深度"设为"0.5"如图7-95所示。

b. 设定其他参数。其他参数是指没有在参数设定主界面上列出的，需要单击按钮弹出对话框设定的参数，如图7-96所示。这些参数决定了刀路是否优化，合理地设定这些参数可以提高加工效率和质量。因此其他参数的设定也相当重要。

图7-95 设定粗加工的主要参数

图7-96 粗加工的其他参数

这里只把此例中要修改的其他参数列出，其余不需要修改的暂不介绍。

切削层的设定：单击"切削层"按钮，系统弹出"切削层"对话框，如图 7-97 所示。在该对话框中选择向下的箭头 ，使右边的指针 移动到最下端；在作图区域，用鼠标捕捉零件体底部平面上的边角点（见图 7-98），更改后的"切削层"对话框如图 7-99 所示，单击"确定"按钮退出。这样设定的作用是，去除了零件底平面以下部分的切削层，可以加快刀路计算速度。

进刀/退刀的设定：按照图 7-100 所示的参数进行设置，单击"确定"按钮退出。

自动进刀/退刀的设定：按照图 7-101 所示的参数进行设置。

避让的设定：单击图 7-96 中的"避让"按钮，系统弹出"避让几何"对话框，如图 7-102 所示，单击"Clearance Plane-无"（安全平面）按钮，系统弹出"安全平面"对话框，如图 7-103 所示，再单击"指定"按钮，系统弹出"平面构造"对话框，如图 7-104 所示，在此设定为 XC-YC 平面偏置 20，单击 3 次"确定"按钮回到参数设定主界面。

进给和速度的设定：单击图 7-96 中的"进给率"按钮，系统弹出"进给和速度"对话框。该对话框有 3 个标签页："速度""进给""更多"。在"更多"标签页中设定主轴方向为 CLW（正转）；"进给"标签页中的进给率在设定加工方法时已经预设好，不需再做设定；在"速度"标签页中，选中"主轴速度"复选框，速度值设为

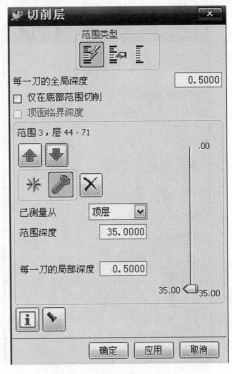

图 7-97 "切削层"对话框

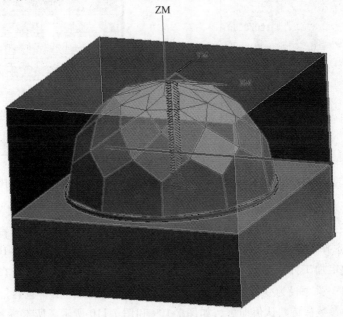

图 7-98 捕捉底平面边角点

8000，如图 7-105 所示，单击"确定"按钮返回参数设定主界面。

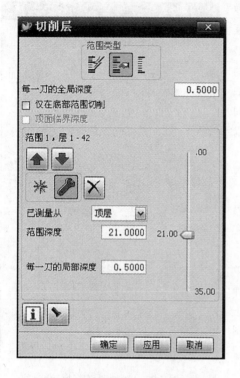

图 7-99　更改后的"切削层"对话框

图 7-100　"进刀/退刀"对话框

图 7-101　"自动进刀/退刀"对话框

图 7-102　"避让几何"对话框

切削参数的设定：单击图 7-96 中的"切削"按钮，系统弹出"切削参数"对话框，该对话框共有 5 个标签页："Strategy"（策略）"余量""连接""包容""更多"。在"策略"标签页中，"切削顺序"选择"层优先"，"切削方向"选择"顺铣切削"，如图 7-106 所示；"余量"标签页中参数在设定加工方法时已经预设好，不需改动，如图 7-107 所示；在"连接"标签页中，将"打开刀路"选项设为变换切削方向⇄，如图 7-108 所示；在"包容"和"更多"标签页中，所有选项和参数保持默认值即可，如图 7-109 和图 7-110 所示。所有标签页设定完毕，单击"确定"按钮返回。

图 7-103　"安全平面"对话框

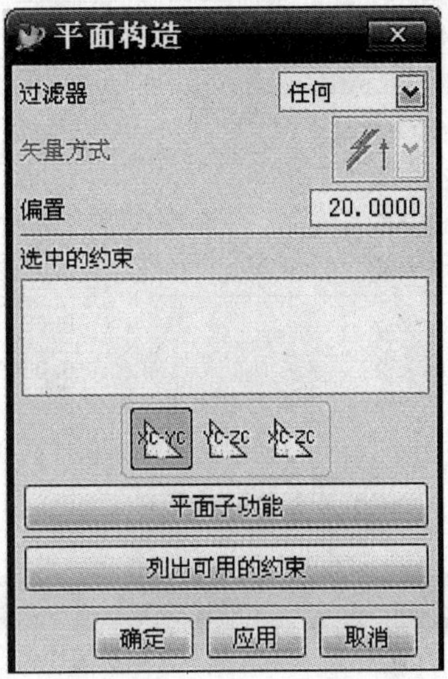

图 7-104　"平面构造"对话框

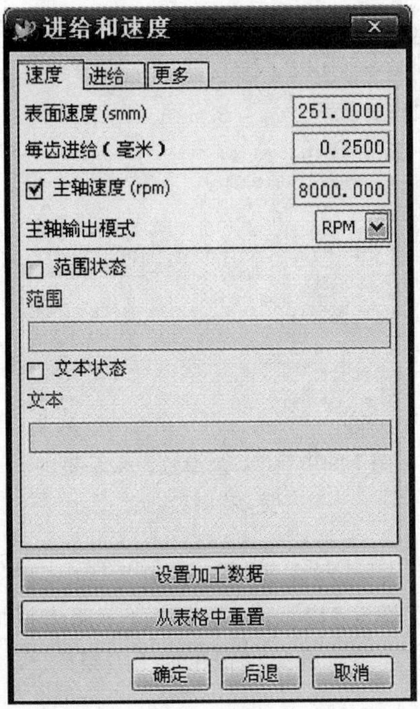

图 7-105　"进给和速度"对话框的
"速度"标签页

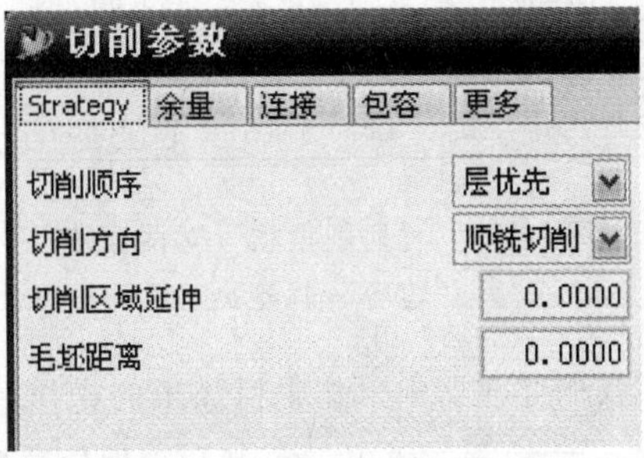

图 7-106　"切削参数"对话框的"Strategy"
（策略）标签页

至此，粗加工操作的参数设定完成，单击"确定"按钮退出参数设定主界面。

③　生成加工刀路并验证。退出参数设定界面后，操作导航器中，在程序组"PROGRAM"的子一级就列有了粗加工的操作，在这个操作图标上右击弹出菜单，选"生成"命令（见图 7-111），系统开始计算刀路。

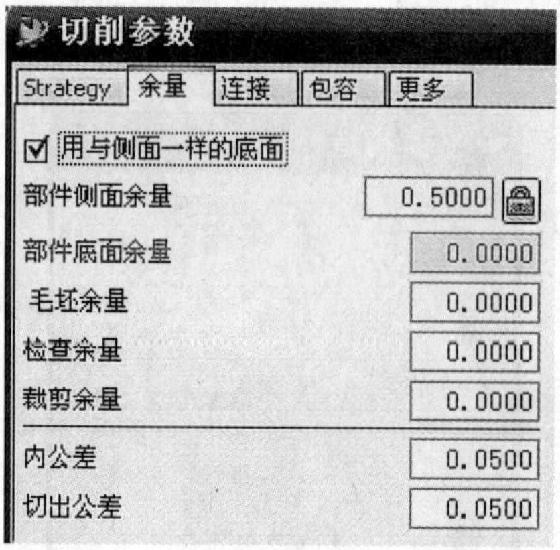

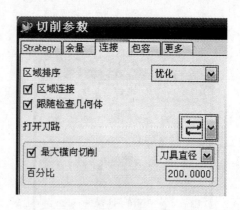

图 7-107　"切削参数"对话框的
"余量"标签页

图 7-108　"切削参数"对话框的
"连接"标签页

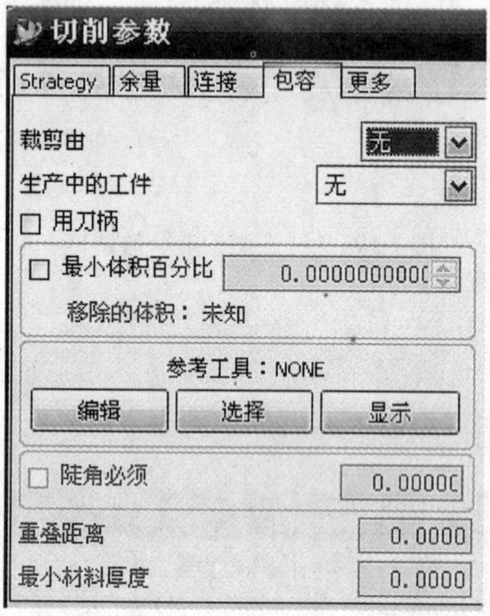

图 7-109　"切削参数"对话框的
"包容"标签页

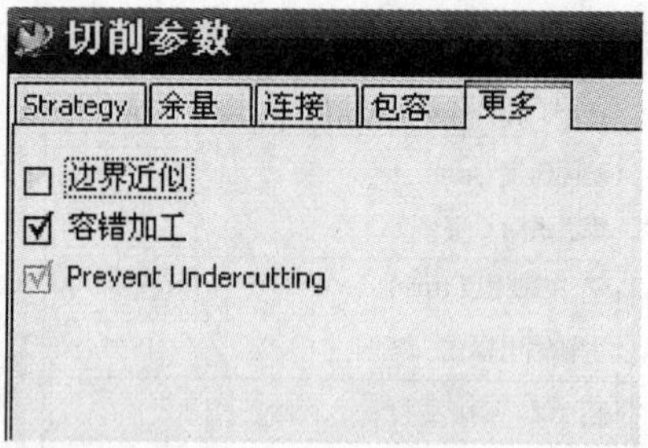

图 7-110　"切削参数"对话框的
"更多"标签页

在操作导航器中，选中粗加工的操作，找到加工操作工具条，单击"Verify Tool Path"（验证刀路）图标，弹出"可视化刀轨轨迹"对话框（见图 7-112），这是 UG 中刀路模拟加工的工具。切换到"2D 动态"标签页，单击下面的开始按钮，系统开始模拟粗加工刀路。

粗加工刀路模拟结束，模拟结果如图 7-113 所示。

至此，粗加工创建完成。

2）半精加工。按照加工工步安排，半精加工也只有一步，即对所有区域 Z 轴层等高精加工。

创建半精加工操作的方法与创建粗加工操作方法类似，同样是先插入操作，再设定具体参数，最后生成刀路并验证，只是选择的选项和设定的参数有所不同。

在插入操作时，"类型"选择型腔铣"mill_contour"，"子类型"选择"ZLEVEL_PROFILE"（Z 轴层等高精加工）图标：　"程序"选择"PROGRAM"，　"使用几何体"选择"WORK-

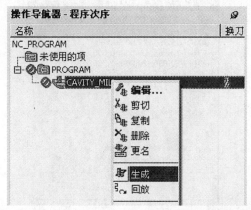

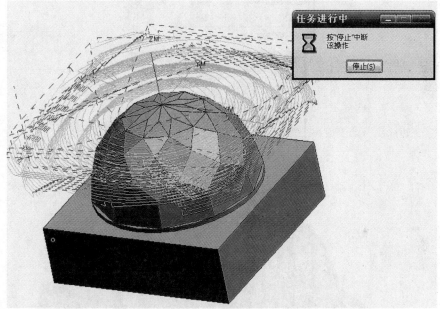

图 7-111　刀路计算进行中

PIECE"，"使用刀具"选择"D10R0"，"使用方法"选择"MILL_SEMI_FINISH"。

　　首先要选择切削区域，在参数主界面上单击切削区域图标，再单击"选择"，然后在作图区域中选中图 7-114 中所有红色的面（被选中的面会变为红色显示）。

　　主要参数中，"合并距离"设为"3"，"最小切削深度"设为"0.5"，"每一刀的全局深度"设为"0.2"，"切削顺序"选择"深度优先"，如图 7-115 所示。

　　其他参数中，"切削层"不要改动，使用默认值即可；"进刀/退刀""自动进刀/退刀""进给和速度""避让"参照粗加工时的设定即可。切削参数与粗加工时有所不同，设定方法为：选中"Strategy"（策略）标签页中的"移除边缘跟踪"复选框；在"连接"标签页，"层到层"选择"直接对部件"选项，选中"在层之间剖切"复选框，"步进"选择"刀具直径"，"百分比"设为 50%，选中"最大横向切削"复选框，并选择"刀具直径"，"百分比"设为 300%，如图 7-116 所示。

　　在操作导航器中，选中半精加工的操作，找到加工操作工具条，单击"Verify Tool Path"

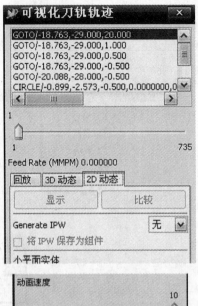

图 7-112　"可视化刀轨轨迹"对话框

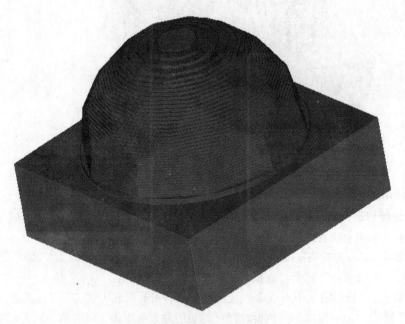

图 7-113　粗加工模拟结果

（验证刀路）图标 ，弹出"可视化刀轨轨迹"对话框（图 7-117），切换到"3D 动态"标签页，单击下面的开始按钮，系统开始模拟半精加工刀路。

　　半精加工刀路模拟结束，模拟结果如图 7-118 所示。

　　至此，半精加工创建完成。

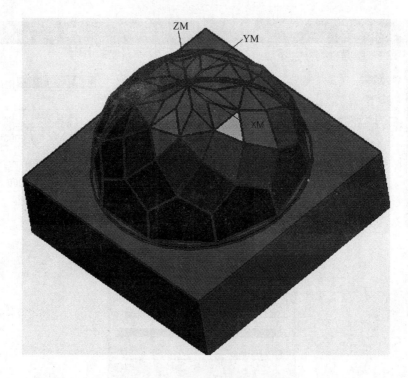

图 7-114　半精加工切削区域

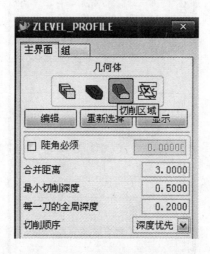

图 7-115　半精加工主要参数

3）精加工。由于精加工的步骤较多，在这里按加工次序分步说明。

①　底部区域的等高精加工。这一步同半精加工使用的是相同的加工策略，因此可以将半精加工操作复制一个副本，再修改参数后，重新计算刀路。

在操作导航器中半精加工操作"ZLEVEL_PROFILE"上右击，单击"复制"选项，再次右击，单击"粘帖"选项，产生了一个新的操作"ZLEVEL_PROFILE_COPY"。操作导航器切换到加工方法视图，将这个新操作从"MILL_SEMI_FINISH"方法下拖动至"MILL_FINISH"方法下，如图 7-119 所示。

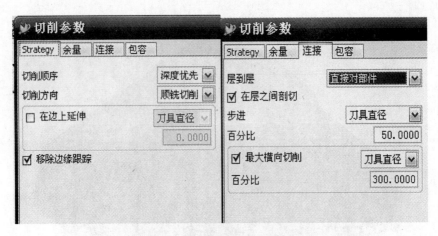

图 7-116　半精加工切削参数

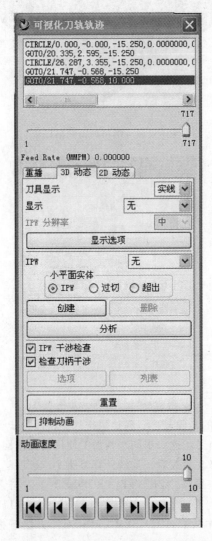

图 7-117　"可视化刀轨轨迹"对话框

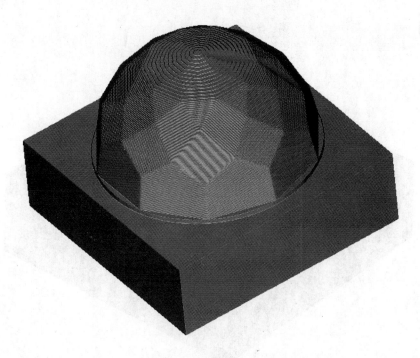

图 7-118　半精加工模拟结果

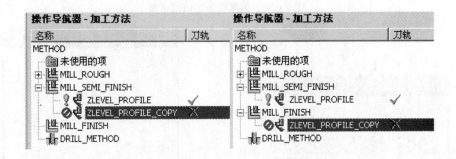

图 7-119　拖放法改变操作的加工方法

回到程序顺序视图，双击操作，修改参数：切削区域重新选择为零件的底面和底部区域的圆柱面（见图 7-120）；进给和速度中，将主轴转速改为 12000。

单击"确定"按钮，保存参数并退出参数设定界面，生成刀路。

② 多面体第一层平面精加工。第一层平面由 10 个中心对称的平面组成，因此，先生成其中一个面的精加工刀路，其余的只要将这一个刀路绕对称中心旋转复制即可。

创建操作时，"类型"选择"mill_multi-axis"（多轴加工），"子类型"选择"FIXED_CONTOUR"图标，"程序"选择"PROGRAM"，"使用几何体"选择"WORKPIECE"，"使用刀具"选择"D10R0"，"使用方法"选择"MILL_FINISH"，如图 7-121 所示。

将驱动方式改为区域铣削，系统弹出"区域铣削驱动方式"对话框（图 7-122），将"陡峭包含"设为"无"，"图样"选择（平行线），"切削类型"选择"Zig_Zag"（双向切削），"切削角"选择"自动"，"步进"选择"刀具直径"，"百分比"设为 50%，并选中"应用"选项的"在平面上"单选按钮，如图 7-122 所示。单击"确定"按钮，保存参数并返回主界面。

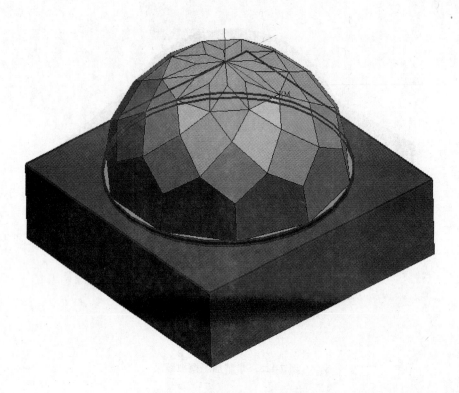

图 7-120 底部精加工切削区域

图 7-121 创建多轴加工的定轴曲面铣

图 7-122 "区域铣削驱动方式"对话框

改变驱动方式后，在主界面上部多了切削区域的图标，选择切削区域为第一层平面中的一个面，如图 7-123 所示。

将刀轴改为指定矢量,在"矢量构成"对话框(见图7-124)中,"自动判断的矢量"选择图标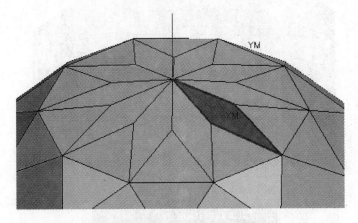,再选中切削区域选的那个平面(见图7-125),则刀轴矢量自动捕捉成了要加工面的法向。

图 7-123 选择第一层平面中的一个面

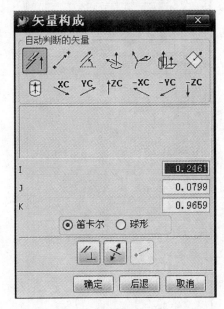

图 7-124 "矢量构成"对话框

单击"确定"按钮回到主界面(见图7-126),再设定切削参数、非切削参数、进给和速度。

在"切削参数"的"Strategy"(策略)标签页中,选中"移除边缘跟踪"复选框和"在边上延伸"复选框,延伸量设为刀具直径的55%,如图7-127所示。

非切削参数中,进刀的状态设为手工,移动为线性,方向为刀轴,距离为1,退刀选择利用"进刀"的定义,如图7-128所示;将逼近状态设为间隙,方向为刀轴,如图7-129所示,单击间隙图标,进入安全几何体设定界面,在创建新的选项卡里选择球图标(见图7-130),将球半径设为30(见图7-131),指定球心为零件底部圆形的圆心(见图7-132),单击"确定"按钮,然后单击"接受"按钮,再单击"返回当前的"按钮;将分离状态也设成间隙。

进给和速度中,将主轴转速设为12000。

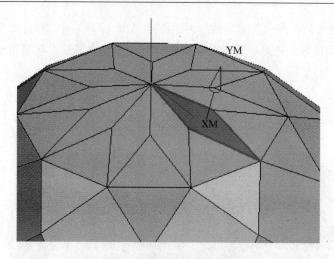

图 7-125　捕捉要加工面的法向矢量

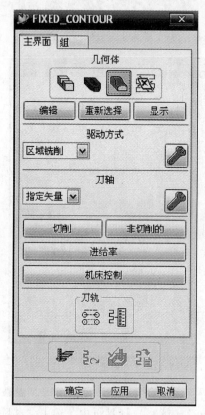

图 7-126　定轴曲面铣参数主界面

参数设定完成后，单击"确定"按钮保存参数并退出操作主界面，生成刀路（见图 7-133）。

在操作导航器里的精加工操作"FIXED_CONTOUR"上右击，在弹出菜单中选择"对象"→"变换"→"绕点旋转"（见图 7-134 和图 7-135），旋转中心点选原点，旋转角度为 360°，移动方法选择多重复制"Multiple Copies"，复制的副本数设为 9，刀路旋转完毕后单击"接受"按钮。通过变换复制产生的刀路如图 7-136 所示。

③　多面体其他层平面精加工。对于这个多面体零件各层平面的精加工策略是一样的，大多

图 7-127　切削参数设定

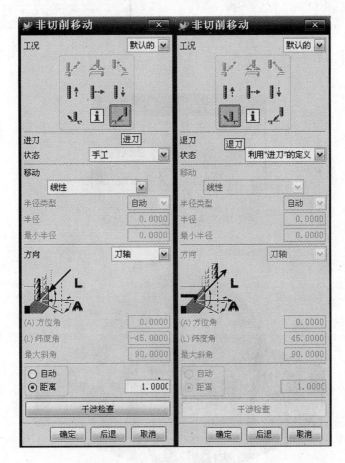

图 7-128　非切削参数中进刀/退刀设定

数加工的参数也是一样的，只是加工区域和刀轴不同，因此，其他各层平面的精加工均可以复制第一层的操作，重新旋转切削区域和设定刀轴就行了。

以第二层平面精加工为例，将操作"FIXED_CONTOUR"复制并粘贴一个在程序顺序视图的最下面，双击复制出的这个操作，重新旋转切削区域为第二层平面中的一个面，再将刀轴指定为这个面的法向，保存参数，生成刀路。这样，就得到了第二层平面中一个面的精加工刀路。再仿照第一层面精加工时的方法，将这个刀路旋转复制得到这一层面中其他面的精加工刀路。

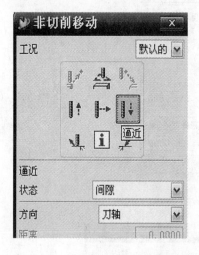

图 7-129　非切削参数中逼近设定

图 7-130　"安全几何体"对话框

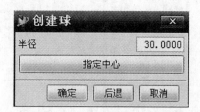

图 7-131　创建球形安全几何体

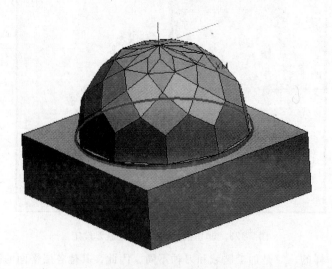

图 7-132　选择零件底面上的圆心点

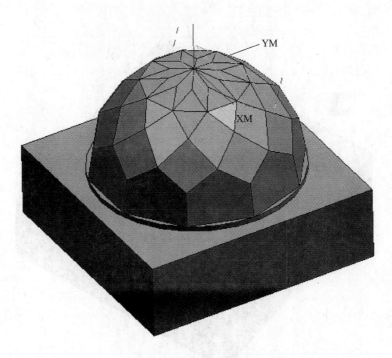

图 7-133 一个平面的精加工刀路

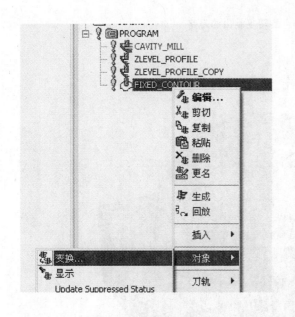

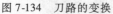

图 7-134 刀路的变换

图 7-135 CAM 变换类型选择

剩下的层平面的精加工刀路按照此方法以此类推生成即可。

完成全部的精加工刀路后，精加工全部刀路如图 7-137 所示。

在操作导航器中，选中全部精加工的操作，找到加工操作工具条，单击"Verify Tool Path"（验证刀路）图标，弹出"可视化刀轨轨迹"对话框（见图 7-138），切换到"3D 动态"标签页，单击下面的开始按钮，模拟精加工刀路，模拟结果如图 7-139 所示。

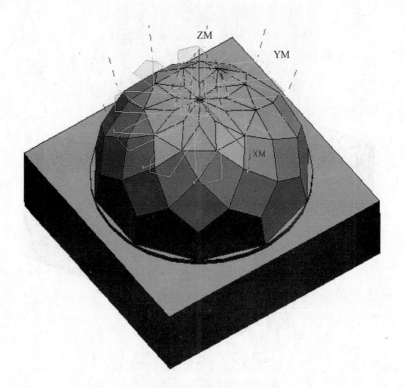

图 7-136　旋转复制出的刀路

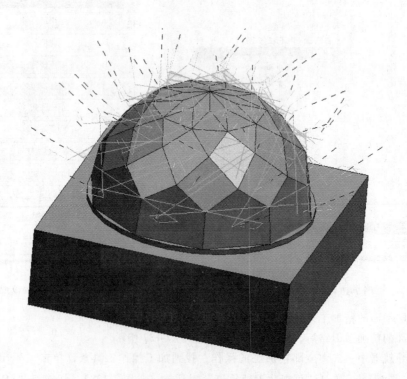

图 7-137　旋转复制出的刀路

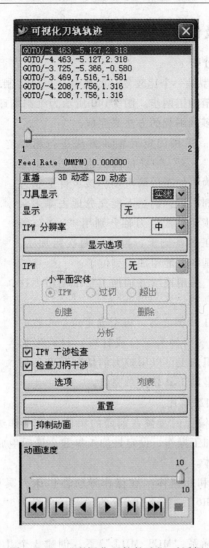

图 7-138　"可视化刀轨轨迹"对话框

图 7-139　精加工刀路 3D 动态模拟结果

7.6.2 维纳斯模型编程及仿真

1. 维纳斯模型编程工艺分析

（1）编程步骤 维纳斯模型是一个比较复杂的模型，程序编制比多面体零件程序编制复杂，将维纳斯模型规划为粗加工和精加工两步。图 7-140 所示为维纳斯雕像模型。

维纳斯模型的编程必须用多轴编程的方法来完成。

第一步，确定粗加工工艺。采用固定五轴的方法进行粗加工。刀轴分别为"+X"轴和"-X"轴进行两次粗加工，去除工件毛坯材料，两次粗加工作为粗加工的第一步。该工件形状过于复杂，经过第一步的两次粗加工后，仍然不能充分地去除多余材料，需要再从其他角度进一步粗加工，刀轴分别用"+Y"轴和"-Y"轴，在第一步粗加工的基础上，再进行两次粗加工。这样，需要去除的多余材料就基本上能粗加工到位了。

第二步，确定精加工工艺。采用连续五轴加工整个模型。这里需要构造一个驱动曲面。

（2）加工参数 确定了加工步骤之后，再来确定每个步骤的加工工艺参数。该模型用代木（一种人工合成材料）材料来加工，材料的可加工性比较好，粗加工可以用较大的切削深度、切削间距和切削速度。加工需要借助工具软件来完成。

图 7-140 维纳斯雕像模型

2. 利用 CAM 软件产生加工程序

选用 UG 软件来编程。UG 编程的步骤在前面的案例中做了详细的介绍：先预设加工几何、加工刀具、加工方法，再创建加工操作，设定好加工参数，最后生成加工刀路。此外，一些多轴加工操作还需要构造驱动几何体。

（1）建立刀具、加工方法和几何体 在操作导航器机床刀具视图下建立 3 个刀具：直径 50mm 的圆鼻刀，命名为"D50R6"；直径 10mm 的球刀，命名为"D10R5"；直径 6mm 的球刀，命名为"D6R3"。

在几何视图中，在加工坐标系"MCS_MILL"下，创建 3 个几何体"WORKPIECE1""WORKPIECE2""WORKPIECE3"。3 个几何体的部件都选择维纳斯雕像和底座的造型；"WORKPIECE1"的毛坯选择圆柱形毛坯（见图 7-141），"WORKPIECE2"和"WORKPIECE3"的毛坯先不选，它们都要等上一步加工刀路生成并模拟完成后再创建。

（2）构造精加工的驱动曲面 构造精加工的驱动曲面是这个加工任务中最大的难点，也是编程中最重要的步骤。下面将详细地讲解。

首先，要分析构造这个驱动面的目的：驱动刀路产生。好的多轴刀路要满足以下条件：

1）加工范围的要求。驱动面上生成的刀具路径要覆盖所有加工区域，不多也不少。此处加工范围应为整个雕像造型和底座的上表面。

2）驱动刀轴的要求。首先必须使刀轴控制在机床能够实现的范围内，并且刀轴在加工过程中与工件上所有位置均不会发生干涉。

3）加工刀轨的要求。好的驱动产生的刀轨应光顺平滑、间距均匀，这样才能保证切削强度的稳定，从而确保加工质量。

图 7-141 圆柱形工件毛坯

接着，在明确了构造驱动面的目的和要求后，据此来构造驱动面。此模型的驱动面不唯一，只要符合上述 3 点要求就可以，本例中按图 7-142 ~ 图 7-145 所示方法构造驱动面。构造出的驱动曲面如图 7-146 所示。

图 7-142　分割造型

图 7-143　作交叉线

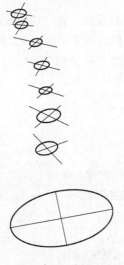

图 7-144　作圆弧

图 7-145　桥接和打断曲线

由于加工模型复杂，这个驱动曲面是否有缺陷，还需进行验证。分析模型上计算出的刀路是否有重叠或刀路是否没有完全投射到模型上面，如果存在这样的问题，就要重新构造驱动面。

（3）创建加工操作

1）粗加工部分。粗加工采用固定轴层粗铣，这种方法与多面体零件实例中改变刀轴矢量方向一样，只是在多面体零件实例中用的是精加工，本例中是粗加工。

参考多面体零件实例中变换刀轴的矢量方向。分别用"+X""-X"轴做刀轴加工，创建两个一次开粗的操作"CAVITY_MILL1"和"CAVITH_MILL2"，然后生成刀路。这两个刀路如

图 7-147 和图 7-148 所示。

图 7-146　构造出的驱动曲面

图 7-147　一次开粗刀路一

　　模拟这两个一次开粗刀路，用 2D 动态模拟进行模拟，在模拟时，将"Generate IPW"的选项改为"好"（见图 7-149），这样软件将在模拟完成后，将模拟结果保存为一个品质较好的 IPW（小平面体或称三角网格体）。模拟结果如图 7-150 所示，生成的 IPW 如图 7-151 所示。将生成的这个 IPW 设为几何体"WORKPIECE2"的毛坯。

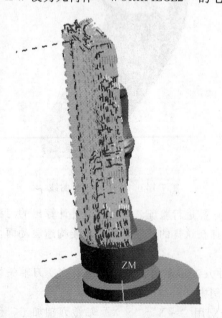

图 7-148　一次开粗刀路二

图 7-149　加工模拟时保存 IPW

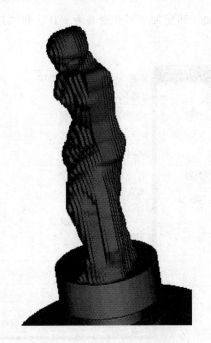

图 7-150　一次开粗模拟结果

图 7-151　一次开粗产生的 IPW

按同样方法，使用"+Y"和"–Y"轴为刀轴分别生成二次开粗的刀路"CAVITY_MILL3"和"CAVITH_MILL4"（图 7-152）；将二次开粗的刀路模拟并生成 IPW（见图 7-153），把这个 IPW 设为几何体"WORKPIECE3"的毛坯。

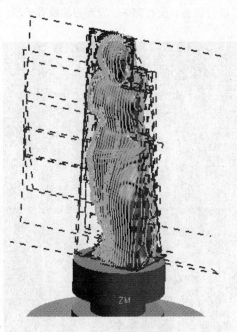

图 7-152　二次开粗刀路

图 7-153　二次开粗产生的 IPW

2）半精加工和精加工部分。半精加工和精加工的方法是一样的，只是加工参数、使用刀具、加工余量有所不同。创建操作时，驱动曲面选择刚才构造好的驱动面，材料方向和切削方向按照图 7-154 所示方向选择，驱动参数按照图 7-155 中的参数设定，分别生成半精加工和精加工的刀路，精加工刀路如图 7-156 所示，把生成的半精加工和精加工刀路命名为"J1"和"J2"。

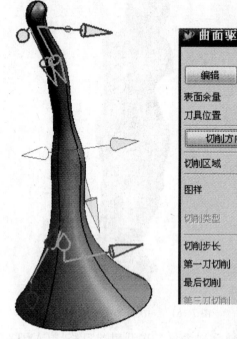

图 7-154　材料方向和切削方向

图 7-155　驱动参数

刀路生成完成后，可以对精加工的刀路也进行模拟验证，模拟时可以检查在加工过程中，刀轴会不会和工件发生干涉。图 7-157 所示为精加工刀路模拟中的状态。检查完毕，发现刀轴没有干涉。

图 7-156　精加工刀路

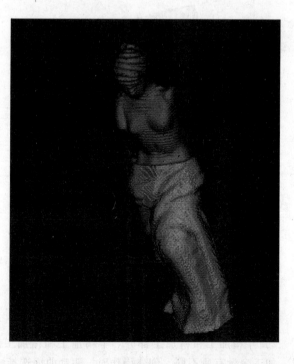

图 7-157　精加工刀路的模拟

习　题

1. NX/Post Builder 由哪几部分组成？简述各部分的功能和相互关系。
2. 试利用 Post Builder 建立一个完整的三轴铣床后处理（控制系统自选）。
3. 如何应用反求技术对复杂零件实体进行建模？
4. 进入刀具路径可视化动画模拟界面共有几种方法？试分别进行描述。
5. 重播、2D 动态模拟和 3D 动态模拟有何区别？
6. 如何创建 IPW？创建 IPW 有什么作用？
7. UG 中的仿真过程和机床真实加工过程有何区别？
8. 试找一零件并编制程序，对其进行模拟切削。

附　录

附录 A　FANUC 系统指令

表 A-1　FANUC 系统指令（G 代码）

G 代码	功　能	附　注
G00	快速定位	模态
G01	直线插补	模态
G02	顺时针方向圆弧插补	模态
G03	逆时针方向圆弧插补	模态
G04	暂停	非模态
G10	数据设置	模态
G11	数据设置取消	模态
G17	XY 平面选择	模态
G18	ZX 平面选择	模态
G19	YZ 平面选择	模态
G20	英制	模态
G21	米制	模态
G22	行程检查开关打开	模态
G23	行程检查开关关闭	模态
G25	主轴速度波动检查打开	模态
G26	主轴速度波动检查关闭	模态
G27	参考点返回检查	非模态
G28	参考点返回	非模态
G31	跳步功能	非模态
G40	刀具半径补偿取消	模态
G41	刀具半径左补偿	模态
G42	刀具半径右补偿	模态
G43	刀具长度正补偿	模态
G44	刀具长度负补偿	模态
G49	刀具长度补偿取消	模态
G52	局部坐标系设置	非模态
G53	机床坐标系设置	非模态
G54	第一工作坐标系设置	模态
G55	第二工作坐标系设置	模态

（续）

G 代码	功　能	附　注
G56	第三工作坐标系设置	模态
G57	第四工作坐标系设置	模态
G58	第五工作坐标系设置	模态
G59	第六工作坐标系设置	模态
G65	宏程序调用	非模态
G66	宏程序调用模态	模态
G67	宏程序调用取消	模态
G73	高速深钻孔循环	非模态
G74	左旋攻螺纹循环	非模态
G76	精镗循环	非模态
G80	固定循环注销	模态
G81	钻孔循环	模态
G82	钻孔循环	模态
G83	深钻孔循环	模态
G84	攻螺纹循环	模态
G85	粗镗循环	模态
G86	镗孔循环	模态
G87	背镗循环	模态
G89	孔镗循环	模态
G90	绝对尺寸	模态
G91	增量尺寸	模态
G92	工作坐标原点设置	非模态

表 A-2　FANUC 系统指令（M 代码）

M 代码	功　能	附　注
M00	程序停止	非模态
M01	计划停止	非模态
M02	程序结束	非模态
M03	主轴顺时针旋转	模态
M04	主轴逆时针旋转	模态
M05	主轴停止	模态
M06	换刀	非模态
M08	切削液开	模态
M09	切削液关	模态
M30	程度结束并返回	非模态
M31	互锁旁路	非模态

（续）

M 代码	功能	附注
M52	自动门打开	模态
M53	自动门关闭	模态
M74	错误检测功能打开	模态
M75	错误检测功能关闭	模态
M98	子程序调用	模态
M99	子程序调用返回	模态

说明：用户控制系统所用的指令可能会有所不同，请参考具体机床或制造说明书。

附录 B　　HEIDENHAIN iTNC 530 系统指令

1. 加工指令

L——直线加工或移动。

C——C 圆心定义。

C——绕行圆心 CC 的圆弧路径加工或移动。

CR——固定半径的圆弧路径加工或移动。

2. M 辅助功能

（1）坐标数据的 M 功能

M91/M92——设定机械的坐标。

M104——启动最近输入的原点。

M130——移动到具有倾斜加工面的非倾斜坐标系统内的位置。

（2）轮廓加工 M 功能

M90——转角平滑化。

M112——在直线之间插入圆弧。

M124——执行没有补偿的直线单节时不包含点。

M98——开放式轮廓的加工。

M103——纵向进刀时的进给速率因子。

M136——主轴每一转，轴进给速率（mm/r）。

M109/M110/M111——圆弧的进给速率。

M120——预先计算刀径补正的路径（LOOK AHEAD）。

M118——在程序执行中使用手轮定位。

M140——刀具在刀具轴的方向从轮廓缩回。

M142——删除程序信息。

M143——删除基本旋转。

（3）旋转轴的 M 功能

M116——在旋转轴 A、B 与 C 上以 mm/min 为单位的进给速率。

M126——在旋转轴上，以较短路径移动。

M127——在旋转轴上，取消以较短路径移动。

M94——将旋转轴的显示降低到 360° 以下。

M114——使用倾斜轴时，自动补偿机械几何。

M128——以倾斜轴定位时，保持刀尖的位置（TCPM＊）。

M129——取消 TCPM。

M134——在没有切线变化的转折处精确停止。

M138——选择倾斜轴。

（4）雷射切削机的 M 功能

M200——直接输出程序设定的电压。

M201——依据距离来输出电压。

M202——依据速度来输出电压。

M203——依据时间来输出电压（随时间作线性变化）。

M204——依据时间来输出电压（根据时间输出脉冲）。

3. 循环程序加工

（1）钻孔、攻牙与螺纹铣削循环程序

Cycle 1——啄钻。

Cycle 200——标准钻。

Cycle 201——铰孔。

Cycle 202——镗孔。

Cycle 203——普通钻。

Cycle 204——反镗。

Cycle 205——普通啄钻。

Cycle 208——镗铣。

Cycle 2——以浮动丝攻筒夹攻牙。

Cycle 206——新的浮动丝攻筒夹攻牙。

Cycle 17——刚性攻牙。

Cycle 207——不使用浮动丝攻筒夹攻牙。

Cycle 18——螺纹切削。

Cycle 209——断屑攻牙。

Cycle 262——螺纹铣削。

Cycle 263——螺纹铣削/钻孔装埋。

Cycle 264——螺纹钻孔/铣削。

Cycle 265——螺旋螺纹钻孔/铣削。

Cycle 267——外螺纹铣削。

（2）口袋铣削、立柱铣削、沟槽铣削的循环程序

Cycle 4——口袋铣削。

Cycle 212——口袋精密铣削。

Cycle 213——立柱精铣。

Cycle 5——圆形口袋铣削。

Cycle214——圆形口袋精密铣削。

Cycle 215——圆柱精铣。

Cycle 3——沟槽铣削。

Cycle 210——往复斜向深度进给的沟槽（矩形孔）铣削。

Cycle 211——往复斜向深度进给的圆弧沟槽（矩形孔）铣削。

（3）程序编辑：循环程序

Cycle220——圆形排列。

Cycle221——线形排列。

（4）循环程序，副轮廓组合循环

Cycle 14——轮廓几何。

Cycle 20——轮廓资料。

Cycle 21——引导钻孔。

Cycle 22——粗铣。

Cycle 23——底面精铣。

Cycle 24——侧面精铣。

（5）多路径铣削循环程序

Cycle 30——执行数字化的数据。

Cycle 230——多路径铣削。

Cycle 231——直线行表面。

（6）坐标转换循环程序

Cycle 7——坐标转换。

Cycle 247——工件原点设定。

Cycle 8——镜像。

Cycle 10——旋转。

Cycle 11——比例缩放系数。

Cycle 26——特定轴的比例缩放。

Cycle 19——工作平面。

（7）特殊循环程序

Cycle 9——停止时间。

Cycle 12——程序呼叫。

Cycle 13——主轴定位停止。

Cycle 32——公差。

附录 C　SIEMENS 840D 系统常用指令

1. 运动和准备代码

G0——快速移动定位。

G1——以进给速度进行的直线插补。

G2——顺时针圆弧插补 CW。

G3——逆时针圆弧插补 CCW。

G33——恒螺距的螺纹切削。

G331——刚性攻螺纹。

G332——不带补偿夹具切削内螺纹。

G4——暂停时间。

G63——带补偿夹具攻螺纹。

G74——回参考点。

G75——回固定点。

G25——主轴转速下限或工件区域下限。

G26——主轴转速上限或工件区域上限。

G110——极点尺寸，相对于上次编程的设定位置。

G111——极点尺寸，相对于当前工件坐标系的零点。

G112——极点尺寸，相对于上次有效的极点。

G17——*XY* 平面。

G18——*ZX* 平面。

G19——*YZ* 平面。

G40——刀具半径补偿方式的取消。

G41——调用刀具半径补偿，刀具在轮廓左侧移动。

G42——调用刀具半径补偿，刀具在轮廓右侧移动。

G54——第一可设定零点偏置。

G55——第二可设定零点偏置。

G56——第三可设定零点偏置。

G57——第四可设定零点偏置。

G58——第五可设定零点偏置。

G59——第六可设定零点偏置。

G53——按程序段方式取消可设定零点偏置。

G70——英制尺寸。

G71——米制尺寸。

G90——绝对尺寸。

G91——增量尺寸。

G94——直线进给率 F，单位：mm/min、in/min。

G95——旋转进给率 F，单位：mm/r、in/r。

2. 辅助代码

M0——程序停止。

M1——程序有条件停止。

M2——程序结束。

M3——主轴顺时针旋转。

M4——主轴逆时针旋转。

M5——主轴停。

M6——更换刀具。

M8——切削液开。

M9——切削液关。

M30——程序结束并返回。

M40——自动变换齿轮级。

M41 ~ M45——齿轮级 1 ~ 齿轮级 5。

M98——子程序调用。

M99——子程序调用并返回。

3. 钻循环代码

CYCLE82——钻削、沉孔加工。

CYCLE83——深孔钻削。

CYCLE840——带补偿夹具切削螺纹。

CYCLE84——带螺纹插补切削螺纹。

CYCLE85——镗孔，刀具以编程的主轴转速和进给速度钻削，直至输入的钻削深度。分别以相应参数 FFR 和 RFF 中规定的进给率进行向内运动和向外运动。该循环可以用于铰孔（研磨）。

CYCLE86——镗孔，刀具以编程的主轴转速和进给速度钻削，直至输入的钻削深度。在镗孔中，在达到钻削深度以后以 SPOS 指令进行定向主轴停止，接着以快速移动运行到编程的退回位置，并且从该位置运行到退回平面。

CYCLE87——镗孔，刀具以编程的主轴转速和进给速度钻削，直至输入的钻削深度。在镗孔中，在到达孔底深度以后产生一个主轴停止（不带定向 M5），并且接着产生一个编程的停止 M0。按 NC 启动键，在快速运行状态继续向外运动，直至退回平面。

CYCLE88——镗孔，刀具以编程的主轴转速和进给速度钻削，直至所输入的孔底深度。在镗孔中，在到达孔底深度以后产生一个停留时间和一个主轴停止（不带定向 M5），以及一个编程的停止 M0。按 NC 启动键，在快速运行状态继续向外运动，直至退回平面。

CYCLE89——镗孔，刀具以编程的主轴转速和进给速度钻削，直至所输入的钻削深度。在到达该钻削深度时，可以编程一个停留时间。

4. 坐标系控制指令

TRANM——可编程坐标系平移。

ROT——可编程坐标系旋转。

MCALE——可编程比例缩放。

MIRROR——可编程镜像。

ATRANM——可编程辅助转换（增量）。

AROT——可编程旋转（增量）。

AMCALE——可编程比例缩放。

AMIRROR——可编程镜像（增量）。

参 考 文 献

[1] 王永章. 数控技术 [M]. 北京：高等教育出版社，2001.

[2] 周德俭. 数控技术 [M]. 重庆：重庆大学出版社，2001.

[3] 周济，周艳红. 数控加工技术 [M]. 北京：国防工业出版社，2002.

[4] 韩江. 现代数控技术及其应用 [M]. 合肥：合肥工业大学出版社，2005.

[5] 游有鹏. 开放式数控系统关键技术研究 [D]. 南京：南京航空航天大学，2001.

[6] 许友谊，李金伴. 数控机床编程技术 [M]. 北京：化学工业出版社，2005.

[7] 王爱玲，张吉唐，吴雁. 现代数控原理及控制系统 [M]. 北京：国防工业出版社，2002.

[8] 华茂发. 数控机床加工工艺 [M]. 北京：机械工业出版社，2000.

[9] 刘万菊. 数控加工工艺及编程 [M]. 北京：机械工业出版社，2007.

[10] 王宏伟. 数控加工技术 [M]. 北京：机械工业出版社，2012.

[11] 张磊. UG NX4 后处理技术培训教程 [M]. 北京：清华大学出版社，2007.

[12] 周兰. FANUC 0i-D/0i Mate-D 数控系统连接调试与 PMC 编程 [M]. 北京：机械工业出版社，2012.

[13] 邵群涛. 数控系统综合实践 [M]. 北京：机械工业出版社，2011.

[14] 王兹宜. 数控系统调整与维修实训 [M]. 北京：机械工业出版社，2010.

[15] 刘永久. 数控机床故障诊断与维修技术（FANUC 系统）[M]. 北京：机械工业出版社，2012.

[16] 安杰，邹昱章. UG 后处理技术 [M]. 北京：清华大学出版社，2003.

[17] 杨胜群，唐秀梅. UG NX4 数控加工高级教程 [M]. 北京：清华大学出版社，2007.

[18] 宁汝新，赵汝嘉，欧宗瑛. CAD/CAM 技术 [M]. 北京：机械工业出版社，1999.

[19] 刘雄伟. 数控加工理论与编程技术 [M]. 北京：机械工业出版社，2000.

[20] 杨有君. 数控技术 [M]. 北京：机械工业出版社，2007.

[21] 陈吉红，杨克冲. 数控机床实验指南 [M]. 武汉：华中科技大学出版社，2007.

[22] 叶伯生. 计算机数控系统原理、编程与操作 [M]. 武汉：华中科技大学出版社，1999.

[23] 严爱珍，李宏胜. 机床数控原理与系统 [M]. 北京：机械工业出版社，1999.

[24] 张宇，朱巧荣. 数控技术实践 [M]. 北京：机械工业出版社，2011.

[25] 樊军庆. 数控技术 [M]. 北京：机械工业出版社，2012.

[26] 褚辉生. 高速切削与五轴联动加工技术 [M]. 北京：机械工业出版社，2012.

[27] 郑贞平，黄云林，黎胜荣. VERICUT 7.0 中文版数控仿真技术与应用实例详解 [M]. 北京：机械工业出版社，2011.

[28] 周树银. CAXA 制造工程师实例教程 [M]. 北京：北京理工大学出版社，2010.

[29] 杨胜群. VERICUT 数控仿真加工技术 [M]. 北京：清华大学出版社，2010.

[30] 冯荣坦. CAXA 制造工程师 2004 基础教程 [M]. 北京：机械工业出版社，2005.

[31] 孔胜平，王渝俊. 数控仿真技术实训 [M]. 北京：清华大学出版社，2011.

[32] 袁宗杰，邓爱国. 数控仿真技术实用教程 [M]. 北京：清华大学出版社，2007.

[33] 吴长有，赵婷. 数控加工仿真与自动编程技术 [M]. 北京：机械工业出版社，2011.

[34] 吴长有，朱丽军. 数控仿真应用软件实训 [M]. 北京：机械工业出版社，2008.

[35] 周祖德，陈幼平，等. 虚拟现实与虚拟制造 [M]. 武汉：湖北科学技术出版社，2005.

[36] 袁清珂. CAD/CAE/CAM 技术 [M]. 北京：电子工业出版社，2010.

[37] 欧长劲. 机械 CAD/CAM [M]. 西安：西安电子科技大学出版社，2007.

[38] 王定标，郭茶秀，向飒. CAD/CAE/CAM 技术与应用 [M]. 北京：化学工业出版社，2005.

[39] 张树生，杨茂奎，朱名铨，等. 虚拟制造技术 [M]. 西安：西北工业大学出版社，2006.